Rationelle Küchenwirtschaft und Gesundheit

Lehrbuch für Küchenassistentinnen,
Hauswirtschaftsleiterinnen und Ärzte

Unter Mitwirkung von

Dr. phil. R. Schwamborn und **E. Winter**

Direktor
des Nahrungsmitteluntersuchungsamtes
der Hansestadt Köln

Direktor-Stellvertreterin
der Hauswirtschaftlichen Berufsschulen
der Hansestadt Köln

verfaßt von

Dr. med. Cornelius Dienst
apl. Professor an der Universität Köln

Mit 22 Abbildungen im Text

Berlin
Verlag von Julius Springer
1940

ISBN-13: 978-3-642-98726-7   e-ISBN-13: 978-3-642-99541-5
DOI: 10.1007/978-3-642-99541-5

Vorwort.

Das Buch ist aus der Praxis entstanden und für die Praxis bestimmt. Entsprechend der Lehraufgabe zweier seiner Herausgeber war es
ursprünglich zur Ausbildung von Diätküchenleiterinnen vorgesehen. Im
Grunde genommen aber ist eine Diätküche ein Betrieb wie jede andere Küche, nur daß bei der Krankenküche gesundheitliche Belange im
Vordergrunde stehen, während in Hotel- und Restaurationsküchen rein
wirtschaftliche Gesichtspunkte in erster Linie interessieren. Natürlich
muß auch die Kranken- und Krankenhausküche „wirtschaften", ebenso
wie eine Küche, die der Verpflegung breiter Volkskreise dient, wie
die Fabrikkantine, die Volksküche und die Gaststätte der Volksgesundheit in hervorragendem Maße dienlich sein sollte! Das eine
schließt das andere keineswegs aus, im Gegenteil, beide sollen sich
ergänzen. Den volksgesundheitlichen Belangen muß sogar das Vorrecht
eingeräumt werden. Denn die Gesundheit ist höchstes Gut, das zu
gestalten, zu wahren und wiederzugewinnen die richtige Ernährung imstande ist.

Wir haben, aus verschiedenen Disziplinen kommend, in gemeinsamer
Arbeit versucht, gesundheitliche und wirtschaftliche Gesichtspunkte in
der Küche miteinander zu verquicken, so wie die Praxis es gebietet.
Wir möchten wünschen, daß unsere Arbeit über den Rahmen der gemeinnützigen Küche hinaus auch der denkenden Hausfrau nützlich sein möge
und dem Arzt, der zum Walter der Volksgesundheit berufen ist.

Köln, im Januar 1940.

CORNELIUS DIENST.

Inhaltsverzeichnis.

I. Teil: Unsere Nahrungsmittel.

Gesetzliche Bestimmungen zu ihrem Schutze, Verfälschungen, Kennzeichen ihrer Güte.

Von R. Schwamborn.

II. Teil: **Nahrungszubereitung und Nahrungsmittelkonservierung.**

Von C. DIENST.

III. Teil: **Betriebswirtschaftliche Fragen im Verpflegungsbetrieb.**

Von E. Winter.

Inhaltsverzeichnis.   VII

Unsere Nahrungsmittel.

Gesetzliche Bestimmungen zu ihrem Schutze, Verfälschungen, Kennzeichen ihrer Güte.

Von R. SCHWAMBORN.

Wer im Küchenbetrieb sich vor wirtschaftlichem und gesundheitlichem Verlust bewahren will, muß nicht nur die Gütezeichen unserer Nahrungsmittel beurteilen können, sondern auch über ihre Verfälschungen und über die gesetzlichen Verordnungen zu ihrem Schutze Bescheid wissen. Mit der Darstellung dieser Aufgabe befaßt sich der erste Teil dieses Buches.

A. Gesetzliche Bestimmungen.

1. Die gesetzlichen Grundlagen für die Beurteilung der Lebensmittel.

Die historische Entwicklung der deutschen Lebensmittelgesetzgebung läßt sich bis in das 12. Jahrhundert zurückverfolgen. Die Verfälschungen besonders der seltenen und wertvollen Lebensmittel nahmen im Mittelalter einen solchen Umfang an, daß viele Städte sich veranlaßt sahen, mit scharfen Mitteln diesem Unwesen entgegenzutreten. Hier haben wir die Anfänge der deutschen Lebensmittelgesetzgebung zu suchen. Es wurden Grundsätze hinsichlich des Kaufes und Verkaufes sowie der Güte der Lebensmittel aufgestellt, ihre Niederlegung erfolgte dann später in den sog. Stadtarchiven. Verfälschungen sowie die Anwendung falscher Maße und Gewichte wurden unter schwere Strafe gestellt.

Man steckte Lebensmittelfälscher in Körbe und tauchte sie so lange unter Wasser, bis sie bewußtlos wurden. Gewürzfälscher wurden mit ihrem gefälschten Gewürz lebendig verbrannt. Fälscher mußten ihre Erzeugnisse, wie schwerspathaltiges Brot oder bleihaltigen Wein, im Gefängnis verzehren, bis sie starben.

Die Kontrolle der Lebensmittel (Mehl, Brot, Schmalz, Wein, Bier) lag in den Händen der Zünfte, die sich der Mithilfe solcher Personen bedienten, welche die Sachkenntnis für die Beurteilung von Lebensmitteln und für die Prüfung erworben hatten. Die obrigkeitliche Vorsorge richtete sich insbesondere auch auf den Verkehr mit Fleisch, weil gerade den Fleischern nach mittelalterlichen Quellen viel Unredliches nachgesagt wurde.

Mit dem Untergange des alten Reiches und der mittelalterlichen Kultur gingen auch die gesundheitlichen Maßnahmen verloren. Die Mißstände im Lebensmittelverkehr nahmen daher in der 2. Hälfte des vorigen Jahrhunderts immer mehr zu, als einerseits infolge der Entwicklung der Industrie und des Handels die in den Großstädten angesammelten Menschen gezwungen waren, ihren Bedarf an Lebensmitteln dem Handel zu entnehmen und andererseits die Herstellung der Lebensmittel, wie Backwaren, Fleischwaren usw., fabrikmäßig erfolgte. In dieser Zeit bildete sich eine blühende Zunft von Lebensmittelfälschern, die ihr Unwesen zum Schaden von Staat und Allgemeinheit betrieben. Reichskanzler Fürst BISMARCK zählte die Lebensmittelfälscher zu den größten Feinden des deutschen Volkes. Eine amtliche Kommission von Sachverständigen, die zum Studium der Verhältnisse im Lebensmittelverkehr eingesetzt wurde, gab ihr Gutachten dahin ab, daß die Verhältnisse auf dem Lebensmittelmarkt geradezu unerträglich geworden seien, es müßte verhindert werden, daß der Bevölkerung sowohl gesundheitsgefährliche wie auch durch Verfälschung oder inneren Verderb minderwertige oder wertlose Lebensmittel dargeboten würden.

Erst dem wiedererstandenen deutschen Reich war es beschieden, eine neue *Lebensmittelgesetzgebung* zu schaffen. In dem unmittelbar nach Errichtung des Deutschen Reiches erlassenen Reichsstrafgesetzbuch vom 1. Januar 1872 sind die Lebensmittel noch stiefmütterlich behandelt. Auf Grund von § 367 Ziffer 7 war es verboten, verfälschte oder verdorbene Getränke oder Eßwaren, insbesondere trichinenhaltiges Fleisch, feilzuhalten und zu verkaufen. Dieser Paragraph hat den Nachteil, daß er sich nicht auf die Verfälschung selbst bezieht. Vor allem aber war die Festsetzung der Höchststrafe von 150 RM. wenig geeignet, auf Fälscher abschreckend zu wirken, die durch ihre Unredlichkeiten große Gewinne erzielten. Infolgedessen nahmen die Fälschungen in erschreckendem Maße zu, so daß die Regierung sich veranlaßt sah, dem 1876 gegründeten Kaiserlichen Gesundheitsamt die Vorarbeiten zur Regelung der Nahrungsmittelgesetzgebung zu übergeben. Das Reichsgesundheitsamt arbeitete einen Gesetzentwurf aus, der dann nach mehrfachen Durchbearbeitungen und erheblichen Abänderungen als „Gesetz, betreffend den Verkehr mit Nahrungsmitteln, Genußmitteln und Gebrauchsgegenständen vom 14. Mai 1879" vom Reichstag angenommen wurde. Dieses Gesetz, das sich auch auf einige bestimmte Gebrauchsgegenstände, nämlich Spielwaren, Tapeten, Farben, Bekleidungsgegen-

stände, Eß-, Trink- und Kochgeschirre sowie Petroleum bezog und kurz-
weg als Nahrungsmittelgesetz bezeichnet wurde, bildete bis zum 1. Oktober 1927, also 48 Jahre lang, wo es durch das „Gesetz über den Verkehr mit Lebensmitteln und Bedarfsgegenständen vom 5. Juli 1927
(Reichsgesetzbl. I, S. 134—137) ersetzt wurde, die Grundlage für die
Lebensmittelkontrolle im Deutschen Reich. Zur Ergänzung des Nahrungs-
mittelgesetzes sind dann später im Laufe der Jahre noch eine Reihe
anderer Gesetze erlassen worden.

1. Gesetz, betreffend die Verwendung von gesundheitsschädlichen
Farben bei der Herstellung von Nahrungs- und Genußmitteln und
Gebrauchsgegenständen vom 5. Juli 1887 (Reichsgesetzbl. S. 277).

2. Gesetz, betr. den Verkehr mit blei- und zinkhaltigen Gegenständen
vom 25. Juni 1887 (Reichsgesetzbl. S. 273) und 22. März 1888 (Reichsgesetzbl. S. 114.)

3. Gesetz, betr. den Verkehr mit Butter, Käse, Schmalz und deren
Ersatzmitteln vom 15. Juni 1897 (Reichsgesetzbl. S. 475).

. 4. Gesetz, betr. die Schlachtvieh- und Fleischbeschau vom 3. Juni
1900 (Reichsgesetzbl. S. 547) mit zahlreichen Ausführungsbestimmungen.

5. Gesetz über das Branntweinmonopol vom 8. April 1922 (Reichsgesetzbl. S. 405).

6. Weingesetz vom 25. Juli 1930 (Reichsgesetzbl. I, S. 356).

7. Das Milchgesetz vom 31. Juli 1930 mit mehreren Verordnungen
zur Ausführung des Milchgesetzes (Reichsgestzbl. I, S. 421).

8. Biersteuergesetz vom 28. März 1931 (Reichsgesetzbl. I, S. 110).

9. Das Brotgesetz vom 9. Juni 1931 (Reichsgesetzbl. I, S. 335).

Brotmarktordnung vom 9. Mai 1935 in der Fassung vom 1. Juli 1938
(34. Anordnung Nr. 3 der Hauptvereinigung der deutschen Getreide-
wirtschaft, betr. Ordnung des Brotmarktes).

10. Das Süßstoffgesetz vom 1. Februar 1939 (Reichsgesetzbl. I,
S. 111) und die Verordnung über den Verkehr mit Süßstoff vom 27. Februar 1939 (Reichsgesetzbl. I, S. 336).

Neben diesen Gesetzen bestehen noch eine Reihe den Lebensmittelverkehr berührende Runderlasse, Verordnungen und Rundschreiben
des Reichsministers des Innern, die einzeln hier anzugeben zu weit führen
würde. Schließlich sind noch die vielen in den letzten Jahren zur Gesundung der Lebensmittelwirtschaft und zur Hebung von Treu und
Glauben im Lebensmittelgewerbe ergangenen Verordnungen über die
Zusammenschlüsse in der Lebensmittelindustrie, nämlich der Mühlen-
industrie, Obst- und Gemüseverwertungsindustrie, Fischindustrie usw.,
sowie die Maßnahmen auf dem Gebiete der Fleisch-, Milch-, Eier,- Fett-
und Käsewirtschaft zu erwähnen.

Besonders wichtig erscheinende Verordnungen werden noch bei der Beschreibung der einzelnen Lebensmittel Berücksichtigung finden.

Eine Sammlung aller lebensmittelrechtlichen gesetzlichen Vorschriften ist das Werk von R. BICKEL „Lebensmittelpolizei“, Verlag Walter König, München 1940.

2. Das Lebensmittelgesetz.

Das Gesetz über den Verkehr mit Lebensmitteln und Bedarfsgegenständen vom 5. Juli 1927 in der neuen Fassung vom 17. Januar 1936 (Reichsgesetzbl. I, S. 17) ist ein Rahmengesetz und bildet gegenwärtig den Grundstein des deutschen Lebensmittelrechtes.

In § 1 werden als „*Lebensmittel*“ die Begriffe Nahrungs- und Genußmittel zusammengefaßt und darunter verstanden alle Stoffe, die dazu bestimmt sind, in unverändertem oder zubereitetem Zustande von Menschen gegessen oder getrunken zu werden, soweit sie nicht überwiegend zur Bereitung, Linderung oder Verhütung von Krankheiten bestimmt sind. Den Lebensmitteln stehen gleich: Tabak, tabakhaltige oder tabakähnliche Erzeugnisse, die zum Rauchen, Kauen oder Schnupfen bestimmt sind.

Arzneimittel, Heilmittel und Vorbeugungsmittel, die zum Teil dazu bestimmt sind, gegessen oder getrunken zu werden, gehören mithin nicht zu den Lebensmitteln und unterliegen nicht den Bestimmungen dieses Gesetzes, wogegen andererseits die sog. „diätetischen“ Nährmittel (Kräftigungsmittel und Stärkungsmittel) als Lebensmittel unter das Gesetz fallen. Tabak, tabakhaltige und tabakähnliche Erzeugnisse sind besonders erwähnt, weil sie von jeher zu den Genußmitteln gerechnet wurden, aber nach den geltenden Bestimmungen nicht zu den Lebensmitteln gehören.

Die **Bedarfsgegenstände** sind im § 2 des Gesetzes festgelegt.

Bedarfsgegenstände im Sinne des Gesetzes sind:

1. Eß-, Trink-, Kochgeschirr und andere Gegenstände, die dazu bestimmt sind, bei der Gewinnung, Herstellung, Zubereitung, Abmessung, Auswägung, Verpackung, Aufbewahrung, Beförderung oder dem Genuß von Lebensmitteln verwandt zu werden und dabei mit diesen in unmittelbare Berührung kommen;

2. Mittel zur Reinigung, Pflege, Färbung oder Verschönerung der Haut, des Haares, der Nägel oder der Mundhöhle;

3. Bekleidungsgegenstände, Spielwaren, Tapeten, Masken, Kerzen, künstliche Pflanzen und Pflanzenteile;

4. Petroleum;

5. Farben, soweit sie nicht zu den Lebensmitteln gehören;

6. andere Gegenstände, welche der Reichsminister des Innern bezeichnet.

Der § 3 enthält die überaus wichtigen **hygienischen Verbote.**
Es ist verboten:

1. a) Lebensmittel für andere derart zu gewinnen, herzustellen, zuzubereiten, zu verpacken, aufzubewahren oder zu befördern, daß ihr Genuß die menschliche Gesundheit zu schädigen geeignet ist.

b) Gegenstände, deren Genuß die menschliche Gesundheit zu schädigen geeignet ist, als Lebensmittel anzubieten, zum Verkaufe vorrätig zu halten, feilzuhalten, zu verkaufen oder sonst in den Verkehr zu bringen.

2. a) Bedarfsgegenstände der im § 2 Nr. 1—4, 6 bezeichneten Art so herzustellen oder zu verpacken, daß sie bei bestimmungsgemäßem oder vorauszusehendem Gebrauche die menschliche Gesundheit durch ihre Bestandteile oder Verunreinigungen zu schädigen geeignet sind;

b) so hergestellte oder verpackte Bedarfsgegenstände dieser Art anzubieten, zum Verkaufe vorrätig zu halten, feilzuhalten, zu verkaufen oder sonst in den Verkehr zu bringen.

Der § 4 enthält **Verbote zum Schutze der Verbraucher vor Täuschungen** im Handel und Verkehr.

Es ist verboten

1. zum Zwecke der Täuschung im Handel und Verkehr Lebensmittel nachzumachen oder zu verfälschen;

2. verdorbene, nachgemachte oder verfälschte Lebensmittel ohne ausreichende Kenntlichmachung anzubieten, feilzuhalten oder zu verkaufen oder sonst in den Verkehr zu bringen; auch bei Kenntlichmachung gilt das Verbot, soweit sich dies aus den auf Grund des § 5 Nr. 5 getroffenen Festsetzungen ergibt;

3. Lebensmittel unter irreführender Bezeichnung, Angabe oder Aufmachung anzubieten, zum Verkaufe vorrätig zu halten, feilzuhalten, zu verkaufen oder sonst in den Verkehr zu bringen. Dies gilt auch, wenn die irreführende Bezeichnung, Angabe oder Aufmachung sich bezieht auf die Herkunft der Lebensmittel, die Zeit ihrer Herstellung, ihre Menge, ihr Gewicht oder auf sonstige Umstände, die für die Bewertung mitbestimmend sind.

Von einer gesetzlichen Umschreibung der Begriffe *„nachgemacht, verfälscht und verdorben"* ist ebenso wie im alten Nahrungsmittelgesetz abgesehen. Aber Wissenschaft und Rechtsprechung haben im Laufe der Lebensmittelkontrolle diesen Begriffen eine feststehende und allgemein anerkannte Auslegung gegeben. Nach Reichsgerichtsentscheid versteht man unter „Nachmachen eines Lebensmittels" die Herstellung eines Erzeugnisses, das einem bereits bekannten Lebensmittel in der äußeren Erscheinung ähnlich, aber nach Wesen und Gehalt nicht gleichwertig ist. „Nachgemacht" ist z. B. ein Himbeersirup, der keinen oder nur wenig natürlichen Fruchtsaft enthält, sondern im wesentlichen aus einem künstlichen, rot gefärbten, aromatisierten Zuckersirup besteht.

Im Gegensatz zur „Nachmachung" gehört zum Begriff der „Verfälschung", daß mit einer ursprünglich echten Ware eine Veränderung stofflicher Natur vorgenommen wurde, welche eine Abweichung vom normalen Zustande zur Folge hatte. Eine derartige Veränderung kann auf verschiedene Weise verursacht werden; einmal, indem man ein Lebensmittel unter Entnahme wertbestimmender Bestandteile verschlechtert, z. B. Milch durch Entnahme von Sahne, weiter, indem man wertlose oder minderwertige Stoffe zusetzt, wie z. B. Wasser zur Milch, Margarine zur Butter, Mehl zur Wurst, oder indem man der Ware den Anschein einer besseren Beschaffenheit gibt, wie Zusatz von schwefliger Säure zu Hackfleisch, um eine künstliche Rotfärbung zu erzielen, das Färben von Würsten, Zusatz von gelber Farbe zu Backwaren und Konditorwaren, um einen höheren Gehalt an Eiern vorzutäuschen.

Als „*verdorben*" ist ein Lebensmittel anzusehen, das bei der Entstehung, Herstellung und Aufbewahrung solche Veränderung erlitten hat, daß seine Brauchbarkeit für menschliche Genußzwecke wesentlich herabgesetzt oder auch ausgeschlossen ist. Z. B.: Milch, die beim Aufkochen oder beim Vermischen mit gleichen Raumteilen Alkohol von 68 Raumhundertteilen gerinnt, oder die lediglich sauer geworden ist, oder Milch, die erheblich verschmutzt ist.

Unter „irreführender Bezeichnung, Angabe oder Aufmachung" sind Anpreisungen und Angaben jeglicher Art zu verstehen, bei denen Lebensmittel mit den Namen von höher bewerteten Lebensmitteln belegt werden oder ihnen in irgendeiner Weise der Anschein gegeben wird, als ob es sich nach Herkunft, Art und Zusammensetzung um solche höher gewertete Lebensmittel handle. Beispiel: Wenn Milch anderer Tierarten als Milch ohne Hinweis auf die Tierart bezeichnet wird.

Wenn ein Kaffee, der mehr als 0,08 % Koffein enthält, als koffeinfrei bezeichnet wird.

„Gesundheitsschädlich" ist ein Lebensmittel dann, wenn sein Genuß regelmäßig bei Menschen von durchschnittlicher Gesundheit eine Krankheit auslöst.

Der § 5 des Gesetzes bietet der Reichsregierung die Möglichkeit, Verbote zum Schutze der Gesundheit für den Verkehr mit Lebensmitteln und Bedarfsgegenständen zu erlassen, die Herstellung und den Vertrieb bestimmter Lebensmittel von einer Genehmigung abhängig zu machen, die *äußere Kenntlichmachung* auf Behältern und Packungen über Hersteller, Herstellungszeit, Inhalt bei Lebensmitteln zu verlangen, ferner Begriffsbestimmungen für die einzelnen Lebensmittel festzusetzen und Vorschriften über das Verfahren bei der Durchführung des Lebensmittelgesetzes zu erlassen.

Der § 6 behandelt die *Beaufsichtigung* des Verkehrs mit Lebensmitteln und Bedarfsgegenständen. Die Beauftragten der Polizei haben die Befugnis, in die Räume, in denen Lebensmittel gewerbsmäßig oder für Mitglieder von Genossenschaften oder ähnlichen Vereinigungen gewonnen, hergestellt, zubereitet, abgemessen, ausgewogen, verpackt, aufbewahrt, feilgehalten oder verkauft werden, Bedarfsgegenstände zum Verkaufe vorrätig gehalten oder feilgehalten werden,

1. einzutreten,

2. dort Besichtigungen vorzunehmen,

3. gegen Empfangsbescheinigung Proben nach ihrer Auswahl zum Zwecke der Untersuchung zu fordern oder zu entnehmen.

4. Die Befugnis zur Besichtigung erstreckt sich auch auf die Einrichtungen und Geräte zur Beförderung von Lebensmitteln, das Recht zur Probeentnahme auch auf Lebensmittel und Bedarfsgegenstände, die an öffentlichen Orten, insbesondere auf Märkten, Plätzen, Straßen oder im Umherziehen zum Verkaufe vorrätig gehalten, feilgehalten oder verkauft werden.

Die weiteren Paragraphen des Lebensmittelgesetzes dürften hier weniger Interesse haben, da sie sich vornehmlich mit dem Vollzug des Gesetzes und den Strafbestimmungen befassen. Hier mag nur die auf Grund des § 5 des Lebensmittelgesetzes erlassene Verordnung über die *äußere Kennzeichnung von Lebensmitteln* (Lebensmittel-Kennzeichnungs-Verordnung) vom 8. Mai 1935 (Reichsgesetzbl. I, S. 590) Erwähnung finden.

Bei Lebensmitteln in Originalpackungen müssen auf den Packungen oder Behältern an einer in die Augen fallenden Stelle in deutscher Schrift

1. Name, Firma, Ort des Herstellers und der Herstellung,

2. Inhalt nach handelsüblicher Bestimmung,

3. Inhalt nach deutschem Maß oder Gewicht zur Zeit der Füllung oder nach Stückzahl angegeben sein.

B. Lebensmittel aus dem Tierreich.

3. Milch.

I. Bewertung der Milch.

Die Milch spielt als Volksnahrungsmittel eine sehr bedeutende Rolle und nimmt sowohl in der Ernährung als auch in der Form daraus hergestellter Erzeugnisse (Butter, Käse) eine überragende Stellung ein. In Deutschland ist im allgemeinen nur die Milch von Kühen Gegenstand des Marktverkehrs. Ziegenmilch und Schafmilch sind nur in geringem Maße im Gebrauch. Wird Ziegenmilch in den Verkehr gebracht, so muß sie als solche gekennzeichnet werden. Milch, der Milch anderer Tierarten (Ziege, Schaf usw.) ohne Kenntlichmachung zugesetzt ist, ist als verfälscht im Sinne des Lebensmittelgesetzes anzusehen. Das Reichsmilchgesetz behandelt auch nur die Kuhmilch. Der Begriff Milch ist in der 1. Verordnung zur Ausführung des Milchgesetzes vom 15. Mai 1931 festgelegt.

Milch ist das durch regelmäßiges vollständiges Ausmelken des Euters gewonnene und gründlich durchgemischte Gemelk von einer oder mehreren Kühen aus einer oder mehreren Melkzeiten, dem nichts zugefügt und nichts entzogen ist.

Nur die nachstehend aufgeführten *Milchsorten* sind Milch, auch wenn sie, wie im Absatz 3 aufgeführt, zubereitet sind:

a) Vollmilch ist Milch, die den von der obersten Landesbehörde gestellten Mindestforderungen an ihre Zusammensetzung, besonders an den Fettgehalt und an das spezifische Gewicht genügt oder, soweit solche Mindestforderungen nicht gestellt werden, nicht erheblich hinter der Zusammensetzung zurückbleibt, die die Milch des in Betracht kommenden Verbrauchergebiets durchschnittlich aufweist. Minder-, fettarme oder gleichsinnig bezeichnete Milch ist Milch, die den von der obersten Landesbehörde an die Zusammensetzung von Vollmilch gestellten Mindestforderungen nicht genügt oder, soweit solche Mindestforderungen nicht gestellt werden, erheblich hinter der Zusammensetzung zurückbleibt, die die Milch des in Betracht kommenden Verbrauchergebiets durchschnittlich aufweist.

b) Markenmilch ist Vollmilch, die den Vorschriften im Abschnitt 2 des Gesetzes entspricht. Markenmilch stellt eine qualitativ und stofflich gehobene Konsummilch in Flaschen dar, die in rohem oder pasteurisiertem Zustande abgegeben werden kann und hinsichtlich der Gewinnung, Beschaffenheit und Behandlung einer besonderen Überwachung durch Überwachungsstellen unterstellt ist. Die Abgabe von Markenmilch bedarf der behördlichen Erlaubnis.

c) Vorzugsmilch ist Vollmilch, die den von der obersten Landesbehörde gestellten, besonders hoch bemessenen Anforderungen an ihre Gewinnung (Beschaffenheit des Stalles, Gesundheitszustand der Kühe und seine Überwachung, Fütterung, Haltung und Pflege der Kühe, Melken, Überwachung des Gesundheitszustandes des Personals), ihre Zusammensetzung (Fettgehalt, spezifisches Gewicht), ihre Beschaffenheit (Keimgehalt, Keimart, Frische), ihre Behandlung (Reinigung, Kühlung, Aufbewahrung), ihre Verpackung und ihre Beförderung genügt.

Zubereitete Milch ist nur:

a) Homogenisierte Milch ist Milch, die infolge mechanischer Zerkleinerung der größeren Fettkügelchen das Fett in so feiner Verteilung enthält, daß sich während 24 Stunden nach der Zubereitung keine Rahmschicht bildet.

b) Erhitzte Milch: gekochte Milch ist bis zum wiederholten Aufkochen erhitzte Milch; pasteurisierte Milch ist Milch, die spätestens innerhalb

22 Stunden nach dem Melken nach ausreichender Reinigung mittels eines anerkannten Pasteurisierungsverfahrens sachgemäß erhitzt und in unmittelbarem Anschluß daran tiefgekühlt worden ist. Die obersten Landesbehörden können aus zwingenden wirtschaftlichen Gründen die Überschreitung der zugelassenen Frist bis zu 3 Stunden zulassen, sofern durch zweckmäßige Maßnahmen einer nachteiligen Veränderung der Milch vor dem Peusteurisieren entgegengewirkt wird.

Als anerkannte *Pasteurisierungsverfahren gelten:*

Dauererhitzung auf 63—65° auf die Dauer von mindestens $^1/_2$ Stunde in behördlich zugelassenen Einrichtungen und unter den von den obersten Landesbehörden näher zu bestimmenden Voraussetzungen;

Momenterhitzung in dünner Schicht oder feiner Verteilung auf mindestens 85° in behördlich zugelassenen Apparaten, die diese Erhitzung für die gesamte Milchmenge sichern und eine ständige Überwachung der Temperatur ermöglichen; die Reichsregierung kann niedrigere Temperaturen für bestimmte Verfahren zulassen, wenn durch diese der Zweck der Pasteurisierung erreicht wird;

Hocherhitzung durch mittelbar einwirkenden Wasserdampf im Wasserbad auf die Dauer von mindestens 1 Minute oder durch andere, von der Reichsregierung zugelassene Verfahren auf mindestens 85°.

Die Milch entsteht im Euter, das eine aus zahlreichen Läppchen bestehende Drüse darstellt, von der bei der Kuh 4 Zitzen oder Striche nach außen führen. Die Milchdrüse entnimmt die zum Aufbau der Milch erforderlichen Bestandteile dem Blute und wandelt sie in Milch um; sie selbst ist bei diesem Vorgang einem ständigen Zerfall und Neubildung unterworfen.

Von großer Bedeutung ist, daß das Ausmelken bei jeder Melkzeit gründlich und vollkommen ist. Ungenügendes Ausmelken schädigt den Gesundheitszustand der Kühe. Die zuerst dem Euter entzogene Milch ist die fettärmste; der Fettgehalt steigt beim Melken an und kann in den letzten Anteilen des Gemelkes bis zu 10% erreichen.

Die in den ersten 5 Tagen nach dem Abkalben ausgeschiedene Milch heißt Kolostral- oder Biestmilch. Es ist dies eine dicke, schmutziggelbe Flüssigkeit, die auch bei Kenntlichmachung vom Verkehr ausgeschlossen ist und nur als Viehfutter Verwendung finden darf. Vom 5. Tage nach dem Kalben ab nimmt die Milch im allgemeinen eine normale Beschaffenheit an.

Die **Güte einer Milch** ist ganz besonders abhängig von der hygienisch einwandfreien Gewinnung. Die Milchviehhalter müssen streng darauf achten, daß die Kühe, deren Milch sie in den Handel bringen wollen, vollkommen gesund sind, denn nur eine gesunde Kuh kann gesunde Milch geben. Tuberkulose und Eutererkrankungen kommen bei Kühen

viel häufiger vor, als allgemein angenommen wird. Die Milch im Euter
gesunder Kühe ist fast keimfrei. Die Keime (Bakterien) kommen erst
bei oder nach der Gewinnung in die Milch. Bei der Milchgewinnung
und -behandlung ist daher größte Sauberkeit das höchste Gebot. Der
Milchviehhalter hat auf peinliche Sauberkeit der Kühe, des Stalles, der
Melkgeräte, der Milchkannen und des Melkpersonals zu achten. Personen, die an ansteckenden Krankheiten leiden, dürfen weder bei der Gewinnung und Bearbeitung der Milch noch in einem Milchgeschäft Verwendung finden.

Nach § 6 des Milchgesetzes „muß die Milch im Betriebe des Er-
zeugers bei und nach der Gewinnung und auf dem Wege vom Erzeuger
bis zum letzten Verbraucher so behandelt werden, daß sie, soweit dies
durch Anwendung der im Verkehr erforderlichen Sorgfalt vermeidbar
ist, weder mittelbar noch unmittelbar einer nachteiligen Beeinflussung,
insbesondere durch Staub, Schmutz aller Art, Gerüche oder Krankheitserreger oder durch die Witterung ausgesetzt ist“.

Infolge unsauberer Gewinnung und Bearbeitung kann die Milch
durch Mikroorganismen (Bakterien, Pilze) so stark *verunreinigt* werden,
daß das Verderben beschleunigt und Übertragung von Krankheitskeimen in den Bereich der Möglichkeit gerückt werden. Bei aller Sorgfalt ist es aber nicht möglich, eine keimfreie rohe Milch auf den Markt
zu bringen. Die Keime stammen hauptsächlich aus dem an der Haut
der Kühe haftenden Kuhkot; andere Quellen sind unsaubere Hände der
Melker, unsauberes Melkgerät und Milchsammelgefäße. Wenn auch
die meisten Keime harmloser Art sind, so haben sie doch für die Milch
besondere Bedeutung, da sie die Zusammensetzung und Beschaffenheit
der Milch wesentlich beeinflussen. So verwandeln die bei der Gewinnung
in die Milch gelangten Milchsäurebakterien einen Teil des Milchzuckers
in Milchsäure; die Milch nimmt allmählich einen sauren Geruch und
Geschmack an. Wird eine solche Milch erwärmt, so wird das Kasein
in einen unlöslichen Zustand übergeführt und scheidet sich aus; die
Milch gerinnt. Das Sauerwerden der Milch wird durch Kälte zurück-
gedrängt, durch Wärme gefördert, infolge Hemmung oder Beschleunigung der Entwicklung der Milchsäurebakterien. Um das Sauerwerden
der Milch zu verhindern, muß die Milch zur Abtötung der Milchsäurebakterien aufgekocht bzw. erhitzt werden. Nach dem Kochen ist die
Milch jedoch möglichst schnell abzukühlen, da sonst eine andere Art
der Gerinnung durch peptonisierende Bakterien eintreten kann. Die
beste Behandlungsart ist eine sofortige tiefe Kühlung nach der Gewinnung auf 4—6° C. Zusatz irgendwelcher Konservierungsmittel zu Milch
(wie Natron, das öfter zur Abstumpfung der Säure empfohlen wird) ist
verboten und stellt zum mindesten eine Verfälschung im Sinne des
Lebensmittelgesetzes dar.

Die **Milchfehler** sind im allgemeinen bedingt durch abnorme krankhafte Milchabsonderung bei Euterentzündung oder durch Bakterientätigkeit sowie durch die Fütterungsart. Hier sind zu erwähnen die räßige oder salzige Milch, ebenso blaue, rote und gelbe Milch, die unter dem Einfluß von Farbstoff erzeugenden Bakterien entstehen. Fadenziehende Milch wird hervorgerufen durch Pilze, die die Fähigkeit besitzen, einen schleimigen Stoff auszuscheiden. Bitter und abweichend schmeckende Milch kann verursacht werden durch Bakterien und Pilze oder durch Bitterstoffe enthaltende Futtermittel. Manche Futtermittel (Steckrüben, Rübenblätter) geben der Milch und der daraus hergestellten Butter einen unangenehmen Beigeschmack. Ist der Milchgeschmack käsig oder seifig, so ist auch diese Erscheinung auf die Tätigkeit gewisser Mikroorganismen zurückzuführen. Die hier angeführten Milchfehler, mit Ausnahme der kranken Milch bei Euterentzündungen und der durch die Fütterungsart verursachten, lassen sich durch Sauberkeit im Stall bei der Gewinnung der Milch und sachgemäße Reinigung der Milchgefäße vermeiden.

Milch darf nicht in solchen Gefäßen *aufbewahrt* werden, in denen sie mit Metallen, wie Eisen, Blei, Kupfer und Zink in Berührung kommt, da sie durch Metallaufnahme infolge der in der Milch vorhandenen Milchsäure leicht einen Beigeschmack oder eine gesundheitsschädliche Beschaffenheit annehmen kann. Als Transportgefäße für die Milch haben sich am besten verzinnte Eisenblechkannen bewährt. Zum Aufbewahren der Milch in der Küche sind am geeignetsten Gefäße aus Glas, Porzellan oder glasiertem Ton, die mit besonderer Sorgfalt reingehalten und mitunter ausgekocht werden müssen. In dumpfer Luft nimmt die Milch leicht einen unangenehmen Geruch und Geschmack an und kann dann Verdauungsstörungen hervorrufen. Die Milch hat die Eigenschaft, leicht fremdartige Gerüche anzunehmen; sie ist dasjenige Nahrungsmittel, das gegen äußere Einflüsse am empfindlichsten ist und infolgedessen auch leicht verderben kann.

Bestandteile der Milch: Die Milch stellt im frischen Zustande eine undurchsichtige weiße oder schwach gelbliche Flüssigkeit von mildem süßlichem Geschmack dar. Sie enthält alle Stoffe, die der Mensch zum Aufbau des Körpers und zu seiner Ernährung bedarf. Die einzelnen Nahrungsstoffe — Eiweiß, Fett, Milchzucker und Salze — sind in der Milch in verschiedenen Zustandsformen vorhanden. Während der Milchzucker, das Milcheiweiß Albumin und die Milchsalze in der Milchflüssigkeit gelöst, das Milchfett in Form mikroskopisch kleiner Kügelchen in der Milchflüssigkeit vorhanden ist, befindet sich das Kasein (Käsestoff) in einem weitgehenden Quellungszustand. Das Milchfett besteht neben den Glyceriden der Palmitin-, Stearin- und Ölsäure aus Glyceriden der Butter-, Kapron-, Kapryl-, Kaprin- und

Myristinsäure, die das Aroma des Fettes bedingen. Außerdem sind im Milchfett noch Lezithin, Cholesterin und ein gelber Farbstoff (Karotin, Lactoflavin) vorhanden. Die Milch enthält ferner geringe Mengen Zitronensäure, freie Kohlensäure, Sauerstoff und freien Stickstoff. Die Mineralstoffe der Milch bestehen aus phosphorsauren, salzsauren und schwefelsauren Kalzium-, Magnesium-, Eisen- und Natriumsalzen. Sehr wichtig sind ferner die Fermente (Enzyme) und die Vitamine der Milch. Die Fermente, deren chemische Struktur bis heute noch nicht geklärt ist, werden innerhalb der tierischen und pflanzlichen Zellen erzeugt und spielen in der Ernährung und Lebensmittelindustrie eine große Rolle. Sie haben die Aufgabe, die unlöslichen Nährstoffe in ein für die Ernährung geeignetes Material umzuwandeln. Sie sind in Wasser leicht löslich und verlieren in der wässerigen Lösung meist schon bei Temperaturen von 60—70° C, sicher bei 100° C, ihre wirksame Kraft. In geringer Menge können sie große Massen von gewissen Stoffen chemisch verändern, ohne jedoch verbraucht oder verändert zu werden; ihre Wirkungsweise ist, kurz gesagt, katalytisch, sie sind als biologische Katalysatoren anzusehen.

Die Bezeichnung der **Fermente** in der Milch endet mit der Endung „...ase". Es sind hier hauptsächlich 3 Fermente zu nennen: Die Peroxydase, die Reduktase und die Katalase.

Die Peroxydase hat die Eigenschaft, unter Reduktion eines zugefügten Peroxydes oxydierend zu wirken. Fügt man z. B. zu 10 ccm Milch einen Tropfen Wasserstoffsuperoxyd und eine Taschenmesserspitze Paraphenylendiamin, so nimmt die Milch infolge der Oxydation des Paraphenylendiamins durch die Peroxydase eine blaue Färbung an. Die Verfärbung der Milch bleibt aus, falls eine Hocherhitzung der Milch stattgefunden hat, da die Peroxydase durch die Hitze vernichtet wird. Man kann also auf Grund der vorhandenen Fermente gekochte und rohe Milch unterscheiden.

Ferner zeigt die Milch reduzierende Eigenschaften, die auf die Reduktase zurückzuführen sind. Setzt man zur rohen Milch eine Methylenblaulösung zu, so tritt nach mehr oder minder langer Zeit eine Reduktion des Farbstoffes, eine Entfärbung der Milch ein. Die Reduktaseprobe kann zur Qualitätskennzeichnung einer frischen Milch herangezogen werden, da die Reduktionszeit von dem Keimgehalt der Milch abhängig ist.

Ebenso läßt die Katalase, die die Eigenschaft hat, wie die Peroxydase Wasserstoffsuperoxyd in Wasser und Sauerstoff zu spalten, ohne dabei aber oxydierend zu wirken, einen weitgehenden Schluß auf den Keimgehalt der Milch zu. Die Menge des durch die Katalase aus dem der Milch zugefügten Wasserstoffsuperoxyd abgespaltenen Sauerstoffs kann volumetrisch gemessen werden und läßt dann einen Rückschluß auf den Katalasegehalt zu.

Frische Milch enthält die **Vitamine A, B, C und D,** und zwar in um so größerem Maße, je mehr das Milchvieh frische und junge Pflanzen verzehrt, d. h. die bei Weidegang und Grünfutter gewonnene Milch ist als die beste anzusehen. Die Durchführung einer allgemeinen Ultraviolettbestrahlung der gesamten Konsummilch Deutschlands zur Anreicherung des rachitisverhindernden D-Vitamins ist nur noch eine Frage der Zeit. Mit Billigung des Reichsgesundheitsführers wird schon in Frankfurt a. M. und einer Reihe anderer deutscher Großstädte die gesamte Konsummilch nach dem Verfahren Dr. SCHOLLS bestrahlt.

Durch Stehenlassen und Kochen nimmt der Vitamingehalt der Milch ab. Fehlerfreie und rein gewonnene Milch soll nur kurz aufgekocht und kühl aufbewahrt werden, da beim kurzen Aufkochen die Schwächung oder Schädigung der Vitamine in der Milch am geringsten ist (s. auch 2. Teil, S. 111). Die viel umstrittene Frage, ob man Milch des freien Handels (Handelsmilch) roh oder gekocht genießen soll, ist dahin zu beantworten, daß man sie unbedeckt kurz aufkochen soll. Man ist dann sicher, daß die Milch keine Infektionsquelle mehr ist. Vollmilch enthält im Durchschnitt 88% Wasser, 3,6% Eiweiß, 3,1% Fett, 4,6% Milchzucker und 0,7% Mineralstoffe.

Magermilch enthält nur noch geringe Mengen Vitamine, weil die Hauptmenge derselben, vor allem Vitamin A, mit dem Fett in die Sahne übergeht. Saure Milch und die aus Vollmilch künstlich hergestellten sauren Milcherzeugnisse, wie Kefir, Kumyß, Joghurt, wirken diätetisch sehr günstig. Sahne und Butter sind besonders bei Grünfütterung vitaminreich.

Trockenmilch enthält nur noch Vitamine, wenn sie bei möglichst niedriger Temperatur in kürzester Zeit gewonnen wird.

II. Prüfung der Milch.

An dieser Stelle kann nur auf die einfachsten, allgemein zugänglichen, praktischen Methoden eingegangen werden, die auch dem Laien zur Prüfung und Beurteilung der Beschaffenheit und Wertigkeit der Milch zur Verfügung stehen.

Zunächst hat sich die **Sinnenprüfung** auf Aussehen, Geruch und Geschmack der Milch zu erstrecken. Es ist festzustellen, ob die Milch irgendwelche wahrnehmbaren, außergewöhnlichen Eigenschaften und Milchfehler hat und in ihrer Beschaffenheit von einer gesunden Milch abweicht. Weiter ist ein etwaiger Schmutzgehalt der Milch zu ermitteln. Die Milch muß von allen augenscheinlichen Verunreinigungen frei sein und in einem solchen Grade der Reinheit zum Verkauf kommen, daß bei $^1/_2$ stündigem Stehen von einem Liter in einem Gefäß mit durchsichtigem Boden ein Bodensatz nicht beobachtet werden kann. Der Schmutz in der Milch besteht in der Hauptsache aus unverdauten Futterresten, die als unlöslicher Bestandteil im Kuhkot enthalten sind, aus Haaren, Insekten, Futterstreustaub usw., die reichlich mit Bakterien beladen sind und somit die Quellen mannigfacher Infektion bilden können. Zur Bestimmung wird der Schmutz auf einer Wattescheibe gesammelt. Hierbei ist zu bedenken, daß der gesammelte Schmutz nur etwa $1/_{10}$ des wirklich in die Milch gelangten Schmutzes darstellt; $9/_{10}$ ist in der Milch teils löslich, teils in so feiner Verteilung, daß er nicht erfaßt werden kann.

Der Schmutzgehalt der Milch bildet einen Maßstab für die mehr oder minder sorgfältige Gewinnung und Behandlung der Milch. Ein negativer Schmutzgehalt läßt natürlich nicht den Schluß zu, daß die Milch einwandfrei sein muß. Eine im Viehstall bei der Gewinnung stark verunreinigte Milch kann nachher durch Filtrieren und Zentrifugieren von den unlöslichen Schmutzteilen befreit werden, wonach allerdings noch eine erhebliche Verunreinigung und dadurch bedingte Infektion der Milch vorhanden sein kann.

Ein weiterer Anhaltspunkt für die Beurteilung ist die Frische der Milch, eine Eigenschaft, die in der küchenmäßigen Verwertung eine bedeutende Rolle spielt. Beim Aufbewahren der Milch bei gewöhnlicher Zimmertemperatur verändert sich die Milch verhältnismäßig schnell, wie im vorhergehenden ausgeführt wurde. Um den Frischezustand der Milch festzustellen, werden nachstehende Verfahren benutzt:

1. Neben der Sinnenprüfung die Kochprüfung,
2. die Alkohol- und Alizarolprobe,
3. Bestimmung des Säuregrades (Säurebestimmung durch Titration mit Alkali).

Die *Kochprobe* soll feststellen, ob eine Milch beim Knochen gerinnt. Gesunde frische Milch zeigt beim Kochen keine besondere Veränderung. Die sich auf der Oberschicht bildende Haut besteht aus unlöslich gewordenem Albumin.

Zur **Ausführung der Alkoholprobe** werden gleiche Teile Milch und 68 proz. Alkohol in einem Prüfgläschen gemischt. Tritt dabei keine Veränderung durch Gerinnung auf, so ist die Milch genügend frisch. Die Alkoholprobe kann man noch verschärfen, indem man 2 Teile Alkohol zu einem Teil Milch nimmt, die sog. doppelte Alkoholprobe. Hält die Milch diese Probe aus, so ist sie frisch und haltbar (Säuglingsmilch und Vorzugsmilch).

Die **Ausführung der Alizarolprobe** ist die gleiche wie bei der Alkoholprobe. Das Alizarol ist eine mit Alizarinfarbstoff gesättigte 68 proz. Alkohollösung. Die Alizarolprobe ist der Alkoholprobe überlegen, weil sie die Art und den Grad der Zersetzung der Milch und den Zusatz von verbotenen Neutralisationsmitteln, wie Natron und Soda, erkennen läßt.

Aufgestellte Farbtafeln geben über Art und Grad der Zersetzung der Milch Auskunft.

Unter dem *Säuregrad der Milch* versteht man die Anzahl Kubikzentimeter $^1/_4$-Normal-Natronlauge, die zur Neutralisation von 100 ccm Milch erforderlich sind. Frische Handelsmilch zeigt 6—8 Säuregrade. Bei 8—11 Säuregraden ist die Milch in einigen Stunden so sauer, daß sie beim Kochen gerinnt, bei über 11 Säuregraden gerinnt die Milch beim Kochen sofort.

Die **Bestimmung des Säuregrades** ist folgende:

50 ccm Milch werden mit 2 ccm einer 2proz. alkoholischen Phenolphthaleinlösung versetzt und mit $^1/_4$-Normal-Natronlauge titriert, bis schwache Rotfärbung eintritt. Die Anzahl verbrauchter Kubikzentimeter $^1/_4$-Normal-Natronlauge wird dann mit 2 multipliziert und als Säuregrade angegeben.

Zur Prüfung auf den Frischezustand kann noch die Bestimmung der Keimzahl und der Nachweis der Fermente, Reduktase und Katalase erfolgen.

III. Milchfälschungen.

Die Handelsmilch ist groben Verfälschungen ausgesetzt, die trotz schärfster behördlicher Kontrollen immer wieder vorkommen. Die häufigsten Verfälschungen bestehen im Zusatz von Wasser oder Entzug von Fett oder gleichzeitig in Entrahmung und Wasserzusatz oder in Zusatz von Magermilch zu Vollmilch.

Von der Leitung einer Gemeinschaftsküche ist zu fordern, daß sie mit dem sog. Laktodensimeter (Milchdichtemesser) umgehen kann, um die gröbsten Milchfälschungen festzustellen. Das *Laktodensimeter*, auch Aräometer oder Milchspindel genannt — s. Abb. 1 — ist eine Senkwaage, die aus einem Hohlkörper, dem Schwimmkörper, besteht, der nach oben in eine Glasröhre endet. In dieser Glasröhre ist eine Skala mit Gradeinteilung von 20—40 angebracht. An der Spindel befindet sich auch meistens ein Thermometer. Der Apparat dient zur Bestimmung des spezifischen Gewichtes der Vollmilch und Magermilch.

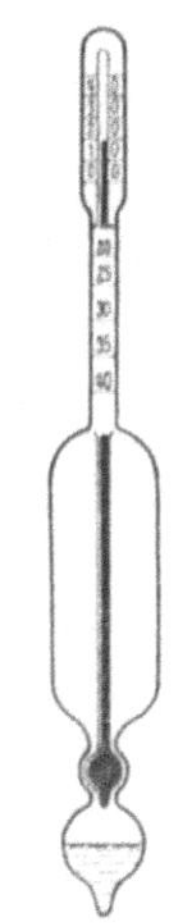

Abb. 1.
Milchspindel.

Das spezifische Gewicht bezeichnet das Gewicht der Volumeneinheit und ist gleich dem absoluten Gewicht dividiert durch das Volumen. Beim Wasser werden Volumen und Gewicht durch dieselbe Zahl ausgedrückt, 1 l wiegt 1000 g. 1 l Milch wiegt durchschnittlich 29—33 g mehr als 1 l Wasser. Zur Kennzeichnung des spezifischen Gewichtes einer Flüssigkeit gibt man nicht das Gewicht an, welches 1 l der Flüssigkeit wiegt, sondern nur das Gewicht von 1 ccm. Das spezifische Gewicht des Wassers ist somit 1,0; das spezifische Gewicht der Milch schwankt zwischen 1,029 und 1,033. Auf der Skala des Laktodensimeters ist nun nicht der ganze Wert des spezifischen Gewichts der Milch angezeigt, sondern nur die Tausendstel über 1,000, die Milchgrade genannt werden. Die Milchgrade 32,0 bedeuten beispielsweise ein spezifisches Gewicht 1,032. Die Milch ist mit dem Laktodensimeter bei 15° C zu untersuchen. Ist die zu untersuchende Milch kälter oder wärmer als 15° C, so steigen bzw. sinken die Milchgrade um 0,2 bei 1° C Temperaturunterschied. Liest man also bei einer Temperatur von 19° C an der Laktodensimeter-skala den Wert 32 ab, so muß dieser Zahl 4 × 0,2 zugezählt werden, d. h. die Milchgrade betragen bei 15° C nicht 32, sondern 32,8; bei Prüfung der Milch unter 15° C etwa bei 11° C, ist von dem abgelesenen Wert 32 4 × 0,2 = 0,8 abzuziehen = 31,2.

Zur Untersuchung der Milch faßt man das gut gereinigte und trockene Laktodensimeter an der Spitze an und läßt es in die vorher durchgemischte Milch einsinken. Dabei ist zu beachten, daß die Spindel ganz frei schwimmt und nicht etwa am Gefäß anliegt. Sobald sie zur Ruhe gelangt ist, liest man an der Skala den Milchgrad ab, bei welchem die Oberfläche der Milch die Spindel schneidet; desgleichen wird die Temperatur der gespindelten Milch notiert. Beim Ablesen ist das Auge in gleiche Höhe wie die Oberfläche der Milch zu bringen.

Auswertung der Milchprüfung mit dem Laktodensimeter. Wird einer Milch Wasser zugesetzt, so wird das spezifische Gewicht der Milch erniedrigt, weil das Wasser ein niedrigeres spezifisches Gewicht hat als Milch, nämlich 1,000 gegen 1,032 der Milch. Um wieviel sich das spezifisches Gewicht der Milch verändert hat, läßt sich auch durch einfache Rechnung anschaulich machen:

$$
\begin{array}{ll}
\text{1 l Milch wiegt} & \text{1,032 kg} \\
\text{1 l Wasser wiegt} & \underline{\text{1,000 kg}} \\
\text{Beide wiegen zusammen} & \text{2,032 kg}
\end{array}
$$

1 l dieser Mischung wiegt halb soviel, nämlich 1,016 kg. Es ist mithin bei einer Milch von ursprünglichem spezifischem Gewicht von 1,032, die 50% zugesetztes Wasser enthält, das spezifische Gewicht auf 1,016 herabgesetzt worden. Ein Wasserzusatz von 10% erniedrigt die Milchgrade um rund $^1/_{10}$ = 3 Milchgrade.

Durch Entrahmung oder Zusatz von Magermilch wird das spezifische Gewicht der Milch erhöht, weil ihr durch die Entrahmung das leichtere Milchfett (spezifisches Gewicht 0,93) entzogen bzw. die spezifisch schwerere Magermilch (spezifisches Gewicht 1,035) zugesetzt wird.

Die Frage, ob der Laie durch Anwendung der obigen Prüfungsmethode imstande ist, eine Milchfälschung mit Sicherheit nachzuweisen, ist zu verneinen. Der Zweck dieser Prüfung ist, Verdacht zu schöpfen. Der sichere Nachweis einer Milchfälschung kann nur durch eine wissenschaftliche Milchanalyse geführt werden.

4. Milcherzeugnisse.

In den Ausführungsbestimmungen zum Milchgesetz werden folgende Milcherzeugnisse angeführt:

I. Milchsorten.

Sauermilch (saure Milch, Setzmilch, Dickmilch u. ä.) ist das aus Vollmilch durch Gerinnung infolge von Selbstsäuerung oder infolge des Zusatzes von Milchsäurebakterien gewonnene Erzeugnis.

Joghurt, Kefir u. ä. sind die mit den spezifischen Gärungserregern aus erhitzter Vollmilch auch nach Eindampfen hergestellten Erzeugnisse.

Entrahmte Milch (Magermilch), auch erhitzt, ist das bei der Entrahmung von Milch anfallende Erzeugnis.

Die Magermilch, im Handel als entrahmte Frischmilch bezeichnet, ist ein sowohl zum unmittelbaren Genusse als auch zur Verwendung in der Küche geeignetes und wertvolles Lebensmittel, das, abgesehen vom Milchfett, noch alle übrigen Nährstoffe der Milch in unveränderter Form enthält. Sie ist ein noch viel zu wenig beachtetes Lebensmittel und stellt einen vorzüglichen und billigen Eiweißträger dar.

Molke ist die Flüssigkeit, die bei der Herstellung von Käse nach Abscheiden des Käsestoffes (Kasein) und des Fettes bei der Gerinnung der Milch anfällt.

Buttermilch ist das bei der Verbutterung von Milch oder Sahne nach Abscheidung der Butter anfallende Erzeugnis, wenn das dem Butterungsgut aus technischen Gründen zugesetzte Wasser nicht mehr als 10% des anfallenden Erzeugnisses oder, wenn statt Wasser Magermilch verwendet wird, die dem Butterungsgut zugesetzte Magermilch nicht mehr als 15% des anfallenden Erzeugnisses beträgt; reine Buttermilch ist ohne Zusatz von Wasser oder Magermilch zum Butterungsgut erhaltene saure Milch.

Geschlagene Buttermilch ist das durch besondere Behandlung (Säuerung, Schlagen usw.) von Magermilch gewonnene Erzeugnis, das kein Fremdwasser enthalten darf.

Sahne (Rahm). Kaffeesahne, Trinksahne, auch homogenisiert oder erhitzt, ist das durch Abscheiden von Magermilch aus Milch gewonnene Erzeugnis mit einem Mindestfettgehalt von 10%.

Saure Sahne ist in vorgeschrittener milchsaurer Gärung befindliche Sahne.

Schlagsahne ist Sahne mit einem Mindestfettgehalt von 28%.

Ungezuckerte Kondensmilch ist eingedickte Milch ohne Zusatz von Zucker, die mindestens 7,5% Fett und mindestens 17,5% fettfreie Trockenmasse enthält.

Gezuckerte Kondensmilch ist eingedickte Milch mit Zusatz von Zucker, die mindestens 8,3% Fett, mindestens 22% fettfreie Milchtrockenmasse und höchstens 27% Wasser enthält.

Milchpulver (Trockenmilch) ist das Erzeugnis, das nach Einstellung auf einen für die Verarbeitung nötigen Fettgehalt durch weitgehende Entziehung des Wassers der Milch entweder mittels Zerstäubung im warmen Luftstrom gewonnen ist und mindestens 25% Fett in der Trockenmasse und höchstens 4% Wasser enthält (Sprühmilch, Zerstäubungsmilch) oder unter Anwendung von heißen Walzen gewonnen ist und mindestens 25% Fett in der Trockenmasse und höchstens 6% Wasser enthält (Walzenmilch).

Magermilchpulver (Trockenmagermilch) ist das Erzeugnis, das durch weitgehende Entziehung des Wassers der Magermilch entweder mittels Zerstäubung des Wassers im warmen Luftstrom gewonnen ist und höchstens 6% Wasser enthält (Sprühmagermilch, Zerstäubungsmagermilch) oder unter Anwendung von heißen Walzen gewonnen ist und höchstens 6% Wasser enthält (Walzenmagermilch).

Sahnepulver (Trockensahne) ist das Erzeugnis, das durch weitgehende Entziehung des Wassers der Sahne entweder im warmen Luftstrom gewonnen ist und mindestens 42% Fett in der Trockenmasse und höchstens 6% Wasser enthält (Sprühsahne, Zerstäubungssahne) oder unter Anwendung von heißen Walzen gewonnen ist und mindestens 42% Fett in der Trockenmasse und höchstens 6% Wasser enthält (Walzensahne).

Weitere Milcherzeugnisse von größter Bedeutung für die Ernährung sind Butter und Käse.

II. Butter.

Butter ist das durch schlagende, stoßende oder schüttelnde Bewegung aus der Milch oder dem Rahm abgeschiedene Fett, dem noch etwa 15—18% Milchbestandteile anhaften. Durch Kneten und Waschen mit kaltem Wasser wird das Butterfett von den anderen Milchbestandteilen fast vollständig befreit. Unter der *Bezeichnung „Butter"* schlechthin ist Kuhbutter zu verstehen. Ziegenbutter, Schafbutter usw. sind die der Kuhbutter entsprechenden Erzeugnisse aus Ziegenmilch, Schafmilch usw. Je nach dem Fettgehalt der Milch gewinnt man aus 25 bis 30 l Milch 1 kg Butter.

Mittlere Zusammensetzung der Butter: Wasser 14,7%, Fett 84,0%, Kasein 0,5%, Milchzucker (und Milchsäure) 0,7%, Mineralstoffe 0,1%.

Außerdem sind in der Butter noch geringe Mengen Lezithin, Cholesterin, gelber Farbstoff und Vitamine vorhanden. Das Butterfett enthält zum Unterschied von anderen tierischen Fetten, welche fast ausschließlich aus den Glyzeriden der Palmitin-, Stearin- und Ölsäure bestehen, außer diesen noch Glyzeride flüchtiger Fettsäuren, vor allem der Butter-, Kapron-, Kapryl- und Kaprinsäure. Diese Glyzeride sind charakteri-

stisch für Butterfett und dienen bei der Analyse als Unterscheidungs-
merkmal der Butter von anderen Fettarten.

Bei längerem Aufbewahren der Butter kann leicht eine Zersetzung
des Butterfettes eintreten. Hoher Wasser-, Milchzucker- und Kasein-
gehalt, Sonnenlicht, reichlicher Luftzutritt, hohe Temperatur und
Einwirkung von Pilzen und Bakterien beschleunigen den Zersetzungs-
prozeß der Butter. Die Butter nimmt dabei einen sauren, ranzigen
oder talgigen Geruch und Geschmack an.

Butterschmalz (Schmelzbutter) stellt das durch Ausschmelzen der
Butter von den Milchbestandteilen und dem Wasser abgetrennte klare
Butterfett dar. Zu seiner Gewinnung hält man Butter so lange bei
möglichst niedriger Temperatur in geschmolzenem Zustand, bis sich
das Wasser und die Milchbestandteile abgesetzt haben. Das klare
Butterfett wird abgezogen. Das Butterschmalz ist sehr lange haltbar,
da die das schnelle Verderben verursachenden Milchbestandteile der
Butter entfernt worden sind. Die Färbung der Butter mit gelbem
Farbstoff ist gestattet und wird nicht als eine Verfälschung aufgefaßt.

Die Bestimmungen über den Verkehr mit Butter sind festgelegt
in der Verordnung über die Schaffung einheitlicher Sorten von Butter
(*Butterverordnung*) vom 20. Februar 1934 (Reichsgesetzbl. I, S. 117)
und weiter in der Verordnung zur Abänderung der Butterverordnung
vom 15. Dezember 1934 (Reichsgesetzbl. I, S. 1264).

Die Butterverordnung enthält im § 1 die Beurteilungsgrundsätze.
Die Beurteilung der Butter richtet sich nach der Zahl der Wertmale,
die sie für Geschmack, Geruch, Ausarbeitung, Aussehen und Gefüge
aufweist. Die höchste Zahl der Wertmale wird dem Geschmack der
Butter zugeteilt. Unter Geschmack versteht die Verordnung die
Reinheit, das Aroma und den Salzgehalt. Als *Sortenbezeichnung* werden
nur zugelassen die Bezeichnungen: Markenbutter, Feine Molkereibutter
(feine Meiereibutter), Molkereibutter (Meiereibutter), Landbutter und
Kochbutter.

Butter kann sowohl ausgeformt wie auch lose ausgewogen zum
Verkauf gelangen. Das Ausformen von Markenbutter darf nur im Betriebe des Herstellers und in besonders zugelassenen Absatzzentralen
und Betrieben des Großhandels vorgenommen werden. Im allgemeinen
erfolgt die Abgabe in rechteckiger Blockform in Stücken von 500,
250 und 125 g.

Verfälschungen der Butter. Verfälschungen der Butter kommen
noch recht häufig vor. Sie bestehen in erster Linie im Einkneten von
Wasser oder in Belassung von zuviel Wasser in der Butter bei ihrer
Herstellung. Seltener werden Zusätze von Fremdfetten (Margarine)
und Konservierungsmitteln in der Butter angetroffen. Der Fett-,
Wasser- und Salzgehalt in der Butter ist festgelegt in der auf Grund

des § 11 des Gesetzes, betreffend den Verkehr mit Butter, Käse, Schmalz und deren Ersatzmitteln, vom 15. Juni 1897 erlassenen *Verordnung vom 21. August 1939* (Reichsgesetzbl. I, S. 1527). § 1 dieser Verordnung lautet:

Butter, die in 100 Gewichtsteilen weniger als 80 Gewichtsteile Fett oder in ungesalzenem Zustande mehr als 18 Gewichtsteile Wasser, in gesalzenem Zustande mehr als insgesamt 18 Gewichtsteile an Wasser und Kochsalz enthält, darf nicht gewerbsmäßig verkauft oder feilgehalten werden.

Eine Butter ist als gesalzen anzusehen, wenn sie mehr als 0,1 Gewichtsteile Kochsalz enthält.

Über Verdorbenheit von Butter entscheidet in erster Linie die Sinnenprüfung, die sich auf Aussehen, Geruch und Geschmack erstreckt. In gewissen Fällen kann auch die Bestimmung des Säuregrades und der Nachweis von Aldehyden und Methylketonen Aufklärung geben. Häufig bilden sich in lang gelagerter Butter Schimmelpilzwucherungen, die farbige, rote, grüne bis schwarze Fleckenbildung verursachen und sich beim Schmelzen der Butter als schleimige Masse bemerkbar machen. Schlechthin verdorben ist talgige, ranzige, verschimmelte, ölige, bittere wie jedwede Butter, die ekelerregendes Aussehen, ekelhaften Geruch und Geschmack hat.

III. Käse.

Nach den Begriffsbestimmungen des Reichsgesundheitsamtes zu Festsetzungen über Lebensmittel (H. 4. Berlin: Julius Springer 1913) ist Käse das aus Milch, Rahm, teilweiser oder vollständig entrahmter Milch (Magermilch), Buttermilch oder Molke oder aus Gemischen dieser Flüssigkeiten durch Lab oder Säuerung (bei Molke durch Säuerung und Kochen) abgeschiedene Gemenge aus Eiweißstoffen, Milchfett und sonstigen Milchbestandteilen, das meist gepreßt, geformt und gesalzen, auch mit Gewürzen versetzt ist und entweder frisch oder auf verschiedenen Stufen der Reifung zum Genusse bestimmt ist.

Man unterscheidet:

1. *Nach der Tierart*, von der die verwendete Milch gewonnen ist: *Kuhkäse, Schafkäse, Ziegenkäse* usw.

2. Nach den zur Abscheidung des Käses benutzten Mitteln a) *Labkäse*, durch Lab ausgeschieden, b) *Sauermilchkäse*, durch Säuerung abgeschieden.

3. Nach der Konsistenz: *Hart-* und *Weichkäse*.

Nach der Verordnung über Schaffung einheitlicher *Sorten von Käsen* (*Käseverordnung*) vom 20. Februar 1934 (Reichsgesetzbl. I, S. 114) sind nach dem Fettgehalt folgende Fettstufen der Käse zu unterscheiden:

1. Doppelrahmkäse mit einem Mindestfettgehalt von 60% in der Trockenmasse (60% i. T.).

2. Rahmkäse mit einem Mindestfettgehalt von 50% i. T.

3. Vollfettkäse mit einem Mindestfettgehalt von 45% i. T.

4. Fettkäse mit einem Mindestfettgehalt von 40% i. T.

5. Dreiviertelfettkäse mit einem Mindestfettgehalt von 30% i. T.

6. Halbfettkäse mit einem Mindestfettgehalt von 20% i. T.

7. Viertelfettkäse mit einem Mindestfettgehalt von 10% i. T.

8. Magerkäse mit einem Fettgehalt von weniger als 10% i. T.

Nach dieser Verordnung ist der Käse nach Herkunft und Fettstufe in gut sichtbarer und haltbarer Weise zu kennzeichnen.

Die chemische **Zusammensetzung des Käses** ist je nach der Herstellungsweise und der verwandten Rohstoffe sehr verschieden. Die mittlere Zusammensetzung eines Fettkäses ist etwa folgende: Wasser 36,3%, Stickstoffsubstanz (Eiweiß) 26,2%, Fett 29,5%, Milchzucker 3,4%, Mineralstoffe 4,6%.

Bei dem Reifen des Käses vollzieht sich eine weitgehende Spaltung und Umwandlung der Käsebestandteile, insbesondere des Fettes, des Kaseins und des Milchzuckers. Die in Wasser wenig lösliche, schwer verdauliche Käsemasse, wird durch das Reifen in schmackhaften, wohl bekömmlichen, reifen Käse umgewandelt. Es bilden sich ähnlich wie bei der Verdauung Peptone, Tyrosin, Leuzin, Ammoniak, Milchsäure und andere organische Verbindungen. Das Fett wird teilweise verseift unter Bildung flüchtiger Fettsäuren, wodurch Geruch und Geschmack des Käses beeinflußt werden.

In neuerer Zeit wird Rohkäse auch zu **Schmelzkäse** verarbeitet. Das Verdienst, den ersten Schmelzkäse hergestellt zu haben, und zwar im Jahre 1910, kann die Schweiz für sich in Anspruch nehmen. In Deutschland befaßte man sich erst nach dem Weltkriege damit und stellte 1921 zum erstenmal fabrikmäßig Schachtel-Emmentaler her. Seitdem hat die Schmelzkäseindustrie einen ungeahnten Aufschwung genommen und ist der bedeutendste Verbraucher an Rohkäse auf dem deutschen Markt.

Die Herstellung von Schmelzkäse ist, in großen Umrissen gesehen, überall gleich. Der teils mehr, teils weniger gereifte Rohkäse wird nach gründlicher Säuberung in einem Wolf zerkleinert und durch eine Walze gegeben, von der er durch ein Messer in einem dünnen Film abgenommen wird. Unter Zusatz von Emulgierungsmitteln, wie Phosphaten oder Zitraten, wird der Käse durch Einwirkung von direktem oder indirektem Dampf unter Vakuum und ständigem Rühren erhitzt. Dadurch wird der Käse flüssig und bildet eine homogene Masse, die nun aus Vollautomaten in Portionen von $62^1/_2$ g bis zum 4-Pfund-Block abgefüllt wird. Nach dem Erkalten ist der Käse wieder fest und sofort genußfähig. Der Vorteil des Schmelzkäses für die Hausfrau liegt in der Handlichkeit, dem Verbrauch ohne jeden Abfall und der langen Haltbarkeit. Besonders im Sommer, wenn der Limburger und Harzer oder Camembert „fortläuft", zeigen sich die Vorteile des haltbaren Schmelzkäses. Vor einigen Jahren ist es gelungen, den Schmelzkäse als Vollkonserve herzustellen, die sich mehrere Jahre hält.

Der Käse, auch der Magerkäse, ist ein vorzügliches Nahrungsmittel. Käse und Brot zusammen enthalten fast alle Bestandteile, die zur menschlichen Nahrung erforderlich sind. Es gibt auch kaum ein Nahrungsmittel, das in so vielerlei Formen genossen wird und allen Geschmacksrichtungen Rechnung zu tragen vermag, wie gerade der Käse.

Abgesehen von Abweichungen im Fettgehalt kommen Verfälschungen des Käses sehr selten vor; sie lassen sich nur durch eingehende chemische Untersuchung feststellen.

Die **Sinnenprüfung** bei Käse hat sich auf Konsistenz, Geruch und Geschmack zu erstrecken, wobei Geschmacksfehler und abweichende blaue, rote, grüne und schwarze Färbung und Überreife leicht erkannt werden können. Wie bei keinem anderen Nahrungsmittel kann sich die geübte Hausfrau und Küchenleiterin ihr eigenes Urteil bilden, da mit dem Auge, der Nase und der Zunge der Wert der Käse besser erkannt und festgestellt werden kann, als mit den besten chemischen Untersuchungsmethoden.

5. Fleisch.

Unter Fleisch versteht man nach dem Fleischbeschaugesetz vom 3. Juni 1900 (Reichsgesetzbl. S. 1359) und den dazu erlassenen Ausführungsbestimmungen D § 1 alle Teile von warmblütigen Tieren frisch ·oder zubereitet, sofern sie sich zum Genuß für Menschen eignen. Als Teile gelten auch die aus Fleisch von warmblütigen Tieren hergestellten Fette und Würste.

Als Fleisch sind daher insbesondere anzusehen: Muskelfleisch (mit oder ohne Knochen, Fettgewebe, Bindegewebe, Lymphdrüsen, Zunge, Herz, Lunge, Leber, Milz, Nieren, Gehirn), Brustdrüsen (Bröschen, Bries, Brieschen, Kalbsmilch, Thymus), Schlund, Magen, Dünn- und Dickdarm, Gekröse, Milchdrüse (Euter), vom Schwein die ganze Haut (Schwarte), vom Rindvieh die Haut am Kopfe einschl. Nasenspiegel, Gaumen und Ohren sowie die Haut an den Unterfüßen, ferner Knochen mit daran haftenden Weichteilen, frisches Blut;

Fette, unverarbeitet oder zubereitet, insbesondere Talg, Unschlitt, Speck, Liesen (Flomen, Lünte, Schmer, Wammenfett) sowie Gekröse und Netzfett, Schmalz, Oleomargarin (Premier jus, Margarin) und solche Stoffe enthaltende Fettgemische, jedoch nicht Butter und geschmolzene Butter (Butterschmalz);

Würste und ähnliche Gemenge von zerkleinertem Fleisch;

andere Erzeugnisse aus Fleisch, insbesondere Fleischextrakte, Fleischpeptone, tierische Gelatine, Suppentafeln gelten nicht als Fleisch.

Unser Bedarf an Fleisch wird hauptsächlich durch die landwirtschaftlichen Nutztiere — Rind, Kalb, Schwein, Schaf, Pferd —, das Geflügel von Hof, Feld und Wald und das Wild geliefert; seine Wertschätzung verdankt es seinem leicht 'verdaulichen Eiweiß und seinen bei der Wärmezubereitung insbesondere beim Braten auftretenden Geruchs- und Geschmacksstoffen, die die Magentätigkeit günstig beeinflussen. Beim Einkauf ist das Fleisch gut genährter Tiere zu bevorzugen; der meist höhere Preis ist durch den höheren Nähr- und Geschmackswert gerechtfertigt.

Zusammensetzung. Das von anhaftendem Fett möglichst befreite Muskelfleisch besteht im Mittel aus 76% Wasser, 21,5% Stickstoffsubstanz, 1,5% Fett und 1% Mineralstoffen; der Wassergehalt sinkt mit ansteigendem Fettgehalt.

An Stickstoffverbindungen enthält das Fleisch echte Proteine (Eiweißstoffe), Bindegewebe, Fleischbasen, Aminosäuren, wenig Ammoniak, Harnstoff, Harnsäure und Phosphorfleischsäure.

Das Myosin, das zu den Globulinen gehört, steht bei den Eiweißstoffen an erster Stelle (im Fleisch sind hiervon 13—18%); es ist in Wasser unlöslich und quillt nach dem Töten des Tieres durch Milchsäure, die in den Muskeln aus dem Glykogen gebildet wird. In diesem Zustande ist das Fleisch zäh, es wird bei der Zubereitung nicht gar und ist schwer verdaulich. Durch Bildung von Milch- und Phosphorsäure-Neutralsalzen geht die saure Reaktion zurück. Die Muskelstarre löst sich, und das Fleisch ist reif zum Verbrauch. Bei unsachgemäßer, feuchter und warmer Aufbewahrung geht die Reifung unter Mitwirkung von Fäulnisbakterien vor sich, und das Fleisch verdirbt.

Das Bindegewebe (Kollagen, Elastin) gehört zu den leimgebenden Substanzen und bildet bei längerem Kochen mit Wasser Leim, in frischem Fleisch finden sich 2—5%.

Die Fleischbasen sind lösliche Stickstoffverbindungen, die in den Fleischsaft und den kalten wässerigen Auszug übergehen. Die bekannteste Fleischbase ist das Kreatin bzw. Kreatinin.

Von den Aminosäuren (im Fleisch 0,8—1,2%) sind Alanin, Valin, Asparaginsäure, Phenylalanin und Diaminosäuren bekannt.

Stickstofffreie Extraktstoffe sind neben Fett nur geringe Mengen im Fleisch nachgewiesen: das Kohlehydrat Glykogen 0,05—0,18% (im Pferdefleisch bis 0,9%) neben Spuren Glukose und Maltose und wenig Milchsäure, Buttersäure, Essigsäure, Ameisensäure und Inosit.

Die anorganischen (mineralischen) Substanzen im Fleische setzen sich aus Kalium- und Kalziumphosphat, Chlornatrium und wenig Magnesium-, Eisen-, Silizium- und Schwefelverbindungen zusammen.

Die rote Farbe des Fleisches wird durch das in den Muskelfasern abgelagerte Hämoglobin — einen eisenhaltigen Eiweißkörper — verursacht, das sich durch Hydrolyse in Globulin und den eigentlichen Blutfarbstoff, Hämochromogen, spaltet.

Das frische Fleisch enthält nur wenig A-, B- und C-Vitamine, jedoch sollen diese zur Verhütung von Vitaminmangelkrankheiten ausreichen; durch langes Kochen oder Braten, Räuchern, Pökeln und Trocknen gehen sie fast ganz verloren.

Schabe- und Hackfleisch. Fleisch, vor allem Rindfleisch, wird nicht nur gekocht und gebraten, sondern auch in rohem Zustande als Hackfleisch gegessen. Dabei ist besondere Aufmerksamkeit am Platze, weil gehacktes Fleisch infolge der Vergrößerung der Oberfläche und des Freiliegens des Zellsaftes sehr leicht verderblich ist. Die Verordnung über Hackfleisch, Schabefleisch und ähnliche Zubereitungen (Hackfleischverordnung) vom 24. Juli 1936 (Reichsgestzbl. I, S. 570) enthält die Begriffsbestimmungen: Hackfleisch (Gehacktes, Gewiegtes) ist rohes Skelettmuskelfleisch von warmblütigen Schlachttieren in zerkleinertem Zustand ohne jeden Zusatz; Schabefleisch ist fett- und sehnenfreies (schieres) Skelettmuskelfleisch vom Rind in fein zerkleinertem Zustand ohne jeden Zusatz. Zubereitetes Hackfleisch (Hackepeter, Thüringer Mett, Wursthackfleisch, Bratwursthack usw.) ist Hackfleisch oder Schabefleisch, dem Speisesalz, Zwiebeln und Gewürz zugesetzt sind. Außerdem gibt die genannte Verordnung Vorschriften zum Schutze der Gesundheit: bei der Herstellung darf kein Gefrierfleisch verwandt werden; der Verkauf und das Feilhalten auf Märkten, Straßen, im Hausierhandel und auf Freibänken ist verboten; Hackfleisch, Schabefleisch und zubereitetes Hackfleisch, das nicht unmittelbar nach der Herstellung an den Verbraucher abgegeben wird, muß in Kühlvorrichtungen oder unter sicher abschließenden, luftdurchlässigen Fliegenschutzvorrichtungen kühl aufbewahrt werden. Hackfleisch, Schabefleisch und zubereitetes Hackfleisch darf nicht mehr als solches abgegeben werden, wenn es mehrere Stunden· aufbewahrt oder am Abend nach Ladenschluß übriggeblieben ist. Die zur Herstellung verwendeten Geräte müssen nach jeder Hauptabsatzzeit, mindestens aber mittags und abends gründlich gereinigt werden.

Nach § 21 des Fleischbeschaugesetzes dürfen bei Fleisch und dessen Zubereitungen Stoffe, die der Ware eine gesundheitsschädliche Beschaffenheit verleihen, nicht verwendet werden. In der hierzu erlassenen Verordnung über *unzulässige Zusätze* und Behandlungsverfahren bei Fleisch und dessen Zubereitungen vom 30. Oktober 1934 (Reichsgesetzbl. I, S. 1089) sind genannt: Alkali-, Erdalkali- und Ammoniumhydroxyde und -karbonate, Benzoesäure und deren Verbindungen sowie Abkömmlinge der Benzoesäure (einschl. der Salizylsäure) und deren Verbindungen, Borsäure und deren Verbindungen, chlorsaure Salze, Fluorwasserstoff und dessen Verbindungen, Formaldehyd und solche

Stoffe, die bei ihrer Verwendung Formaldehyd abgeben, schweflige Säure und deren Verbindungen sowie unterschwefligsaure Salze und Farbstoffe aller Art.

Als *Frischhaltungsmittel* werden oft schweflige Säure und deren Salze benutzt, die dem Fleisch ein leuchtend rotes Aussehen geben und eine beginnende Zersetzung nicht rechtzeitig erkennen lassen.

Durch das Nitritgesetz vom 19. Juni 1934 (Reichsgesetzbl. I, S. 513) ist der Zusatz von Nitrit geregelt. Nitritpökelsalz ist eine Mischung von Kochsalz mit 0,5—0,6% Natriumnitrit, andere Zusätze sind verboten. Die Packungen, in denen das Salz in den Verkehr gebracht wird, müssen gekennzeichnet sein; die Herstellung des Nitritpökelsalzes ist nur in ministeriell genehmigten Betrieben gestattet.

Fleischsorten: Einen durch seinen Fettgehalt bedingten großen Nährwert zeichnet das im Verbrauch an erster Stelle stehende *Schweinefleisch* aus. Das Muskelfleisch ist rosarot, locker und reichlich von Fett durchzogen.

Das *Rindfleisch* (Muskelfleisch) ist von kräftig roter Farbe, feinfaserig und hat einen besonders hohen Gehalt an Fleischsaft. Ein nicht zu geringer Fettgehalt ist ein Merkmal hochwertigen Fleisches; das anhaftende Fett ist kernig, fest und von gelbweißer Farbe.

Kalbfleisch hat feine Muskelfasern; die Farbe ist hellrosa.

Das *Hammelfleisch* ist loser als Rindfleisch gefügt und besitzt auch feinere Muskelfasern; bei jugendlichen Tieren ist das Fleisch hell- bis ziegelrot, bei älteren dunkelrot. Die Muskeln gut genährter Tiere sind von einer Fetthülle umgeben, nicht durchwachsen; das Fett ist weiß.

Die Bezeichnung der einzelnen Fleischstücke von Schwein, Rind, Kalb und Hammel ist aus den nachstehenden Abbildungen zu ersehen (Abb. 2, 3, 4 und 5).

Pferdefleisch unterscheidet sich von dem Fleisch der anderen Warmblüter durch das anhaftende Fett, das auffallend goldgelb, körnig und weich ist; das Fleisch selbst ist dunkel- bis braunrot und wird an der Luft schwarzrot und blau schillernd. Der Vertrieb von Pferdefleisch darf nur unter einer Bezeichnung erfolgen, die in deutscher Sprache das Fleisch als Pferdefleisch kenntlich macht.

Bei lebend eingekauftem *Geflügel* haben gesunde Tiere klare, glänzende Augen, das Gefieder liegt glatt an, der Schnabel ist geschlossen. Ein vorhandener Kamm hat eine leuchtend rote Farbe. Bei dem geschlachteten Geflügel muß die Haut straff sein, sie darf nicht bläulich oder grünlich verfärbt sein. Junge Hühner erkennt man an den kurzen, hellroten Kämmen und dem schlankeren Körperbau, der Brustknochen ist leicht eindrückbar, die Krallen sind lang und spitz; bei alten Hühnern ist der Körper gedrungener, die Krallen sind abgelaufen, stumpf. Junge Gänse und Enten haben hellgelbe Füße, die Schwimmhäute sind zart und lassen sich leicht einreißen; bei alten Tieren sind die Füße dunkel, die Schwimmhäute dick und fest. Die jungen Tiere des Wildgeflügels haben helle Schnäbel und helle Beine; bei jungen Rebhühnern sind die Füße gelb, der Kopf hellbraun, bei alten sind die Füße blau bis blau-

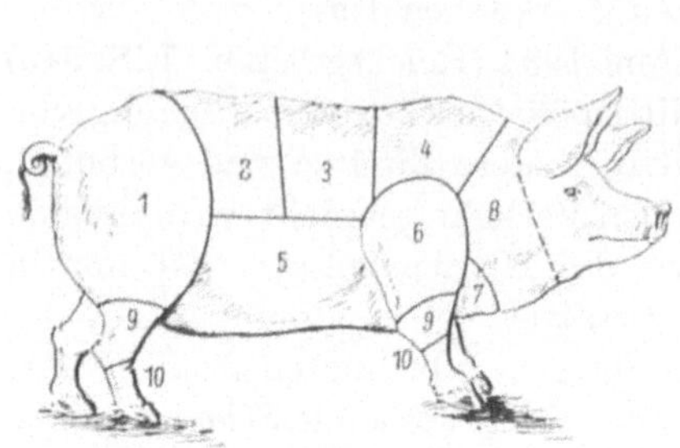

Abb. 2. Schwein.

1 Schinken, 2 Filetstück, 3 Kotelettenstück (Karbonade oder Rippenstück), 4 Kammstück, 5 Bauchlappen, 6 Vorderschinken (Bug oder Schulter), 7 Brust, 8 Backe, 9 dickes Eisbein (dicke Haxe), 10 Füßchen oder Pfote.

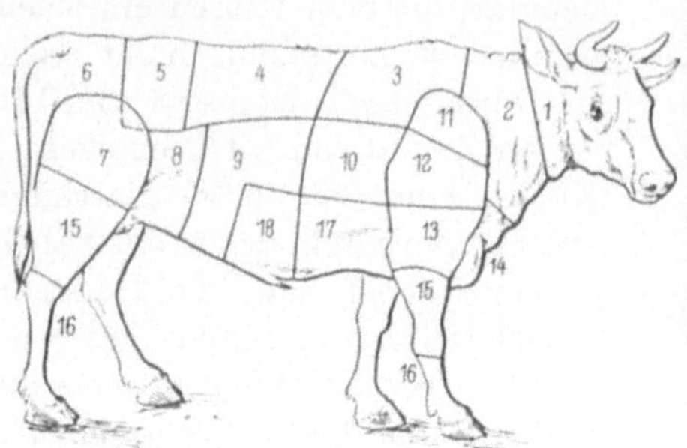

Abb. 3. Ochse.

1 Hals, 2 Siegelstück (Kammstück, abged. Rippe), 3 Hochrippe. 4 Roastbeef und Filet (Lende), 5 Hüfte (Blumenstück, Rosenstück), 6 Schwanzstück, 7 Quallenstück oder Nuß (Oberschale), 8 Fetthautstück (Kugel), 9 Bauchlappen, 10 Flanke (Quer- und Spannrippe), 11 Bugspitze, 12 Mittelbug, 13 Bug, 14 Brustspitze, 15 Hesse (Maus), 16 Füße, 17 Brust, 18. Nabelspitze.

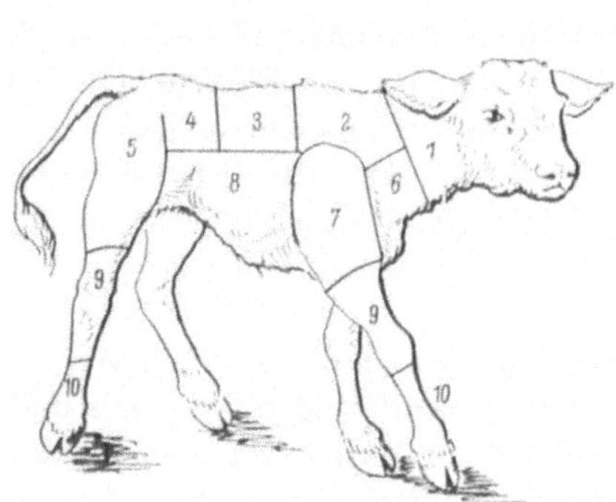

Abb. 4. Kalb.

1 Halsstück, 2 Kammstück, 3 Kotelettenstück, 4 Nierenstück, 5 Keule oder Schlegel, 6 Brustspitze, 7 Bug, 8 Brust, 9 Hesse oder Haxe, 10 Füße.

Abb. 5. Schaf.

1 Keule, 2 Rücken (Kotelettenstück), 3 Bauch, 4 Nachbrust, 5 Brust (teilweise vom Bug bedeckt), 6 Bug (Blatt, Schulter), 7 Kamm, 8 Hals.

grau und die Kopffedern dunkel. Es empfiehlt sich, beim Einkauf von Geflügel und auch Wildbret junge Tiere zu nehmen.

Wildbret hat feste Fleischfasern und, da es nicht ausblutet, eine dunkelrote bis braunrote Farbe; der Geschmack des Fleisches ist jeder Wildart eigentümlich und hängt in hohem Grade von dem Alter des Tieres ab. Meist zeigt das Fleisch männlicher Tiere den kräftigeren Wildgeschmack.

Nach den Begriffsbestimmungen des Vereins deutscher Lebensmittel-chemiker sind *Würste* Fleischwaren, zu deren Bereitung gehacktes Mus-kelfleisch und Fett, ferner Blut und Eingeweide, d. h. Leber, Lunge, Herz, Nieren, Milz, Rindermagen und Gekröse sowie Gehirn, Zunge, Knorpel (Schweinsohr) und Sehnen der verschiedensten Schlachttiere unter Zuhilfenahme von Salz, Gewürzen, Zucker, Wasser, Bier und Wein, unter Umständen auch Milch und Eier verwendet werden. Als weitere Zutaten sind bei einzelnen Wurstarten Zwiebeln, Knoblauch, Schnittlauch, Zitronenschalen, Trüffeln, Sardellen usw. gebräuchlich. Die Wurstmasse wird in Hüllen aus gereinigtem Darm, Magen oder Blase (Rind, Schwein, Schaf, Bock) oder in Kunstdärme eingefüllt.

In der Verordnung über Wurstwaren vom 14. Januar 1937 (Reichs-gesetzbl. I, S. 13) ist der Zusatz von Bindemitteln, insbesondere eiweiß-, stärke- oder dextrinhaltiger oder anderer quellfähiger Stoffe geregelt.

Fleischbeschau. Die Überprüfung des Fleisches auf Marktfähigkeit ist im *Fleischbeschaugesetz* und den zahlreichen hierzu erlassenen Aus-führungsbestimmungen festgelegt, die einzeln anzuführen hier nicht angängig ist.

Nach diesem Gesetz muß jedes schlachtbare Haustier vor und nach der Schlachtung untersucht werden. Schlachtbare Haustiere sind Ochsen, Kühe, Bullen, Kälber, Schafe, Ziegen, Schweine und Pferde. Nur bei Notschlachtung kann die Lebendbeschau unterbleiben, weil sonst bis zur Ankunft des Beschauers die Tiere zugrunde gehen könnten und somit untauglich für den menschlichen Genuß würden. Da nun aber bei dem Genuß von Fleisch, welches notgeschlachtet ist, Fleischvergif-tungen auftreten können, hat die Gesetzgebung angeordnet, daß von solchen notgeschlachteten Tieren Proben auf das Vorhandensein von Fleischvergiftungserregern untersucht werden müssen. In den Schlacht-höfen sind eigene Laboratorien vorhanden. Die Tierärzte auf dem Lande, die die Fleischbeschau ausüben, schicken die Proben an das zuständige staatliche Veterinäruntersuchungsamt. Da nun für das ganze Land Tierärzte nicht zur Verfügung stehen, sind auf dem Lande noch Laien-beschauer angestellt. Sie sind also nur für die Abschlachtung gesunder Tiere zuständig. Sie müssen bei bestimmten Fällen die Beschau ab-lehnen und den Besitzer an den zuständigen Tierarzt verweisen, z. B. bei kranken Tieren, bei Notschlachtungen und bei der Beschau von Pferden und Mauleseln. Letzte Bestimmung ist hauptsächlich erlassen worden, weil die Pferde und Maulesel manchmal an *Rotz* litten und diese Krankheit durch Fleischgenuß auf den Menschen übertragen wer-den kann. Beim Menschen wirkt der Rotz tödlich.

Bei Schweinen und Wildschweinen muß auch stets die Trichinen-schau vorgenommen werden. Es ist bekannt, daß die *Trichine* ein klei-ner, nur mittels Vergrößerungsglas sichtbarer Haarwurm ist. Er lebt in den Muskeln und wird beim Genuß des rohen Fleisches auf den Menschen übertragen. Die Trichine kann beim Menschen schwere Erkrankungen und vielfach Todesfälle hervorrufen. Ein Heilmittel dagegen gibt es nicht. Man kann sich schützen, wenn man nur Schweinefleisch genießt, das auf Trichinen untersucht oder das genügend gekocht ist, so daß die Trichinen abgetötet sind. Auch Bären müssen auf Trichinen untersucht werden; die Veranlassung dazu waren Todesfälle von Menschen in Stuttgart, die rohen Bärenschinken genossen hatten.

Bei der Untersuchung des Fleisches wird auch festgestellt, ob die Tiere an *Tuberkulose* oder sonstigen Erkrankungen gelitten haben. Es werden z. B. beim Rind Schnitte durch die Kopfoberfläche gemacht, um festzustellen, ob nicht *Finnenbläschen* vorhanden sind, welche beim Rohgenuß Bandwurmkrankheiten bringen können. Sehr wichtig ist bei der Beschau auch die Betrachtung der Leber und vor allem der Lymphknoten, außerdem die Blutbeschaffenheit. Vielfach leiden die Tiere an Tuberkulose. Sämtliche tuberkulösen Tiere, welche bei der Beschau gefunden werden, müssen vernichtet werden, sind also als untauglich zu bezeichnen. Das gute, normale Fleisch wird am Schlachthof mit einem runden Stempel versehen. Ein solcher Stempel enthält z. B. „T. U. Beschau Schlachthof" oder „T. U. Dr. MÜLLER, Mehringen".

Fleisch, welches kleine Fehler aufweist und von Tieren stammt, die bestimmte Erkrankungen zeigen, z. B. *Gelbsucht*, oder *Geruchsabweichung* oder bestimmte Formen der Tuberkulose, wird als minderwertig bezeichnet. Fleisch von Tieren, z. B. Schweinen, die an Rotlauf oder an Schweinepest oder an bestimmten Formen der Tuberkulose erkrankt sind, wird als bedingt tauglich bezeichnet. Das *„bedingt taugliche"* Fleisch und das *„minderwertige"* Fleisch dürfen nur auf der **Freibank** verkauft werden. Freibänke bestehen an den Schlachthöfen unter amtlicher Aufsicht; auf dem Lande kann ein Lokal für den Verkauf bestimmt werden, und ein Polizeibeamter übernimmt mit dem Tierarzt den Verkauf. Das „bedingt taugliche" Fleisch darf nur in gekochtem Zustande auf der Freibank verkauft werden. Die Schlachthöfe verfügen über besondere Kochapparate, um das Fleisch entsprechend zu kochen. Alles auf den Freibänken verkaufte Fleisch ist gesundheitlich einwandfrei. Das *„untaugliche"* Fleisch wird durch Verbrennen oder Vergraben nach Begießen mit Petroleum oder Kreolinlösung beseitigt. Dieses Verfahren wird aber noch selten angewandt, weil überall Tierkörperverwertungsanstalten bestehen, die das Fleisch in besonderen Kochapparaten verarbeiten. Das Endprodukt sind Fleischmehle, die zur Tierfütterung oder als Düngemittel Verwendung finden. Das abfallende Fett dient zur Herstellung von Schmierölen. „Untauglich" ist das Fleisch von hochgradig abgemagerten Tieren, stark tuberkulösen und solchen Tieren, die von *Milzbrand, Rotz, Blutvergiftung* oder sonstigen Erkrankungen befallen waren. Vielfach kommen bei den Tieren auch *Wurmarten* vor, die in der Lunge, Leber und dem Darm leben. Lunge und Leber werden dann meistens vernichtet. Nur in seltenen Fällen können aus den befallenen Teilen die einzelnen Würmer herausgeschnitten werden.

Eine große Gefahr bilden die *Fleischvergiftungen*. Es kommt vor, daß gute Mastkälber Fleischvergiftungserreger haben. Auch bei Kühen, die an Gebärmutterentzündung gelitten oder sonstige Wunden und Entzündungen haben, können Fleischvergiftungen auftreten. In solchen Fällen schützt die vorgeschriebene bakteriologische Fleischbeschau.

Die Aufbewahrung im Haushalt ist von größter Wichtigkeit für die Haltbarkeit des Fleisches. Möglichste Kühlhaltung in Speisekammer oder Keller ist geboten. Aufbewahrung in Steintöpfen nach alter Methode ist auch gut. Moderne Haushaltungen verfügen heute schon über Eisschränke, die der Allgemeinheit noch nicht zugänglich sind. Fleich kann man auch länger aufbewahren, indem man es, wie bei Rindfleisch, in Essig legt oder bei Schweinefleisch salzt und im Anschluß daran räuchert.

Früher mußten die Metzger meist Freitags schlachten, um Samstags das Fleisch verkaufen zu können, damit die Hausfrau es Sonntags zur Sonntagssuppe und zum Sonntagsbraten hatte. Man kannte damals die Kältetechnik noch nicht. Wohl gab es Metzgereien, die sich im Winter Eis aus Flüssen oder Wiesen besorgten und in Eiskellern lagerten. Die moderne Kältetechnik hat uns aber seit etwa 40 Jahren durch die bahnbrechenden Erfindungen des Prof. LINDE, München, Kühlhäuser gebracht, über die alle Schlachthöfe heute verfügen. Hier kann das Fleisch bis zu 3—4 Wochen bei Temperaturen von 2-4° haltbar gemacht werden. Das aus dem Ausland stammende Gefrierfleisch, das hauptsächlich aus Argentinien, Brasilien, Uruguay, Australien und Neuseeland stammt, wird in Gefrierhäusern aufbewahrt. Hier soll die Temperatur bei Rindfleisch mindestens —10°, bei Schweinefleisch etwa —15° betragen. Fleisch muß dunkel aufbewahrt werden, und es hat sich gezeigt, daß in den Gefrierhäusern bei der elektrischen Beleuchtung schon eine Ranzidität des Gefrierfleisches in den oberen Fettschichten herbeigeführt werden kann. Alle Gefrier- und Kühlhäuser sind dunkel zu halten. Das Kühlen und Einfrieren geschieht durch besondere Kühlmaschinen, die die Räume kalt halten (s. auch 2. Teil — Bedeutung der Kaltlagerung, S. 133).

Verwertung des Schlachtblutes und der Knochen. Das *Blut* der Schlachttiere ist eine bedeutende Eiweißquelle, die bisher zu wenig beachtet wurde. Unter Zugrundelegung eines Eiweißgehaltes von rund 17% errechnet sich bei einem Anfall von 120—130 Millionen Liter Schlachtblut eine Gesamteiweißmenge von 20 Millionen Kilogramm.

Bisher wurde nur das Schweineblut durch Verarbeitung zu Blutwurst der menschlichen Ernährung zugeführt, während aus Rinder-, Kälber- und Hammelblut im wesentlichen Blutmehl, Klebstoff, Albumin und Kunststoff hergestellt wurden. Neuerdings kann nach dem Fibrisolverfahren — Zusatz von Phosphaten und Kochsalz (auch Citrate werden verwendet) — das Blut längere Zeit in flüssigem und frischem Zustande erhalten werden. Das fibrisolte Blut wird in einer Blutschleuder in 70% Blutplasma und 30% rote Blutkörperchen getrennt. Das flüssige, gelbliche Blutplasma eignet sich vorzüglich als Zusatz bei der Herstellung von Brüh- und Kochwürsten und anderen Lebensmitteln. Aus den roten Blutkörperchen kann Blutwurst gemacht werden. Durch das Fibrisolverfahren läßt sich das Blut sämtlicher Schlachttiere für die menschliche Ernährung verwerten.

Die Zusammensetzung der *Knochen* unterliegt starken Schwankungen, je nach der Tierart und dem Alter der Schlachttiere: Wasser 5—50%, Mineralstoffe 20—70%, Fett 1—30% und leimgebende Substanz 15—50% Durch entsprechende Verarbeitung werden aus den Knochen einwandfreies Speisefett, Gelatine (Leim), Futter- und Düngemittel, Knochenkohle und Knochenasche gewonnen.

6. Fleischerzeugnisse.

Fleischsäfte sind die aus rohem Fleisch ausgepreßten flüssigen Bestandteile, die bei mäßigen Temperaturen durch Eindampfen konzentriert werden können. Sie finden hauptsächlich in der Krankenküche Verwendung.

Bei der Herstellung von **Fleischextrakt** wird das stark zerkleinerte, möglichst fett- und sehnenfreie Fleisch, hauptsächlich Rindfleisch, mit Wasser, kalt oder warm (bis 90°) ausgelaugt und die Flüssigkeit nach dem Sieben, Klären und Filtrieren eingedampft. Der Fleischrückstand wird als Viehfutter verwendet. Fleischextrakt enthält die wasserlöslichen Bestandteile des Fleisches: die Fleischbasen, Aminosäuren, stickstoffreie Extraktstoffe, Salze und die durch Hydrolyse löslich gewordenen Eiweißstoffe. Fleischextrakt ist dunkelbraun, an Schnitt-, Strich oder Bruchstellen hellbraun; der Wassergehalt soll nicht über 21%, der Stickstoffgehalt 8,5—9,5% betragen. Vom Kreatinin sind normalerweise 4,5—6% vorhanden. Der Nährwert des Fleischextraktes wird allgemein überschätzt. Er ist im wesentlichen ein geschmackgebendes Genußmittel, dessen Bedeutung darin liegt, daß er die Speisen schmackhaft macht, die Säuresekretion des Magens und damit den Appetit anregt.

Als Ersatz für Fleischextrakt werden aus *Hefe*, die reich an Proteinen und Xanthinbasen sowie an Vitamin B ist, Extrakte bereitet; die Hefe wird entbittert durch Waschen mit Wasser, Sodalösung oder Essigsäure, unter Zusatz von Kochsalz gedämpft und die Lösung eingedickt.

Die Bezeichnung muß erkennen lassen, daß der Extrakt aus Hefe hergestellt ist.

Fleischbrühe in Würfeln und anderen Packungen sind Mischungen von Fleischextrakt, Salz und Suppengewürzen und -kräutern, teilweise mit Fleischfett-Zusatz; sie ergeben mit heißem Wasser übergossen ein Getränk, das einer frisch bereiteten Fleischbrühe ähnlich ist.

Nach der Verordnung über Fleischbrühwürfel und deren Ersatzmittel vom 25. Oktober 1917 müssen sie mindestens 3% Stickstoff und 0,45% Kreatinin enthalten.

Suppen- und Speisewürzen werden aus Gemüseauszügen und Eiweißstoffen hergestellt; die Eiweißstoffe werden durch Erhitzen mit Säure in lösliche Stickstoffverbindungen übergeführt und die überschüssige Säure durch Soda wieder abgestumpft. Die Würzen werden flüssig und eingedickt als Pasten in den Handel gebracht. Als Richtlinien für diese Erzeugnisse gelten: bei flüssiger Würze mindestens 18% organische Substanz, 2,5% Gesamtstickstoff, 1% Aminosäurenstickstoff und höchstens 23% Kochsalz; bei pastenartigen Würzen mindestens 32% organische Substanz, 4,5% Gesamtstickstoff, 1,8% Aminosäurenstickstoff und höchstens 50% Kochsalz; an trockene Würze werden die gleichen Mindestanforderungen wie an pastenartige gestellt, der Kochsalzgehalt darf hier bis 55% betragen.

Ähnliche Erzeugnisse wie die Würzen sind die **Fleischbrühersatzstoffe.** Sie enthalten mindestens 2% Stickstoff und höchstens 70% Kochsalz, das Wort „Ersatz" muß mit der handelsüblichen Bezeichnung in Verbindung stehen. Bei Kleinpackungen sowohl der Fleischbrüherzeugnisse als ihrer Ersatzmittel ist ein Mindestgewicht von 4 g vorgeschrieben.

Erzeugnisse, die eine fleischbrühähnliche Zubereitung liefern, können als „Brühwürfel" oder „gekörnte Brühe" in den Verkehr gebracht werden, sofern sie mindestens 3% Stickstoff (als Bestandteil der den Genußwert bedingenden Stoffe) enthalten und der Kochsalzgehalt 65% nicht übersteigt.

7. Fische.

Neben dem Fleisch der Warmblüter sind die Fische (Kaltblüter) wertvolle Nahrung aus dem Tierreich. Die im Handel noch übliche Unterscheidung in See- und Süßwasserfische ist nicht ganz zutreffend, da verschiedene Fische, wie Aal, Scholle, Zander und andere, zwischen Meer und Süßwasser wandern.

Das Fleisch der Fische hat glasige Blätterstruktur und ist bei den meisten Arten weiß; Lachs oder Salm und Stör haben rotes Fleisch, die Färbung ist auf einen fettlöslichen roten Farbstoff zurückzuführen.

Die Güte des Fischfleisches hängt von der Art des Fisches, seinem Gesundheitszustand, seinem Alter, seiner Nahrung, dem Gewässer, das er bewohnt hat, und seiner Frische ab. Je kürzer die Zeit vom Fang zum Tisch, desto frischer, desto besser ist der Geschmack. Die Seefische werden ausgeweidet und in Eis verpackt in den Handel gebracht. In verunreinigten Gewässern nehmen die Fische leicht einen unangenehmen Beigeruch und -geschmack an, sie können ungenießbar werden. Bei alten Fischen wird das Fleich trocken und zäh, zu junge Fische haben meist weiches, schwammiges Fleisch. Da bei Fischen kein Wachstumsstillstand eintritt, so kann man bei der einzelnen Art von der Größe gut auf das Alter schließen. Im Handel werden sie nach dem Gewicht und der Länge sortiert. Nach LEBBIN läßt sich das Alter auch, wenigstens mehrere Jahre hindurch, nach der Schuppenschichtung und der Schichtung der Gehörknöchelchen feststellen.

In dem Fleisch der Seefische finden sich häufig Fadenwürmer, Nematoden genannt; bei Süßwasserfischen treten sie seltener auf. Da sie durch das Kochen oder Braten eine bräunliche Färbung annehmen, werden sie oft erst beim Verzehr erkannt. Wenn diese *Würmer* auch unschädlich sind, so wirken die Fische dadurch doch ekelerregend. Bandwürmer und andere Eingeweidewürmer können leicht entfernt werden und beeinträchtigen den Fisch nicht. Fische mit Finnen oder Riemenwürmern, die sich meist in größerer Anzahl vorfinden, sind unbrauchbar. An äußerlich erkennbaren *Fischkrankheiten* sind zu nennen: Pockenkrankheit bei Karpfen, Schleien und Rotaugen, Rotseuche bei Aalen, Karpfen und Schleien. Die Fische sind nicht genießbar, ebenso pockennarbige Fische, deren auf der Haut wahrnehmbare Knötchen wahrscheinlich von kleinen Parasiten herrühren.

Der Wasser-, Eiweiß- und Fettgehalt unterliegt bei den verschiedenen Fischarten großen Schwankungen. Zu den fetten Fischen zählen: Aal, Lachs, Hering, Maifisch, Karpfen, Sardelle, Heilbutt; fettarm sind: Schellfisch, Forelle, Seezunge, Hecht.

Die *Zusammensetzung* der für die Ernährung wichtigsten Fische ist nach BEHRE folgende:

Bezeichnung	Wasser %	Stickstoffsubstanz %	Fett %	Asche %
Aal (Flußaal)	51,5	13,3	34,3	—
(Meeraal).	76,8	15,7	6,4	—
Felchen	79,3	16,1	3,5	1,0
Forelle (Bachforelle).	77,5	19,2	2,1	1,2
Hecht	79,6	18,4	0,5	1,0
Heilbutt	75,2	18,5	5,2	1,1
Hering	75,1	15,4	7,6	1,6
Kabeljau	82,4	16,0	0,3	1,3
Karpfen (gefüttert)	72,5	18,0	8,7	1,2
Lachs (Rheinsalm)	64,0	21,1	13,5	1,2
Maifisch	63,9	21,9	12,9	1,3
Schellfisch	81,5	16,9	0,3	1,3
Seezunge.	82,7	14,6	0,5	1,4
Steinbutt	77,6	18,1	2,3	0,7

Das Fischeiweiß ist biologisch dem Eiweiß der Warmblüter gleichzustellen; es ist sehr leicht verdaulich.

An **Vitaminen** ist bei den Fischen das Vitamin A zu nennen; es findet
sich nach A. SCHEUNERT vor allem in den fetten Fischen, und zwar bei
Hering, Bückling, Sprotte, Räucheraal; bei einzelnen Fischen sind
innere Organe, in erster Linie die Leber, reich an Vitamin A, z. B. bei
Dorsch, Heilbutt, Steinbutt, Makrelenarten, Seezunge, Flunder und
Hering. Für Vitamin D sind die Leberöle einzelner Fische die wichtigsten
Quellen; die Hauptmenge dieses Vitamins liefert der Dorsch. In allen
Fischen werden geringe Mengen Vitamin B_1 gefunden.

Über die **Fischgifte** ist bekannt, daß die Rogen der Barben zur
Laichzeit choleraartige Erkrankungen hervorrufen, Neunaugen haben
in der Haut ein giftig wirkendes Sekret, das beim Bestreuen des
lebenden Fisches mit Salz ausgeschieden wird; bei Stachelflossern
sollen unangenehme Verletzungen entstehen, da diese Stacheln Verbindung mit Giftdrüsen haben; das rohe Blut des Aales, Karpfens,
Hechtes und Meeraales kann, in Wunden gebracht, Vergiftungen verursachen.

Da Fische leicht verderblich sind, ist für baldigen Gebrauch oder
Haltbarmachung Sorge zu tragen. Bei lebenden Fischen ist munteres
Umherschwimmen ein gesundes Zeichen. Weitere *Anzeichen von Gesundheit und Frische* sind: klare Augen, hellrötliche Kiemen (sie verblassen
nach dem Absterben), das Fleisch ist elastisch, bei der Fingerdruck-
probe verliert sich die Vertiefung sehr schnell; die Schuppen liegen fest
an. Frische Fische haben nur einen schwachen, nicht unangenehmen
Geruch. Die beginnende Zersetzung ist bei Fischen kaum wahrnehmbar;
treten unangenehme Gerüche oder Ammoniakgeruch auf, so sind die
Fische zum menschlichen Genuß unbrauchbar.

Von den **Krusten- und Weichtieren** haben für die Ernährung noch
der Flußkrebs und die im Meere in großen Mengen vorkommenden
Garnelen, Krabben, Hummer, Miesmuscheln und Austern Bedeutung.

Große Verbreitung haben die verschiedenartigen *Fischdauerwaren*
gefunden; die Fische werden teilweise nach Ausweiden und Zerteilen
haltbar gemacht durch Salzen, Braten, Räuchern, Trocknen, Erhitzen
in heißem Öl, Zubereitung mit Essig, Gewürztunken, Gelieren, teilweise
unter Verwendung von erlaubten Frischhaltungsmitteln, wie Para-
Oxybenzoesäureäthyl- und -methylester, Wasserstoffsuperoxyd, Hexa-
methylentetramin, Benzoesäure und Borsäure, die kenntlich gemacht
sein müssen. Als Seelachs in Dosen, mit dem Zusatz „Lachsersatz gefärbt", wird meist der Köhler, ein billiger Seefisch, verwendet, der von
der Fischindustrie besonders geeignet gefunden wurde, in gefärbtem
Zustande und in Scheiben geschnitten sowie in Öl gelegt den echten
Dosenlachs zu ersetzen.

8. Eier.

Das Ei entsteht im Eierstock des Huhns. Im Eierstock hängen die Eier wie kleine Beeren einer Traube. Aus den Eianlagen bildet sich eine kleine Kugel, die den Eidotter enthält. Wenn die Kugel die Größe einer Walnuß erreicht hat, fällt sie durch den sog. Trichter in den Eileiter. Dort erhält die Dotterkugel eine Eiweißumhüllung, rollt weiter und bekommt endlich die Schalenhaut. Allmählich kristallisieren aus der Schalenhaut Kalkteilchen, bis die Schalenhaut ganz mit Kalk bedeckt ist, die Eischale fester wird und das Ei legereif ist. Die Frage, ob das Ei mit dem spitzen oder dem stumpfen Pol zur Welt gelangt, ist nach vielen Versuchen dahingehend gelöst, daß das Ei mit dem stumpfen Pol die Legeröhre verläßt.

Von den Eiern der verschiedenen Vogelarten, die zur menschlichen Ernährung verwendet werden, nehmen die Hühnereier den ersten Platz ein; in weitem Abstande folgen die Eier der Enten, Gänse, Truthühner, Perlhühner, Tauben, Kiebitze, Möven, Strauße, Pinguine und einiger anderer wilder Vogelarten.

Die **Anteile von Schale, Eiweiß und Eigelb** sind nicht nur bei den verschiedenen Vögeln ungleich, sie schwanken auch bei dem einzelnen Tiere. Nach GROSSFELD wurden im Durchschnitt gefunden:

Bei Eiern von	Schale %	Gesamt-Eiinhalt %	Weißei %	Dotter %
Huhn	11,6	88,4	56,8	31,6
Ente	11,4	88,5	50,1	38,4
Gans	12,3	87,7	52,1	35,6
Truthuhn	11,2	88,8	55,9	32,9
Perlhuhn	16,0	84,0	45,2	38,8
Taube	11,1	88,9	70,4	18,5
Kiebitz	10,3	89,7	53,2	36,5
Möve	8,9	91,1	64,1	27,0

Die **chemische Zusammensetzung des Eiinhaltes** ist im Mittel folgende:

	Wasser %	Eiweiß %	Fett %	Stickstoff-freie Stoffe %	Salze und Mineralien %
Huhn	73,6	12,6	12,0	0,7	1,1
Ente	71,1	12,2	15,2	0,3	1,2
Gans	69,5	13,8	14,4	1,3	1,0
Truthuhn	73,7	13,4	11,2	0,8	0,9
Perlhuhn	72,8	13,5	12,0	0,8	0,9

Der starke Verbrauch der Eier ist nicht nur auf ihre außerordentlich große Verwendbarkeit zurückzuführen; das Ei enthält auch alle zum Leben wichtigen Stoffe und ist ganz und leicht verdaulich.

Im Handel und nach dem Gesetz sind als „Eier" nur Hühnereier zu verstehen. Die Eier anderer Geflügelarten sind entsprechend zu bezeichnen.

Der Dotter hat nach GAUTIER folgende *Zusammensetzung:*

Wasser	47,2—51,5%
Trockensubstanz	48,5—52,8%
Fette (Olein, Palmitin, Stearin)	21,3—22,8%
Lezithin.	8,4—10,7%
Vitellin und andere Eiweiße	15,6—15,8%
Cholesterin	0,4— 1,7%
Cerebrin.	0,3%
Mineralien	1,0— 2,0% [1]
Farbstoffe, Glukose	0,6%

Das bekannteste Dottereiweiß ist das Vitellin oder Ovovitellin, das neben Phosphor und Eisen größere Mengen (15—30%) Lezithin enthält. Das Fett setzt sich aus flüssigen — dem sog. Eieröl — und festen Bestandteilen — Olein, Palmitin und Stearin — zusammen; außerdem finden sich darin Fettsäuren mit niedrigem Kohlenstoffgehalt und fettähnliche Gemische von Cholesterin mit Lipoiden. Das Lezithin, im Eigelb eine Mischung verschiedener Lezithine mit ähnlichen Körpern, ist ein stickstoff- und phosphorhaltiger Stoff, dem als Nervennahrung eine besondere Bedeutung zusteht.

An **Mineralstoffen** wurden nach POLECK und WEBER *im Eigelb* gefunden:

Natrium (Na_2O)	5,1— 6,6%
Kalium (K_2O)	8,1— 8,9%
Kalzium (CaO)	12,2—13,3%
Magnesium (MgO)	2,1%
Eisen (Fe_2O_3)	1,2— 1,4%
freie Phosphorsäure (P_2O_5)	5,7%
geb. Phosphorsäure	63,8—66,7%
Kieselsäure (SiO_2)	0,5— 1,4%

Das Eigelb ist reich an **Vitaminen:** Vitamin A, Vitamin B und Vitamin D. Die Vitamine A und D können durch Grünfütterung und gute Laufbedingungen der Hühner angereichert werden.

Die gelbe, fettlösliche Farbe des Dotters besteht im wesentlichen aus Lutein.

Nach SIMON ist das *Weißei* (Eierklar) zusammengesetzt aus:

Wasser	80,0—86,7%
Trockensubstanz	13,3—20,0%
Albumine	11,5—12,3%
Extraktstoffe	0,4— 0,8%
Glukose	0,1— 0,5%
Mineralien	0,3— 0,7%

---

[1] Die Angabe von GAUTIER — 3,3% — bezieht sich auf den Mineralstoffgehalt in der Trockensubstanz.

Die Trockensubstanz ist demnach fast nur Eiweiß, und zwar wasserlösliches, beim Kochen gerinnendes Albumin.

Die Schale besteht aus kohlensaurem Kalk neben geringen Mengen Magnesiumkarbonat und Phosphaten und 3,5—6,5% organischer Substanz.

In den Wirrwarr der Eierbezeichnungen, wie „Frischei", „Trinkei", „Frühstücksei" usw., hat die Verordnung über *Handelsklassen* für Hühnereier und über die Kennzeichnung von Hühnereiern (Eierverordnung) vom 17. März 1932, 17. Mai 1933 und 8. Juni 1934 Ordnung geschaffen. § 1 teilt die Eier in 2 Gütegruppen und 5 Gewichtsgruppen ein; § 2 bringt die Mindestanforderungen: „Gütegruppe G I Vollfrische Eier" mit normaler, sauberer, unverletzter Schale, durchsichtigem, festem Eiweiß, bei der Durchleuchtung schattenhaft sichtbarem Dotter ohne fremden Geruch und einer unbeweglichen Luftkammer, die nicht höher als 5 mm ist; bei „Gütegruppe G II Frische Eier" darf die Luftkammer bis zu 10 mm hoch sein, die übrigen Bedingungen sind die gleichen wie bei G I. Die Einteilung der Gewichtsklassen ist: S (Sonderklasse) 65 g und mehr, A (große Eier) 65—60 g, B (mittelgroße Eier) 60—55 g, C (gewöhnliche Eier) 55—50 g, D (kleine Eier) 50—45 g.

Die folgenden Paragraphen bestimmen das Aufstempeln der Gewichtsgruppe auf jedes Ei, und zwar vom 15. März bis 31. August in schwarzer, vom 1. September bis 14. März in roter Farbe, die Bezeichnung der Gütegruppe durch Schilder bestimmter Größe an den Behältern und die Bezeichnung der Verpackung. Als Eier gesetzlicher Handelsklassen dürfen nicht verkauft werden: 1. Eier anderer Geflügelarten, 2. Hühnereier unter 45 g Gewicht, 3. Kühlhauseier — diese müssen einzeln durch den dreieckigen schwarzen Stempel „K" bezeichnet sein, 4. konservierte Eier — sie tragen den schwarzen Stempel „konserviert", 5. Schmutz- und Brucheier, Eier mit Blutflecken, fleckiger Schale (Schimmel), faule oder angebrütete Eier. Weiter gibt die Verordnung die Bedingungen an, die die Zulassung als Sammel- und Kennzeichnungsbetrieb voraussetzen. Bei ausländischen Eiern muß das einzelne Ei den schwarzen Stempel des Ursprungslandes tragen. Die Farbe der Stempel darf sich ebenso wie bei den Handelsklasseneiern nicht verwischen oder abkochen lassen und nicht gesundheitsschädlich sein. Neben Kontrollnummern dürfen außer den genannten keine anderen Bezeichnungen auf den Eiern oder an den Behältern angebracht sein.

Die Überwachung des Eiermarktes liegt in den Händen der Vereinigung der deutschen Eierwirtschaft; sie setzt die Eierpreise fest und sorgt auch für die Einlagerung eines Teiles der in der Hauptlegezeit vorhandenen Eier in Kühlhäusern, um in knappen Monaten eine gleichmäßige Verteilung zu gewährleisten.

Frische Eier haben meist eine matte Schale; legt man sie in Wasser, so bleiben ganz frische Eier flach liegen, bei älteren Eiern hebt sich das stumpfe Ende hoch. Bei der Durchleuchtung — hier ist die Ovolux-Lampe sehr praktisch — haben gute Eier klares Eiweiß, man sieht kaum den dunkleren Dotter, die Luftkammer ist unbeweglich und läßt sich nach der Markierung mit dem Luftkammermesser (Verlag: Eierbörse Berlin W 50) messen. Pilz- und Blutflecken sind leicht erkennbar, faule Eier sind dunkel, undurchsichtig. Beim Aufschlagen sieht man bei frischen Eiern eine flüssigere und eine festere Eiweißschicht, der Dotter ist rund, ein besonderer Geruch ist nicht wahrnehmbar. Werden die Eier älter, so vermischen sich die Eiweißschichten, der Dotter wird flacher und zerfließt bei alten Eiern, die Eier bekommen einen alten, unangenehmen Geruch. Es bildet sich Schwefelwasserstoff.

Für Enteneier wurde am 26. Juli 1936 eine besondere Verordnung erlassen, da durch deren Genuß mehrfach Erkrankungen bakterieller Art verursacht worden waren. Danach ist für das einzelne Entenei der Stempel „Entenei! Kochen!" vorgeschrieben, und an den Behältern müssen 20 × 15 cm große Schilder angebracht sein mit der Aufschrift „Enteneier! Vor dem Gebrauch mindestens 8 Minuten kochen oder in Backofenhitze durchbacken!"

Die Konservierung der Eier wie die Haltbarmachung des Eies für den Winter geschieht heute z. B. durch *Einlagerung* in Kühlhäuser. Hierbei wählt man eine Temperatur von ungefähr $+1°$ C. Natürlich muß aber ein bestimmter Feuchtigkeitsgehalt eingehalten werden. Eier sind außergewöhnlich empfindlich, so zeigen Eier, die im Heu gelagert haben, einen deutlichen Heugeruch. Im Haushalt legt man die Eier vielfach in Kalklösung oder besser in Wasserglas. Vorheriges kurzes Eintauchen (ungefähr 3—4 Sekunden) in siedendes Wasser ist zu empfehlen. Am besten halten sie sich in Steintöpfen. Dunkle, luftsichere Aufbewahrung ist Grundbedingung zur Haltbarkeit der Eier.

9. Speisefette und Speiseöle.

Chemische Zusammensetzung: Die Fette sind, wie bei der Butter schon ausgeführt, Verbindungen von Fettsäuren und Glyzerin, und zwar trifft dies sowohl bei den festen Fetten als auch bei den Ölen zu. Bei fast allen Fetten finden wir Stearin-, Palmitin- und Ölsäure. Bei einem Überwiegen der Ölsäure ist das Fett flüssig (Öl); die Konsistenz der Fette wird fester in dem Maße, als die Ölsäure durch Palmitin- und Stearinsäure ersetzt wird; bei den salbenartigen Fetten ist die Palmitinsäure, bei den festen Fetten (Rind- und Hammeltalg) die Stearinsäure der Hauptanteil der Fettsäuren.

Man unterscheidet tierische und pflanzliche Fette. Die Hauptvertreter der **tierischen Fette** sind Schweineschmalz (auch Speck) und Rinderfett.

Das *Schweineschmalz* wird durch Ausschmelzen bei mäßiger Wärme aus dem gereinigten und zerkleinerten Fettgewebe, in das die Eingeweide eingebettet sind, oder aus allen fetthaltigen Teilen des Schweines und Abgießen des klaren Fettes von den Gewebsteilen (Grieben) erhalten. Es hat salbenartige Konsistenz, ist weiß bis gelblich und hat einen schwachen, angenehmen Geruch und Geschmack. Es schmilzt meist klar, eine schwache Trübung kann durch wenig Wasser (zugelassen sind höchstens 0,5%) oder Gewebsteile verursacht sein.

Speck nennt man die im Rücken und seitlich bei Schweinen liegende Fettschicht mit oder ohne Haut (Schwarte), teilweise mit wenig eingelagertem Muskelfleisch.

Rinderfett (Rindertalg) bietet wegen seiner harten, bröckeligen Beschaffenheit und seines hoch liegenden Schmelzpunktes (im Mittel 45°) in der Küche weniger Verwendungsmöglichkeiten als das Schweinefett.

Das Rinderfett wird aus dem Fettgewebe des Rindes gewonnen und allgemein im Handel als Rohtalg oder Unschlitt bezeichnet. Durch Ausschmelzen bei 60—65°, Abgießen von den Verunreinigungen wird der Rohtalg raffiniert und das Premier jus erhalten. Läßt man das Fett bei 30° kristallisieren und preßt ab, so gewinnt man das flüssigere Fett, Oleomargarin und als Rückstand den Preßtalg. Der Preßtalg dient zur Kerzenfabrikation und zur Herstellung von Kunstspeisefetten.

Hammel- und Pferdefett finden wegen ihrer wenig angenehmen Eigenschaften als Speisefette wenig Verwendung; dagegen ist das *Gänsefett*, das nur in geringen Mengen zur Verfügung steht, als gutes Speisefett anzusprechen.

Die meisten **Pflanzenfette** werden als Öle aus den Früchten oder Samen durch Auspressen bei mäßig warmer Temperatur oder durch Extraktion mit Lösungsmitteln, wie Benzin, Benzol, Tetrachlorkohlenstoff, Trichloräthylen und andere, gewonnen.

Die ausgereiften Früchte des Olivenbaumes, der hauptsächlich in den Mittelmeerländern angebaut wird, enthalten im Mittel 15—25% Öl, das bekannteste ist das Provencer- oder Nizzaöl. *Olivenöl* hat grüngelbe oder goldgelbe Farbe, ist fast geruchlos, hat aber einen eigentümlichen, süßlichen Geschmack. Es ist dickflüssiger als die meisten anderen Öle und nimmt schon bei etwa 2° butterartige Konsistenz an.

Ebenso gute Speiseöle liefern die Samen der in Indien heimischen *Sesampflanze* und die aus Südeuropa, Afrika, Asien und Amerika eingeführten Kerne der *Erdnuß* (Arachide). Aus den Samen der in Amerika, Afrika und Asien wachsenden Baumwollstaude wird das *Baumwollsamenöl* oder Kottonöl und aus den birnenförmigen, pflaumengroßen, gelben Früchten der Ölpalme, die auf den Philippinen beheimatet ist, das *Palmöl*, aus den Kernen das Palmkernöl gewonnen. Der Samen des in Rußland, Indien und Amerika und in geringem Maße in Deutschland gepflanzten Flachses enthält das *Leinöl*, das nach genügender Reinigung in einzelnen Gegenden auch als Speiseöl gebraucht wird. Von den heimischen ölhaltigen Pflanzen ist vor allem der Raps die wichtigste Ölquelle; das Öl — Rüböl — aus den Samen ist stark gelb gefärbt und hat einen eigenartigen Geruch; nach dem Raffinieren ist es ein zum Braten und Backen gut verwertbares Öl. Die Sonnenblumen enthalten in den Samen das *Sonnenblumenöl*, Walnüsse das *Nußöl*. Mais und Soja, die bei uns mehr und mehr angepflanzt werden, haben fettreiche Früchte, die die Einfuhr ausländischer Öle einschränken. Als bei gewöhnlicher Temperatur festes Pflanzenfett kennen wir das rein weiße Kokosfett aus den Früchten der Kokospalme.

Kunstspeisefette sind dem Schweineschmalz ähnliche Mischungen, deren Fettgehalt nicht ausschließlich aus Schweineschmalz besteht.

Nach dem Gesetz betr. den Verkehr mit Butter, Käse, Schmalz sind Margarine diejenigen, dem Butterschmalz oder der Milchbutter ähnliche Zubereitungen, deren Fettgehalt nicht ausschließlich der Milch entstammt. Die Fabrikation der Margarine ging von Frankreich aus, wo der Chemiker MEGE-MOURIERS durch Emulgierung der leicht schmelzenden Bestandteile des Rindertalges (Oleomargarin) mit Milch ein butterähnliches Erzeugnis herstellte. Später wurden mehr gereinigtes Schweineschmalz (Neutral Lard), Sesamöl, Baumwollsamenöl, Sojaöl, Erdnußöl und Kokosfett verwendet. In neuerer Zeit sind die genannten tierischen Fette (Oleomargarin und Neutral Lard) durch Öle, gehärtete Öle und vor allem durch gehärtetes Walöl verdrängt.

Für die **Margarine** gelten, um Verwechslungen und Verfälschungen mit Butter möglichst auszuschließen, besondere gesetzliche Bestimmungen: das Gesetz, betr. den Verkehr mit Butter, Käse, Schmalz und deren Ersatzmitteln vom 15. Juni 1897 (Reichsgesetzbl. S. 475) und die Bekanntmachung, betr. Bestimmungen zur Ausführung dieses Gesetzes vom 4. Juli 1897 (Reichsgesetzbl. S. 591).

Verpackte Margarine muß als Würfel geformt sein und in vorgeschriebener Größe die Bezeichnung „Margarine" tragen. Ebenso ist die Bezeichnung auf größeren Behältern vorgeschrieben. Als Erkennungsmittel werden der Margarine 0,2—0,3% Kartoffelstärke zugesetzt — Bekanntmachung vom 1. Juli 1915 (Reichsgesetzbl. S. 413) —, die sich mit Jodjodkaliumlösung leicht nachweisen läßt. Der Wasser- und Fettgehalt ist wie bei Butter geregelt.

Margarine hat, ähnlich wie Butter, nur eine beschränkte Haltbarkeit. Dagegen lassen sich die reinen, wasserfreien Fette und Öle bei sachgemäßer Aufbewahrung monatelang in einwandfreier Beschaffenheit erhalten.

C. Lebensmittel aus dem Pflanzenreich.

10. Getreide.

Im Gegensatz zu den tierischen Lebensmitteln, die sich durch den hohen Eiweißgehalt auszeichnen, tritt bei den pflanzlichen Lebensmitteln, die zwar auch einen Teil unseres Eiweißbedarfs decken, der Gehalt an Kohlehydraten in den Vordergrund. Hier steht das Getreide an erster Stelle.

Zu den **Getreidearten** rechnen wir: Weizen, Roggen, Gerste, Hafer, Mais, Reis, Hirse und Buchweizen; letzterer gehört zwar in eine andere Pflanzenfamilie, wird aber wegen der Ähnlichkeit des Mehles und seinen Verwendungszwecken zum Getreide gezählt. Der größte Teil des Getreidekornes ist durch den Mehlkörper ausgefüllt, der Keimling nimmt nur einen kleinen Platz ein (beim Weizenkorn z. B. 2%); eine harte, aus mehreren Schichten bestehende Schale bietet Schutz gegen die äußeren Einflüsse. Dicht unter der Schale ist die aus dem feinkörnigen Eiweiß Aleuron bestehende Schicht, die keine Stärkekörner, wohl aber Öl in feiner Verteilung enthält. Ein Vergleich zwischen Mehl, Kleie und Keimling in der Trockensubstanz z. B. beim Weizen zeigt die unterschiedliche **Zusammensetzung** (KESTNER und KNIPPING):

	Eiweiß %	Fett %	Asche %	Zellmembran %
Weizenmehl	11—13	1,2	0,5	3
Weizenkleie	16—18	5—6	5,5	32
Keimling	40	12	5	0

Kleie und Keimling sind eiweiß- und fettreicher als die Mehlsubstanz, sie enthalten auch, vor allem der Keimling, fast die ganzen im Getreidekorn vorhandenen Vitamine. Nachgewiesen wurden Vitamin B_1, E und (außer bei gelbem Mais, in dem mehr gefunden wurde) nur Spuren Vitamin A.

Die Zusammensetzung der Getreide ist im Mittel etwa folgende: Wasser 10—13%, Stärke 50—70%, Protein 8—15%, Fett 1—2% (Ausnahmen machen Hafer und Mais mit 4—6%), Mineralstoffe 1—2%.

Die größten Schädlinge des Getreides sind: beim Weizen Brand oder Steinbrand; die Sporen bleiben im Innern der Körner und gelangen beim Mahlen in das Mehl, das dadurch dunkler wird und einen unangenehmen, an Heringslake erinnernden Geruch und Geschmack erhält; Roggen wird durch das Mutterkorn, die dunkelviolette Dauerform des Pilzes Claviceps purpurea verunreinigt, die meist in größeren Mengen auftritt. Das Mutterkorn wird ausgelesen und findet in der Medizin Verwendung. Außer den genannten gibt es eine größere Anzahl Schimmelpilze, die das Getreide verderben können. Von tierischen Schädlingen ist der Kornwurm zu nennen, der großen Schaden verursachen kann, denn die Larve frißt die Körner leer. Verunreinigungen gröberer Art werden im modernen Müllereibetrieb fast vollständig aussortiert und das Getreide zu den verschiedensten gröberen und feineren **Erzeugnissen** verarbeitet.

Flocken: geschälte und gequetschte Körner (Hafer-, Weizenflocken). Die Haferflocken nehmen in der Kranken- und Diätkost einen breiten Raum ein.

Schrot: größere, kantige Bruchstücke von ungeschälten oder geschälten Körnern (Weizen-, Roggen-, Buchweizenschrot).

Grütze: meist von Hülsen befreite, gebrochene Körner (Hafer-, Gersten-, Hirse-, Buchweizengrütze).

Graupen: geschälte, polierte, rundliche Kornteile (Gerste).

Grieße: gröbere und feinere, rundliche oder kantige Bruchstücke, die meist aus harten Rohstoffen abgesiebt werden.

Dunste: feine oder feinste Grieße.

Mehle: fein- bis feinstpulvrige Mahlerzeugnisse, die von der Frucht- und Samenschale, dem Keimling und teilweise auch der Aleuronschicht befreit sind.

Im Mühlenbetriebe können Mehle verschiedenster Ausmahlungsgrade gewonnen werden, bei niedrigerer Ausmahlung wird das helle Mehl fast ohne Kleie erhalten, bei stärkerer Ausmahlung ist das Mehl dunkler, es gelangen mehr Kleie- und Schalenteile hinein. Die feinsten Mehle sind reicher an Kohlehydraten, aber eiweiß-, fett- und salzärmer als die dunklen Mehle, da Eiweiß, Fett und Salze größtenteils mit der Kleie und dem Keimling abfallen. Bei der Beurteilung der Höhe der Ausmahlung wird deshalb auch der Aschengehalt herangezogen.

Nach der Mehlmarktordnung müssen die Mahlerzeugnisse bestimmten Typen entsprechen, die auf den Aschengehalt der Erzeugnisse abgestellt sind. Die Mehltypen werden durch Zahlen bezeichnet, die sich ergeben, wenn man den Aschehundertteil des betreffenden Mehles mit 1000 multipliziert, so wird Mehltype 812 deshalb als Type 812 bezeichnet, weil für sie 0,812% Asche vorgeschrieben ist.

Weizenmehl ist gelbweiß, ohne besonderen Geruch, Roggenmehl mehr grauweiß. Der Hauptanteil der Kohlehydrate ist Stärke neben 6—10% Zuckerstoffen (Glykose, Maltose, Trifruktosan, Saccharose und Dextrinen). Die wichtigsten Eiweißstoffe des Weizenmehls sind Gliadin, Glutenin, Albumin, Globulin und im Keimling phosphorhaltige Eiweißstoffe. Gliadin und Glutenin bilden den die Backfähigkeit bedingenden Kleber.

Der Kleber läßt sich aus einem trockenen Teig, der aus Mehl mit wenig Wasser bereitet und bedeckt eine halbe Stunde aufbewahrt, dann unter fließendem Wasser bis zur Entfernung der Stärke ausgewaschen wird, gewinnen. Bei frischem Mehl erhält man nicht unter 25% feuchten

Kleber, der elastisch und stark dehnbar ist; durch langes Lagern und bei verdorbenem Mehl erhält der Kleber eine bröcklige Beschaffenheit und ist leicht zerreißbar. Der aus einwandfreiem Mehl hergestellte Teig ist elastisch, er behält mehrere Stunden seine Form, während er bei schlechtem Mehl weich, schmierig ist und auch zerfließt.

Die Mineralstoffe bestehen aus Kalium-, Magnesiumsalzen und Phosphaten neben geringen Mengen Natrium-, Kalzium-, Eisen-, schwefelsauren, kieselsauren und salzsauren Verbindungen.

Die übrigen Getreidemehle sind in ihrer Zusammensetzung ähnlich dem Weizenmehl, nur findet man bei ihnen keinen auswaschbaren Kleber.

Die **Kindermehle** werden hergestellt entweder durch Verzuckern der Stärke des Getreidemehles mit Malz oder durch Behandlung der Mehle mit verdünnten Säuren bei Temperaturen von 100—125°, wodurch die Stärke in Dextrine und Zucker übergeführt wird.

Aus unreifem, gedörrtem Spelzweizen (Dinkel) werden gröbere Erzeugnisse oder Mehl gewonnen, die als *Grünkern* oder Grünkernmehl hauptsächlich zu Suppen Verwendung finden.

Unter *Stärkemehl* versteht man die aus den zerkleinerten Rohstoffen mit Wasser ausgewaschene und getrocknete, fast reine Stärke; sie dient hauptsächlich zur Herstellung von Puddings und anderen Süßspeisen.

Teigwaren. Unter dem Begriff *Teigwaren* faßt man die aus einem Teig von kleberreichem Weizenmehl oder Weizengrieß lediglich durch Trocknen bei gewöhnlicher Temperatur oder mäßiger Wärme hergestellten Erzeugnisse, wie Nudeln, Makkaroni, Suppeneinlagen usw. zusammen. Der Verkehr mit Teigwaren ist geregelt durch die *Verordnung über Teigwaren* vom 12. November 1934 (Reichsgesetzbl. I, S. 1181). Man unterscheidet eifreie Teigwaren und Eierteigwaren, je nach Verwendung von Ei. Der Zusatz künstlichen Farbstoffes ist bei Eierteigwaren verboten, während er bei eifreien Teigwaren unter der Bezeichnung „gefärbt" erlaubt ist.

11. Natürliche Süßstoffe — Künstliche Süßstoffe.

Zucker. Der wichtigste natürliche Süßstoff ist der Rohr- und Rübenzucker (Saccharose); er findet sich in vielen Pflanzen vor, jedoch meist nur in geringen Mengen, die keine lohnende Ausbeute ergeben. Rohrzucker wird gewonnen aus dem Zuckerrohr, einer tropischen, schilfähnlichen Grasart, deren Halme (Stengel) eine Höhe von 2—6 m und mehr und 3—7 cm Durchmesser erreichen und 13—16% Zucker enthalten. Das Zuckerrohr wird in Mühlen zerkleinert und der Saft ausgepreßt oder, wie bei den Rüben, der Zucker im Diffusionsverfahren mit Wasser ausgezogen. Über die Reinigung des erhaltenen Rohsaftes und Gewinnung des Zuckers s. 2. Teil, Schönungsverfahren. Der chemisch gleiche

Zucker wie im Zuckerrohr wurde 1747 durch den Chemiker A. S. MARGGRAF in der Rübe festgestellt. Durch Veredelung der Rübenzüchtung und Verbesserung der Gewinnungsverfahren konnte die Ausbeute der Zuckerrübe, eine Art der Runkelrübe, von 4,5% auf das 3—3$^1/_2$fache gesteigert werden. Der Zucker des Handels enthält 98—99,9% Saccharose. An Sorten werden unterschieden:

I. Raffinaden.

1. Würfelzucker (in mehreren Größen) in Kisten und Paketen;

2. Kristallzucker in verschiedenen Körnungen (fein, mittel, grob);

3. Gemahlener Zucker von der feinsten Pudersorte bis groben Hagelsorte ⌀ 1—2 mm;

4. Plattenzucker.

II. Schleuderzucker (Melis), billigste Handelssorte.

Invertzucker ist das Gemisch von Trauben- und Fruchtzucker, das aus Saccharose bei der Behandlung mit verdünnter Säure (Salz- oder Schwefelsäure, Weinsäure, Zitronensäure oder Ameisensäure) entsteht. Das Disaccharid Saccharose wird unter Aufnahme eines Moleküls Wasser in die beiden Monosaccharide[1] umgewandelt, die Saccharose wird invertiert. Invertzuckersirup enthält noch einen Teil unveränderter Saccharose. Er wird bei der Herstellung von Kunsthonig (siehe diesen), von Zuckerwaren und in der Likörfabrikation verwendet. Die Süßkraft des Invertzuckers gegenüber Saccharose ist 85%.

Traubenzucker (Dextrose, Glukose, Stärkezucker) ist in allen süßen Früchten, besonders in der Weintraube enthalten. Während er früher hauptsächlich aus Trauben gewonnen wurde, wird er heute fast nur aus Kartoffel- und Maisstärke durch Behandlung mit 1—2 proz. Schwefelsäure und Neutralisation der Säure mit kohlensaurem Kalk hergestellt. Der dabei entstehende Sirup setzt sich aus etwa 40% Glukose und Maltose, 40% Dextrin und 20% Wasser zusammen; nach dem Eindicken und Kristallisieren wird der Stärkezucker mit etwa 70% Glukose und Maltose, 15% Dextrin und 15% Wasser gewonnen. Stärkezucker und Stärkesirup werden in der Süßwaren- (Bonbon-) und in der Likörfabrikation verwendet. Durch Reinigung und weitere Kristallisation erhält man den reinen Traubenzucker (Dextropur), der weite Verbreitung in der Kranken- und Genesungskost erlangt hat, da er leicht resorbiert wird; er hat die halbe Süßkraft des Rohr- oder Rübenzuckers und kann daher in größeren Konzentrationen genossen werden. In der Werbung wird das Wort Traubenzucker vielfach mißbräuchlich ausgenutzt.

---

[1] Trauben- und Fruchtzucker sind Monosaccharide, Verbindungen von 6 Atomen Kohlenstoff mit 6 Molekülen Wasser; die Disaccharide Rohr-, Milch- und Malzzucker setzen sich aus zwei Monosacchariden minus 1 Molekül Wasser zusammen; die Polysaccharide Zellulose, Stärke und Glykogen (tierische Stärke) bauen sich aus mehr als zwei Monosacchariden unter Austritt von Wasser auf.

Malzzucker (Maltose). Bei der Herstellung von Malzzucker geht man ebenfalls von der Stärke aus. Auf die verkleisterte Stärke läßt man das im Malzextrakt vorhandene Ferment Diastase einwirken. Es wird ein brauner Malzsirup gewonnen, der zu verschiedenen Lebensmitteln zugesetzt wird.

Milchzucker (Laktose) befindet sich in größeren Mengen in der Milch und wird aus Molken durch Eindampfen, Reinigung und Kristallisation ausgeschieden. Der Milchzucker wird hauptsächlich zu medizinischen Zwecken und zu Nährmitteln für Kinder verwendet.

Honig. „Honig ist", nach der Verordnung über Honig vom 21. März 1930 (Reichsgesetzbl. I, S. 101), „der süße Stoff, den die Bienen erzeugen, indem sie Nektariensäfte oder auch andere, an lebenden Pflanzenteilen sich vorfindende Säfte aufnehmen, durch körpereigene Stoffe bereichern, in ihrem Körper verändern, in Waben aufspeichern und dort reifen lassen."

In den Honigdrüsen oder Nektarien vieler Blüten wird ein zuckerhaltiger Saft gebildet, der durch große Spaltöffnungen der Oberhaut oder durch die Oberhaut selbst ausgeschieden wird. Die Säfte enthalten je nach der Blütenart und der Witterung 35—85% Wasser und 10—65% Zucker; an Zuckerarten wurden Glukose, Fruktose und Saccharose festgestellt. Die Säfte werden von den Bienen aufgenommen und in die Waben des Bienenstockes gebracht. Durch die Wärme des Bienenstockes, den Flügelschlag der Bienen und Umlagern verdunstet das Wasser nach und nach bis auf ungefähr 20%; die Saccharose wird durch Säuren und Fermente, die teils aus den Blüten, teils aus dem Honigsack der Bienen stammen, in Trauben- und Fruchtzucker umgewandelt.

Der an Blättern und Stengeln der Laubbäume und Sträucher und an Nadelhölzern oft anhaftende Zucker wird ebenfalls durch die Biene gesammelt; von Laubbäumen gesammelter Zucker ergibt den Blatthonig, der von Nadelhölzern stammende den Nadel- oder Tannenhonig. Die hauptsächlichsten Erzeugnisländer für Honig sind außer Deutschland: Ungarn, Italien, Spanien, Kalifornien, Guatemala, Mexiko, Neuseeland und Australien.

Nach der Art der Gewinnung unterscheidet man:

1. Waben- oder Scheibenhonig: er wird in den unbebrüteten Waben zum Verkauf gebracht.

2. Tropf-, Leck- oder Laufhonig ist aus den Waben ohne Hilfsmittel ausgeflossener Honig.

3. Schleuderhonig wird durch Maschinen aus den Waben ausgeschleudert.

4. Preßhonig ist ohne Erhitzen ausgepreßter Honig.

5. Seimhonig wird durch Erwärmen und nachfolgendes Pressen gewonnen.

Zu den Verfahren 2—5 werden brutfreie Waben benutzt. Eine 6. Honigsorte, „Stampfhonig", wird zur Fütterung der Bienen verwendet.

Der Honig ist eine dickflüssige, durchscheinende Masse und hat je nach der pflanzlichen Herkunft eine fast weiße, gelbliche, goldgelbe, graue, braune, graugrüne bis dunkelgraubraune Farbe. Geruch und Geschmack des Honigs werden durch die Aromastoffe der Blüten oder Pflanzen bestimmt. Um das sehr leichte Auskristallisieren des Honigs zu vermeiden, wird er kürzere oder längere Zeit — bis zu 2 Stunden — auf ungefähr 50° erhitzt.

Die **Zusammensetzung des Honigs** ist folgende:

Wasser	15 — 20%
Glukose	30 — 40%
Fruktose	32 — 42%
Saccharose	5%
Dextrine	0,3— 14%
Asche	0,02—0,2%

und geringe Mengen Eiweißstoffe. Er enthält auch Fermente, und zwar Diastase, Invertase und Katalase. An unlöslichen Stoffen findet man in den Honigen geringe Mengen Pollenkörner, die aus den als Honigquelle benutzten Blüten und Pflanzen stammen und so Rückschlüsse auf die Herkunft zulassen.

Durch den hohen Gehalt an Zucker und die leichte Verdaulichkeit — Glukose und Fruktose werden vom Körper leicht aufgenommen — ist der Honig ein wertvolles Nahrungsmittel.

Kunsthonig. Die Begriffsbestimmung für Kunsthonig ist nach der Verordnung über Kunsthonig vom 31. März 1930 (Reichsgesetzbl. I, S. 102) folgende:

Kunsthonige sind aus mehr oder weniger stark invertierter Saccharose (Rüben- oder Rohrzucker) mit oder ohne Verwendung von Stärkezucker oder Stärkesirup hergestellte, aromatisierte, meist künstlich gefärbte, in Aussehen, Geruch und Geschmack dem Honig ähnliche Erzeugnisse, die von ihrer Herstellung her organische Nichtzuckerstoffe, Mineralstoffe und Saccharose, sowie stets Oxymethylfurfurol enthalten. Kunsthonig bildet je nach der Art seiner Herstellung eine feste oder dickflüssige Masse, deren Farbe zwischen weiß, hell- bis dunkelgelb oder braungelb wechselt. Flüssiger Kunsthonig wird bei längerem Stehen häufig ganz oder teilweise kristallinisch.

Süßstoff. Den Verkehr mit Süßstoff regelt die „Verordnung über den Verkehr mit Süßstoff" vom 27. Februar 1939 (Reichsgesetzbl. I, S. 336).

Der bekannteste Süßstoff ist das Saccharin (Benzoesäuresulfimid), ungefähr 500mal süßer als Rohr- oder Rübenzucker; es darf im Inland nur in Packungen mit vorgeschriebener Kennzeichnung in den Handel gebracht werden. Dulcin (Paraphenetolcarbamid) wird im Einzelhandel nur durch die Apotheken abgegeben. Es ist ungefähr 400 mal süßer als Rohr- und Rübenzucker. Süßstoffzusatz ist unter der Kennzeichnung „mit künstlichem Süßstoff zubereitet" erlaubt bei Kunstlimonaden, Essig, Bier mit weniger als 4% Stammwürze, Eßoblaten, Kautabak und Kaugummi, Röntgenkontrastmitteln, Lebensmitteln für Zuckerkranke und verschiedenen Stärkungsmitteln, diätetischen Nährmitteln und Arzneimitteln.

12. Gemüse.

Von größter Bedeutung für die Volksernährung sind Gemüse und Obst.

Mit Ausnahme der stärkehaltigen Kartoffel und der eiweißreichen Hülsenfrüchte (Leguminosen) besitzen die Gemüse bei einem hohen Wassergehalt einen verhältnismäßig geringen Gehalt an Nährstoffen im engeren Sinne (Eiweiß, Fett und Kohlehydrate); sie sind jedoch wegen der in ihnen vorhandenen Mineralsalze, der Geschmacksstoffe und vor allem der Vitamine besonders wertvoll und unentbehrlich in der Ernährung des Menschen.

Der **Wassergehalt** der Gemüse schwankt von rund 75% (Kartoffel) bis 95% (Spargel, Gurken, Spinat, Salat usw.).

Die **Stickstoffsubstanz** (Eiweiß) beträgt bei den Wurzelgemüsen 1—2%, bei Blattgemüsen und frischen genußreifen Hülsenfrüchten steigt sie bis 5%.

Der **Fettgehalt** der Gemüse ist verschwindend gering und liegt unter 0,5%.

Die **Kohlehydrate** sind in den Kartoffeln und Bataten in Form von Stärke (15—20%), in den Rüben (Zuckerrüben und Möhren) in Form von Zucker (Saccharose neben etwas Glukose und Fruktose) vertreten; in den Topinamburknollen, Schwarzwurzeln und Zichorienwurzeln findet sich an Stelle von Stärke Inulin und Lävulin.

Die Zellmembran der grünen Gemüse, auch Rohfaser genannt, besteht aus Zellulose als Hauptbestandteil, den Ligninen und dem Kutin. Die Zellmembran kommt als Nährstoff weniger in Frage, ist aber für die Verdauung insofern günstig, als sie die Darmtätigkeit anregt und damit die Entleerung des Darmes unterstützt.

Die Gemüse sind durchweg reich an **Mineralstoffen.** Der Basengehalt der Mineralstoffe herrscht gegenüber den Säureanteilen vor. Unter den Mineralstoffen kommt dem Eisen der grünen Gemüse wegen der blutbildenden Eigenschaften eine besondere Bedeutung zu. In natürlichem Zustande sind die Gemüse besonders reich an Vitaminen.

Über den Gehalt der einzelnen Gemüsearten an Vitaminen wird auf das „Handbuch der Lebensmittelchemie" von BÖMER, JUCKENACK und TILLMANS, Bd. 1, S. 768 und auf die Ausführungen in diesem Buch

Tl. 2, S. 112, verwiesen. Hier sei nur erwähnt, daß bei gemischter Kost eine ungenügende Menge von Vitaminen in der Nahrung nicht zu befürchten ist. Jede gemischte Kost, im wahren Sinne des Wortes, enthält bei vernünftiger Zubereitung alle notwendigen Vitamine in genügenden Mengen.

Außerdem enthält das Gemüse reichliche Mengen von **Fermenten,** die bei der Verdauung mitwirken.

Es ist ratsam, die Gemüse, wenn eben möglich, roh zu genießen, da beim Erhitzen **Vitamine** zerstört, Fermente unwirksam werden und beim Weggießen des Abbrühwassers ein großer Teil der Mineralstoffe, die den Hauptwert der Gemüse ausmachen, verloren geht.

Das **Blattgrün** (Chlorophyll) der grünen Pflanzenteile besteht aus einem Gemisch der vier Farbstoffe Chlorophyll A und B, Karotin und Xantophyll. Das Chlorophyll hat in den grünen Blättern die Aufgabe, die Kohlensäure der Luft auf dem Wege über Formaldehyd zu den verschiedenen Kohlenhydraten (Zucker, Stärke, Zellulose) umzuwandeln. Die physiologische Wirkung des Chlorophylls ist noch zu unklar, als daß hier weiter darauf eingegangen werden könnte.

Für den dauernden Gebrauch sind die in Kellern gezogenen Gemüse, die sog. *Bleichgemüse* abzulehnen; sie sind arm an Blattgrün, Mineralstoffen und Ergänzungsstoffen (Vitaminen).

Die Küchentechnik spielt bei kaum einem andern Nahrungsmittel eine so bedeutende Rolle wie bei der Bereitung der Gemüse.

In nachstehender Tabelle ist die *Zusammensetzung einzelner Gemüse* angegeben (nach KÖNIG):

	Wasser %	Stickstoff-substanz %	Fett %	Kohlehydrate %	Rohfaser %	Asche %
Kartoffel . . .	74,92	2,00	0,15	20,86	0,89	1,09
Rote Rüben . .	89,92	1,31	0,10	6,80	0,98	0,89
Gelbe Rüben . .	86,77	1,18	0,29	9,06	1,67	1,03
Meerrettich . .	76,72	2,73	0,35	15,89	2,78	1,53
Zwiebeln . . .	87,04	1,30	0,14	9,44	0,71	0,57
Spargel	93,72	1,95	0,14	2,40	1,15	0,64
Rhabarber . . .	94,07	0,74	0,10	3,30	0,84	0,94
Blumenkohl . .	90,89	2,48	0,34	4,55	0,91	0,83
Grünkohl . . .	80,50	4,90	0,89	10,82	1,87	1,56
Rosenkohl . . .	84,63	5,29	0,46	6,66	1,45	1,51
Rotkraut. . . .	91,61	1,67	0,17	4,78	1,05	0,72
Weißkraut . . .	92,11	1,52	0,15	4,17	1,17	0,88
Spinat	93,34	2,28	0,27	1,74	0,50	1,87
Grüne Bohnen .	89,06	2,62	0,19	6,30	1,15	0,68
Grüne Erbsen .	77,67	6,59	0,52	12,43	1,94	0,85
Kopfsalat . . .	94,88	1,42	0,82	1,88	0,64	0,90
Gurken	97,32	0,64	0,16	0,96	0,43	0,49
Kürbis	90,32	1,10	0,13	6,50	1,22	0,73
Tomaten. . . .	93,42	0,59	0,19	3,99	0,84	0,61

Die zum Verkauf angebotenen Gemüse sollen in frischem, möglichst gereinigtem Zustand, frei von erdigen Beimengungen und tierischen Schädlingen (Schnecken, Würmern) sein; angefaulte, verschimmelte oder stark angefressene Gemüse stellen eine nicht marktfähige Ware dar und sind als verdorben im Sinne des Lebensmittelgesetzes anzusehen. Ebenso dürfen mit Pflanzenkrankheiten behaftete Gemüse nicht in den Verkehr gebracht werden.

Für den Verkehr mit frischem Obst und Gemüse gelten die Reichseinheitsvorschriften der Hauptvereinigung der deutschen Gartenbauwirtschaft für die Sortierung und Verpackung von Obst und Gemüse (Verlag: E. Appelhans & Co., Braunschweig 1939). Die Überwachung der Preise für Obst und Gemüse erfolgt durch die örtlichen Preisbehörden.

Ferner verweise ich bezüglich Anbau, *Marktregelung, Verbrauchslenkung* und Zubereitung auf „Unser Gemüse" von Hermann K. Richter, Verlag Justel & Göttel, Leipzig 1939.

Die Zahl der Gemüse ist sehr groß, weshalb im folgenden nur eine kleine Auswahl der wichtigsten beschrieben werden soll.

I. Wurzelgemüse.

a) Unter den Wurzelgemüsen nimmt die **Kartoffel** den ersten Platz ein und verdient eine ganz besondere Würdigung, da sie als billiges und wohlschmeckendes Nahrungsmittel mit biologisch hochwertigen Eiweißstoffen und als einer der wichtigsten hochwertigen Träger des Vitamins C für die Gesundheit der Bevölkerung äußerst wichtig ist und etwa 12% der Nahrung ausmacht.

Die Kartoffeln sind knollenförmige Verdickungen der Enden der unterirdischen Triebe von „Solanum tuberosum", eine den Solanaceen (Nachtschattengewächs) angehörige Pflanze. Ihre Heimat ist Südamerika. Von dort wurden die Kartoffeln gegen Ende des 16. Jahrhunderts nach Europa gebracht. Hier wurde die Kartoffelpflanze bis zum heutigen Tage in vielen Versuchen durch Züchtung derart veredelt, daß sie statt der ursprünglich kleinen, wässerigen, bitteren Knollen die prachtvollen, mehligen, wohlschmeckenden Kartoffeln hervorbrachte. Man kann die Kartoffel sowohl aus Samen wie aus Knollen züchten. Die Züchtung aus Knollen ist die üblichste. Man unterscheidet nach Art der Verwendung: „Speisekartoffeln", „Futterkartoffeln", „Industrie- oder Fabrikkartoffeln". Von unseren letztjährigen Durchschnittserträgen von 50,8 Millionen Tonnen wurden nur 13 Millionen Tonnen zu Speisezwecken verbraucht, während der weitaus größte Teil für die Tierfütterung und für industrielle Zwecke zur Gewinnung von Stärke, Stärkesirup, Stärkezucker und Spiritus Verwendung findet.

Die *Lagerung* der Speisekartoffeln (s. auch III. Teil, S. 199) muß in trockenen, kühlen und gut durchlüfteten Kellern erfolgen. Der Wärmegrad im Keller soll zwischen 2 und 8° C liegen. Keinesfalls darf die Temperatur auf oder unter den Gefrierpunkt sinken, weil sonst eine starke Zuckerbildung eintritt und die Kartoffeln dann süß schmecken. Die Schichtung der Kartoffeln soll möglichst einen halben Meter nicht überschreiten, damit der Atmungsprozeß ungehindert vor sich gehen kann. Im Frühjahr muß die Kartoffel vor direktem Tageslicht geschützt werden, damit ein zu starkes Auskeimen verhütet wird, das zu großen Nährstoffverlusten führt. Die zur Einkellerung bestimmten Kartoffeln sollen gut ausgelesen und möglichst frei von Erde und sonstigem Schmutz sein. Mit Kartoffelkrankheiten (Schorf, Grind, Naß- und Trockenfäule, Krebs und Ringbildung) behaftete und beschädigte Kartoffeln sind sorgfältig auszulesen. Bei sachgemäßer Aufbewahrung halten sich gesunde Kartoffeln vom Herbst bis zum nächsten Sommer. Auf dem Lande werden große Vorräte auch in Gruben oder Mieten aufbewahrt. Das Einmieten von Kartoffeln ist sachkundigen Fachleuten zu überlassen.

Das Schälen der Kartoffeln hat erst vor dem Kochen, auf keinen Fall früher zu erfolgen. Längeres Wässern der Kartoffeln ist grundsätzlich zu vermeiden (vgl. S. 188); am vorteilhaftesten ist Dämpfen.

Für den Verkehr mit Kartoffeln gelten die Kartoffel-Geschäftsbedingungen des Reichsnährstandes vom 20. Juni 1935, herausgegeben von der Hauptvereinigung der deutschen Kartoffelwirtschaft Berlin.

b) Rübenarten. *Möhren* (auch gelbe Rüben, Mohrrüben, Karotten genannt) sind die fleischigen Wurzeln von Daucus carota, die auch wild bei uns vorkommen, dann aber eine holzige und ungenießbare Wurzel besitzen. Durch Veredelungszüchtung sind zahlreiche in Geschmack, Form und durch Karotin in wechselnder Menge hellgelb bis orangerot gefärbte Spielarten entstanden. Die Möhren besitzen einen angenehmen, süßen Geschmack und können sowohl roh als auch gekocht genossen werden. Auch als Viehfutter, besonders für Pferde, sind sie sehr geschätzt. Sie sind reich an Kohlehydraten (9%) und an Vitaminen.

Die Pastinake, eine weißgelbliche Möhrenart, liefert ein würziges, aromatisches Gemüse.

β) Rote Rübe, Rote Beete oder Salatrübe ist gleich der Zuckerrübe eine Abart der gemeinen Runkelrübe, Beta vulgaris. Die fleischige, dicke Wurzel ist spindelförmig und dunkelblaurot gefärbt. Die roten Beete werden gekocht, dann geschält und in Scheiben geschnitten und unter Zusatz von Gewürzen in Essig eingelegt und zu Fleischspeisen, Blattgemüsen und dergleichen verzehrt. Auch als Rohsalat stellen sie eine beliebte Speise dar.

γ) Die *weiße Rübe, auch Stoppelrübe* genannt, ist eine Kohlart und gehört in die Familie der Kruziferen. Die wasserreiche, fleischige, verdickte, spindelförmige Wurzel besitzt eine bittere Schale, die vor dem

Genuß zu entfernen ist. Sie ist gelblichweiß bis rotviolett gefärbt. Die jungen Stengel und Blättchen, die die weißen Rüben im Frühjahr treiben, bilden ein beliebtes Gemüse (Rübstielchen, Stielmus). Es gibt mannigfache Sorten, von denen die nach der Stadt Teltow im Brandenburgischen benannten *Teltower Rübchen* als besonders wohlschmeckend gelten.

δ) *Die Kohlrabi, auch Oberkohlrabi* genannt, ist wie die weiße Rübe eine Kohlart. Der Stengel verdickt sich über dem Boden zu einer Knolle, die ein schmackhaftes Gemüse liefert. Bei der Zubereitung können auch die jungen Blätter der Pflanze mit verwendet werden. Im Gegensatz zu der Oberkohlrabi dient die *Unterkohlrabi* oder Steckrübe hauptsächlich als Viehfutter. Nur in Zeiten der Knappheit wird sie auch als Gemüse genossen.

c) Schwarzwurzeln. Die Schwarzwurzel gehört zu der Familie der Kompositen. Die fingerdicken, außen schwarzen, im Innern aber weißen Wurzeln geben ein wohlschmeckendes, an Spargel erinnerndes Gemüse. Die Schwarzwurzeln lassen sich über Winter im Keller aufbewahren. Sie dürfen nicht verletzt werden, weil dann der Milchsaft ausfließt und der Wohlgeschmack Einbuße erleidet.

Der Wassergehalt beträgt etwa 80%. Die Trockenmasse besteht zu 75% aus stickstoffreien Extraktstoffen, 6% Stickstoffsubstanz, 2% Fett und 5% Mineralstoffen.

d) Sellerie. Die Sellerie gehört, wie die Möhre, zur Familie der Umbelliferen. Die Pflanze wird sowohl der knollenförmig verdickten Wurzel als auch der Blätter und Blattstiele wegen angebaut. Die dicke, fleischige Wurzel wird als Suppenwürze besonders in der Fleischbrühe gekocht, weiter auch als Salat oder Gemüse genossen. Die saftigen, durch Zusammenbinden und Zudecken mit Erde gebleichten Blattstiele der Bleichsellerie werden roh gegessen. Alle Pflanzenteile der Sellerie besitzen einen charakteristischen Geschmack, der durch den Gehalt an ätherischen Ölen bedingt ist.

Die Wurzel- und Knollengemüse lassen sich fast alle den Winter über im feuchten Keller, in Gruben oder in feuchtem Sand eingeschlagen, verwahren. Es ist dabei zu beachten, daß sie nicht eintrocknen oder ausschlagen und Blätter treiben. Vor dem Einlegen schneidet man die Blätter ab, nur bei Oberkohlrabi und Sellerie läßt man die feinen inneren Blättchen stehen.

II. Blatt- und Stengelgemüse.

a) Kohlarten. Der Kohl liefert in seinen durch Kultur hoch entwickelten Arten außer den bereits erwähnten Wurzeln und Knollen (weiße Rüben, Kohlrabi) ein ebenso vortreffliches Blattgemüse.

α) *Weißkohl oder Kappes* mit weißgrünen Blättern ist wohl das wichtigste Kohlgemüse. Die glatten, fleischigen Blätter sind zu einem kugeligen, blattrunden Kopf zusammengeschlossen. Der Geschmack ist etwas süßlich. Beim Kochen wird bei allen Kohlarten Merkaptan abgespalten, das dem Brühwasser einen unangenehmen Geruch und Geschmack gibt.

Der Weißkohl läßt sich in frischem Zustande bis ins Frühjahr aufbewahren. Ferner kann er durch Einsäuern haltbar gemacht werden. Zu diesem Zwecke wird der Weißkohl nach Entfernung der äußeren losen Blätter mittels einer Schabe fein geschnitten, mit Salz und natürlichen Gewürzen und Kräutern versetzt, in Tonnen eingestampft. Allmählich geht der Kohl in Milchsäuregärung über und erhält dadurch einen würzigen und säuerlichen Geruch und Geschmack. Auf diese Weise entsteht das bekannte und beliebte Sauerkraut. Dieses enthält neben rund 90% Wasser etwa 1% Milchsäure, Mannit und Spuren von Essig- und Buttersäure. Zur Erhaltung wird das Sauerkraut durch Auflegen eines Brettes oder einer Schieferplatte und eines Pflastersteines beschwert und von Zeit zu Zeit durch Waschen von den auf der Oberfläche entstandenen Zersetzungsprodukten befreit. Die Konservierung durch Einsäuern wird sowohl im Haushalt als auch fabrikmäßig im großen ausgeführt. Sauerkraut mit Weinzusatz (Weinsauerkraut, Weinkraut) ist Sauerkraut, das vor, während oder nach der Gärung Wein in einer Menge von wenigstens 1 l auf 50 kg Sauerkraut erhalten hat.

Das *Sauerkraut* muß eine gelblichweiße Farbe, einen angenehmen sauren, aber keinen bitteren, kratzigen oder fauligen Geschmack haben. Es darf nicht schimmelig, muffig oder schleimig sein. Sauerkraut mit diesen abweichenden Eigenschaften ist für die menschliche Ernährung unbrauchbar und als verdorben anzusehen. Der Zusatz von Chemikalien jeglicher Art, insbesondere von künstlichen Bleichstoffen und Konservierungsmitteln, von Essig- und Milchsäure ist verboten.

β) Rotkohl oder Rotkraut nennt man den Kopfkohl mit rotvioletten Blättern; er unterscheidet sich nur in wenigen Eigenschaften vom Weißkohl. Der rotviolette Farbstoff ist Anthozyan, das in Wasser und verdünnten Säuren (Essigsäure) leicht löslich ist. In der wässerigen Lösung zeigt der Farbstoff eine Blaufärbung, in saurer eine violette bis rote Färbung. Das Mittelgewicht der Rotkohlköpfe ist im allgemeinen niedriger als beim Weißkohl; es beträgt pro Kopf 1,4 kg gegenüber einem Gewicht von 2,4 kg beim Weißkohl. Der Rotkohl ist schwerer verdaulich als die übrigen Kohlarten.

γ) Der Wirsing- oder Savoyerkohl bildet einen weniger festen Kopf und ist besonders kenntlich an seinen krausen Blättern, die am Rand in der Regel etwas eingeschnitten sind. Er gehört zu den verbreitetsten und gern genossenen Gemüsen.

δ) Der Winterkohl, auch Grünkohl oder Krauskohl genannt, wird in mannigfachen Abarten gezogen. Die reichlich Chlorophyll enthaltenden

Blätter schließen sich nicht zu einem Kopf zusammen. Die Pflanze ist sehr widerstandsfähig gegen die Kälte; durch Einwirkung des Frostes wird der Krauskohl erst zart und wohlschmeckend.

η) *Der Rosenkohl* hat einen starken, in die Höhe geschossenen Stengel, ebenfalls mit offenen, nicht zu einem Kopf zusammengeschlossenen Blättern. In den Blattwinkeln entwickeln sich walnußgroße, rosenartige Seitenknospen, die ein beliebtes Gemüse bilden. Der Geschmack ähnelt dem des Wirsings.

ϑ) *Blumenkohl* ist eine Kohlabart und gehört neben der in Südeuropa kultivierten Artischocke zu den Blütengemüsen, die in den durch Veredelung fleischig gewordenen Blütenständen uns wohl die feinsten Gemüse liefert. Der ganze Blütenstand ist beim Blumenkohl zu einem Kopf ausgebildet, der von einigen grünen Blättern umgeben ist. Der charakteristische Geschmack erinnert schwach an Wirsing.

b) Spinat und Mangold. Der Spinat ist eine aus dem Osten stammende Pflanze. Seine Blätter bilden infolge ihres Gehaltes an Proteinen, Vitaminen und anorganischen Stoffen und Chlorophyll eines der gesündesten Gemüse und werden schon Säuglingen als leicht verdaulich und blutverbessernd gegeben. Es wird dem Spinat ein besonderer Eisenreichtum nachgerühmt. Eingehende Untersuchungen haben jedoch ergeben, daß der Spinat nicht mehr Eisen als andere chlorophyllhaltige Gemüse enthält. Die Trockensubstanz des Kopfsalates weist meist sogar einen höheren Eisengehalt auf. Der Spinat gehört zu den Pflanzen, die Saponin enthalten. Das Spinatsaponin wirkt anregend auf die Tätigkeit der Verdauungsorgane.

Der beste und leider viel zu wenig bekannte Spinatersatz ist der *Mangold*, eine Abart der Runkelrübe. Die Blätter werden wie Spinat als Gemüse verwendet, die Blattstiele und Mittelrippen (Rippenmangold) werden wie Spargel zubereitet und genossen.

c) Spargel. Unter Spargel versteht man die aus den weit hinkriechenden Wurzelstöcken treibenden, unterirdischen, dünnen bis fingerdicken Stengel des Asparagus offic., die im Boden abgeschnitten werden, sobald sie etwa 1—2 cm aus der Erde herausgewachsen sind. Von den nach der Größe und Stärke aussortierten Stengeln bilden die weißen, nicht holzigen die beste Qualität. Die Köpfchen des Spargels sind kurz, kugelförmig, schwach blaurot oder grün gefärbt und ein besonderer Leckerbissen.

Beim Aufbewahren des Spargels an der Luft und bei Tageslicht färbt er sich schwach rot und schrumpft stark ein. Zur Frischerhaltung wird der Spargel am vorteilhaftesten in bedeckten Schalen über feuchtem Sand an kühlem Ort aufbewahrt; auf diese Weise läßt er sich für einige Tage vollständig frisch erhalten. Spargel, der zwecks Frischerhaltung in Wasser aufbewahrt wird, ist als verfälscht anzusehen.

Über die Hälfte der Stickstoffsubstanz des Spargels sind Amido-verbindungen; der Gehalt an Asparagin, das von ihm seinen Namen hat, macht etwa 6—10% der Stickstoffsubstanz aus.

d) Rhabarber. Von den Stengelgemüsen verdient schließlich noch der Rhabarber größere Beachtung. Seine Blattstiele liefern geschält, in Stücke geschnitten und mit Zucker gekocht ein sehr feines Kompott, dessen angenehm säuerlicher Geschmack an gekochte Stachelbeeren erinnert. Die Rhabarberblätter als Gemüse zu verwerten, ist nicht zu empfehlen, da nach ihrem Genuß Gesundheitsstörungen beobachtet wurden, die auf die vorhandene Oxalsäure zurückzuführen sind.

III. Salate.

Die Salatpflanzen unterscheiden sich von den Gemüsen im engeren Sinne dadurch, daß ihre Blätter und Stengel unter Zusatz von Essig, Öl, Salz, Pfeffer und anderen Gewürzen grundsätzlich roh genossen werden. Den erfrischenden Geschmack verdanken die Salate den darin vorhandenen organischen Säuren, die als saure Salze in den Blättern enthalten sind. Die Salate werden meistens als anregende Beigabe zu andern, mehr sättigenden Gerichten genossen. Zu ähnlichem Zwecke verwendet man auch Radieschen, Rettich, kleine Zwiebeln und Gurken, die nur selten als selbständige Gerichte dienen.

Man unterscheidet:

a) Kopfsalat. Die Blätter des Kopfsalates schließen sich kopfähnlich zusammen. Die äußeren Blätter sind gewölbt, hellgrün bis rotbraun, die inneren weißgelblich, fleischig und zart. Die beiden Abarten des Kopfsalates sind der Lattichsalat oder Pflücksalat und der Schnittsalat (Rupfsalat); beide Abarten bilden keinen Kopf, sondern nur ein lockeres Blätterbüschel.

b) Endivien. Die Endivie ist eine Zichorienart. Ihre Blätter, die sie über den Boden ausbreitet, sind härter als beim Kopfsalat und haben bitteren Geschmack. Wenn die grünen Blätter der Endivie ziemlich ausgewachsen sind, werden sie mit einem Bastfaden oben locker zu-sammengebunden, wodurch sie bleichen und zart und süß werden. Der im Spätherbst und Winter auf den Markt kommende Endiviensalat ist auf diese Weise gebleicht.

c) Feldsalat oder Rapünzchen. Dieser Salat ist unter vielen Namen bekannt. Man nennt ihn: Feldsalat, Ackersalat, Schmalzkraut, Rapünz-chen, Rapunzel, Schafmäulchen, Rebkresse, Blättersalat. Er ist der allgemein beliebte kleine Wintersalat, der zum Massenanbau zu emp-fehlen ist und von Dezember bis April bei schneefreiem Wetter grünen Salat liefert.

d) Weitere beliebte Salate geben noch die *Kresse,* die *Zichorie* (Chi-koree) und der wild wachsende *Löwenzahn.*

IV. Samengemüse.

Unter Samengemüse versteht man die ausgereiften Hülsenfrüchte, bei denen entweder die fleischigen Hülsen einschließlich der eiweißreichen Samen oder die Samen nur für sich als Gemüse verwendet werden. In diese Gruppe gehören: Bohnen, Erbsen und Linsen.

a) Grüne Bohnen. Die Bohne wird in verschiedenen Spielarten angebaut; am bekanntesten ist die gemeine Bohne, Phaseolus vulgaris, auch Schneidebohne genannt. Sie hat fleischige, gerade, sichel- oder perlschnurartige Hülsen. Im Innern der Hülsen befinden sich Querfächer mit den länglich gebogenen, nierenförmigen Samen. Man unterscheidet die an niedrigen Stauden wachsenden *Buschbohnen* und die hoch wachsenden *Stangenbohnen*. Besondere Arten sind die *Salatbohne* mit kleinen rundlichen Früchten, die *Wachsbohne* mit wachsgelber Hülle und die türkische *Feuerbohne*, die zum Beranken von Lauben, Draht und Gartenzäunen angebaut wird.

Zu den Bohnen zählt man auch die Puff- oder Saubohne oder *Dicke Bohne*, die botanisch zu den Wicken gehört. Hier wird im allgemeinen nur der Kern, weniger die Schale gegessen. Die grünen Kerne der jungen Puffbohne geben ein ganz ausgezeichnetes nahrhaftes Gemüse. Der Anbau der Puffbohne ist sehr einfach. Auf sandigem, leichtem Boden wird die Bohne gern von der schwarzen Blattlaus befallen. Um dieses zu verhüten, hilft nur recht frühes Anpflanzen in den ersten Märztagen (die Puffbohne ist im Gegensatz zu der grünen Bohne nicht frostempfindlich), damit die Hauptentwicklung der Pflanze in den Mai fällt, wo die Blattlaus noch nicht auftritt. Dann muß man den Puffbohnen auch durch das Entspitzen der Triebe zu schnellerem Wachsen verhelfen und ihnen die Gipfel ganz fortschneiden, sobald eine genügende Anzahl Bohnen angesetzt haben. Die Blattlaus nistet nämlich stets im Gipfel.

b) Erbsen. Die Erbse hat einen hohlen kugeligen Stengel, der besonders unten so schwach ist, daß er sich ohne Stütze nicht von der Erde zu heben vermag. Man steckt daher im Garten neben die Pflanze Reisig; im Feldbau läßt man sie so dicht wachsen, daß sie sich gegenseitig stützen. Gegen Frost ist die Erbse nicht sehr empfindlich. Man kann daher bereits Ende Februar, Anfang März mit dem Anbau beginnen.

Es gibt verschiedene Erbsenarten: von den Zuckererbsen ißt man nicht nur die Samen, sondern auch die weich bleibenden grünen Hülsen. Von den Kneifel- oder Pahlerbsen werden die Samen ausgepahlt und zu Gemüse oder Suppe verwendet. Von den Markerbsen werden ebenfalls nur die grünen, ausgepahlten Erbsen benutzt. Sie werden viel größer als die Kneifelerbsen und bleiben doch süß im Geschmack. Der Anbau von Markerbsen ist besonders zu empfehlen und ertragreich.

c) Linsen. Eine nahe Verwandte der Erbse ist die Linse. Sie hat einen stark behaarten krautigen Stengel. Die Blätter sind ebenfalls behaart. In Deutschland wird sie nur in geringer Menge kultiviert. Lieferanten der Linse sind Rußland und die Balkanstaaten.

Die Linse kommt nur als reife Frucht in den Handel. Die Linsensamen sind flach, bikonvex und von gelbgrüner bis rotbrauner oder sogar schwarzer Farbe. Die Linsen gelten als vorzügliches und auch verhältnismäßig billiges Nahrungsmittel.

Auch die reifen, *trockenen Samen* der Erbsen und Bohnen sind sowohl in der Massenernährung wie im Einzelhaushalt von größter Bedeutung. In getrocknetem Zustand sind diese Samen für den Menschen ungenießbar. Nach zweckentsprechender Zubereitung durch Aufquellenlassen und Verkochen bilden sie wegen ihres hohen Gehaltes an Stickstoffsubstanz (Eiweiß) einen guten Ersatz für die Fleischnahrung. Die Stickstoffsubstanz besteht vorwiegend aus dem Pflanzenkasein oder Legumin, einem Eiweißkörper, der dem Kasein der Milch nahesteht. Im Durchschnitt enthalten trockene Bohnen und Erbsen 24% Eiweiß, 2% Fett und 52% Kohlehydrate. Allgemein gelten diese Früchte als sehr schwer verdaulich. Sie sind Leuten mit sitzender Lebensweise als ausschließliche Nahrung nicht zuträglich. Während im allgemeinen Bohnen und Linsen unbearbeitet in den Verkehr kommen, werden Erbsen, bei denen die Schale sich leichter abtrennt, in geschältem, gespaltenem und poliertem Zustand vielfach in der Küche verwendet, da sie dann leichter verdauliche Gerichte geben.

Es ist bekannt, daß für das Garkochen der Hülsenfrüchte harte Wässer ungeeignet sind (vgl. S. 101). Man soll, wo es möglich ist, zum Kochen der Früchte weiches Wasser, destilliertes Wasser oder filtriertes Regenwasser verwenden. Ein Zusatz von Natron (Natriumbikarbonat) ist nicht zu empfehlen, da dadurch eine vollständige Zerstörung der Vitamine eintritt.

Die *Mahlprodukte der Hülsenfrüchte* spielen weiter in der Nahrungsmittelindustrie eine nicht unbedeutende Rolle. Die Mehle werden durch einfaches Zermahlen der meist aufgeschlossenen Hülsenfrüchte hergestellt. Die Aufschließung erfolgt in der Weise, daß die Samen entweder gedämpft, getrocknet und dann vermahlen werden, oder das daraus entnommene Mehl wird auf höhere Temperatur erhitzt unter Vermeidung des Röstens. Diese Mehle werden in größtem Maßstabe bei der Bereitung von Suppenwürfeln, Erbswürsten und dgl. verwendet.

Bei der *Bewertung der Hülsenfrüchte* hat man vor allem auf verunreinigende Beimengungen, durch Insekten und Würmer angefressene Samen, Gleichartigkeit und einwandfreien Geruch zu achten. Eine gute Ware soll möglichst gleichartige Früchte von gleicher Größe aufweisen, da sich die verschiedenen Waren mit verschiedenen Größen ungleichmäßig kochen. Alte Ware zeigt häufig bitteren Geschmack, der auf Eiweißzersetzung zurückzuführen ist.

d) Soja. Wegen ihrer hohen wirtschaftlichen Bedeutung sei noch kurz die Sojabohne erwähnt, die als Träger von Öl (rund 18%) und hochwertigem Eiweiß (35%) sehr wichtig ist. Die Heimat der Soja-pflanze ist im Innern Chinas zu suchen, wo sie jahrtausendelang den Bedarf der Bevölkerung an pflanzlichem Eiweiß und zu einem großen Teil auch an Fett gedeckt hat. Von da wurde sie nach der Mandschurei, nach Japan, Korea, Indochina usw. verbreitet. Erst im Anfang des 20. Jahrhunderts wurde sie zum Zwecke der Ölgewinnung in großen Mengen auf den europäischen Markt gebracht. Das Öl stellt ein einwandfreies Speiseöl dar. Heute werden in Deutschland umfangreiche Anbau- und Züchtungsversuche der Sojabohne mit staatlicher Unterstützung durchgeführt; die Aussichten für den Anbau sind gut. Für den direkten Verbauch in der Küche, etwa wie Bohnen und Erbsen, ist die Sojabohne nicht geeignet, da sie erst nach 3—4 stündigem Kochen weich wird. Zudem hat die rohe Bohne einen strengen Bei- oder Nachgeschmack. Durch viele Veredelungsversuche ist es gelungen, ein geschmacklich einwandfreies Sojamehl mit über 50% Eiweiß herzustellen, das überall dort eingesetzt werden kann, wo wir auch Roggen- und Weizenmehl in unserer Ernährung verwenden, sowohl in der Küche wie in der Nahrungsmittelindustrie (Zusatz bei der Brotherstellung und der Fleisch- und Wurstfabrikation).

Es ist noch darauf hinzuweisen, daß das Eiweiß des Sojamehles ein biologisch vollwertiges Eiweiß ist, das ebenso hochwertig wie das Milch-, Eier- und Fleischeiweiß ist.

V. Fruchtgemüse.

Zu den Fruchtgemüsen gehören Gurke, Melone, Kürbis, Tomate.

a) Gurke. Die Heimat der Gurke ist Ostindien, sie wird in den verschiedensten Formen und Anpflanzungen gezüchtet. Die Form der Gurke ist länglich, walzenförmig, gerade oder gebogen. Die Farbe ist grün bis grünlichgelb. Die Gurken werden roh mit Essig und Gewürzen als Salat genossen. Sehr beliebt sind auch die sog. Salzgurken. Diese werden so hergestellt, daß man zuerst die Gurke gründlich wäscht, sie vielfach ansticht und schließlich mit einer 4 proz. Kochsalzlösung übergießt. Dazu kann noch Gewürz, wie Dill, Estragon usw. zugesetzt werden. Nach einigen Tagen setzt eine Gärung des in der Gurke enthaltenen Zuckers (bis 5,9%) ein, die in etwa 2 Monaten zu Ende ist. Man gibt die Salzgurke als Beigabe zu Fleisch und Gemüsen. Gurken werden vielfach auch in Essig bzw. Weinessig eingemacht; die kleinen gewaschenen Gurken werden zu diesem Zwecke mit Salz bestreut und mit heißem gewürztem Essig übergossen.

b) Die Melone wird ebenfalls in vielen Arten im südlichen Europa gezüchtet. Die Form der Frucht ist kugelig. Man unterscheidet sie dem Äußeren nach in Warzenmelone mit warziger Fruchtschale, Netzmelone mit netzartiger Oberfläche und glatte Melone mit glatter Oberfläche. Die Melone wird roh, gekocht und eingemacht mit Zucker und Essig oder als Kompott genossen. Im Geschmack und Aroma sind die einzelnen Sorten sehr verschieden. Der Wassergehalt der Melone ist wie bei der Gurke sehr hoch und schwankt zwischen 92 und 96%.

c) Der Kürbis stammt wahrscheinlich aus dem Orient und ist heute fast über die ganze Welt verbreitet. Die Form der Kürbisfrucht ist vielgestaltig, kugelrund bis flaschenförmig. Der Kürbis kommt in sehr großen Exemplaren vor, deren Gewicht 50 kg erreichen kann. In manchen Ländern wird das Fleisch des Kürbis in gekochtem Zustand als beliebtes Gemüse verwendet; es gibt, mit Essig, Zucker und Nelken eingemacht, ebenfalls eine wohlschmeckende Beigabe zu Fleisch und anderen Speisen. Der Samen, die sog. Kürbiskerne (58—80% der Frucht) dient wegen seines hohen Fettgehaltes zur Ölgewinnung. Das Öl gehört zu den trocknenden Ölen, ist aber, frisch bereitet, auch als Speiseöl zu gebrauchen. Die Kürbisfrucht gehört ebenfalls zu den wasserreichen Gemüsen (bis 95% Wasser).

d) Tomate. Die Tomate, wegen ihrer schönen roten Farbe Paradies- oder Liebesapfel genannt, ist die Beerenfrucht von Solanum lycopersicum, einer Pflanze, die zu der Familie der Nachtschattengewächse gehört. Aus Südamerika stammend, hat die Tomate in den letzten Jahren auch in Deutschland eine stetig wachsende Verwertung gefunden und ist heute zu einem der geschätztesten und gesündesten Gemüse geworden, die auch roh genossen wird und gekocht und durchgeschlagen eine vortreffliche Zutat zu Suppen, Braten, Reis usw. bildet. Die Form der Tomatenfrucht ist unregelmäßig bis kugelig, die Oberfläche glatt oder gerippt, Schale und Fleisch sind meist rot, auch orange oder gelb gefärbt. Die Frucht besteht aus etwa 3,7% Haut, 10,9% Samen und 85,4% Fruchtfleisch. Das Fleisch ist sehr saftig und enthält zahlreiche nierenförmige Samen. Der Mineralstoffgehalt erreicht den der meisten Wurzel-, Blatt- und Stengelgemüse. Das Verhältnis der basischen zu den säurebildenden Mineralstoffen ist äußerst günstig und beträgt etwa 75:25. Die organischen Säuren (0,5%) bestehen aus Zitronen- und Äpfelsäure. Der Farbstoff der Tomate ist das Lykopin, das dem Karotin verwandt ist und wie dieses in Beziehung zu dem hohen Vitamingehalt gebracht wird; es unterscheidet sich von dem isomeren Karotin durch die Farbe und die Form der Kristalle. Der Anbau der Tomate verlangt nahrhaften Boden, viel Sonne und Schutz gegen kalte Witterung.

Die Frage der Krebserzeugung durch Tomaten ist wissenschaftlich dahin geklärt, daß durch den Genuß von Tomaten keine krebsartigen

Schädigungen eintreten. Es liegen keinerlei Beweise dafür vor, daß die Verwendung gekochter oder roher Tomaten für die Ernährung nachteilig ist.

VI. Zwiebel- und Gewürzgemüse.

Die Zwiebeln werden in zahlreichen Arten von verschiedener Größe und verschiedenem Geschmack kultiviert und dienen hauptsächlich zur Würzung von Speisen. Von einigen Zwiebelpflanzen werden nur Blätter als Gewürz benutzt, während von den meisten die Knollen allein verwendet werden. Die Zwiebeln verdanken ihre würzenden Eigenschaften in erster Linie dem Gehalt an ätherischem Senföl. Die wichtigsten Arten sind die gewöhnliche Küchenzwiebel mit scharfen, gewürzhaften und die Augen zu Tränen reizenden Geruchs- und Geschmacksstoffen, die Schalotte, eine Kulturform der Küchenzwiebel, die silberweiß glänzende Perlzwiebel, der Porree und ferner der Knoblauch, der besonders bei der Herstellung von Würsten und Fleischspeisen verwendet wird.

Unter *Gewürzgemüse* versteht man junge Pflanzen oder Blätter einheimischer Gewächse, die hauptsächlich als würzende, appetitanregende Zutaten zu Speisen verwendet werden. Hierzu gehören u. a. die Petersilie, das Dillkraut, das Bohnenkraut, Boretsch, der Schnittlauch und der Estragon.

13. Gewürze.

Bei Gewürzen im engeren Sinne handelt es sich um pflanzliche Erzeugnisse, die entweder durch starke Geschmacksstoffe (z. B. Pfeffer, Paprika) oder durch einen Gehalt an ätherischen Ölen (z. B. Zimt, Nelken) ausgezeichnet sind, den Speisen einen angenehmen Geruch und Geschmack verleihen und besonders bei der Herstellung einfacher Speisen (Gemüse, Soßen) fast unentbehrlich sind.

Die Gewürze lassen sich nach den Pflanzenteilen, denen sie entstammen, in folgende Gruppen *einteilen:*

1. Samen: Senf, Muskatnuß, Muskatblüten (Samenmantel der Muskatnuß).

2. Früchte:

    1. Samenfrüchte: Sternanis;

    2. Kapselfrüchte: Vanille, Kardamomen;

    3. Beeren: Pfeffer, Nelkenpfeffer, Paprika;

    4. Spaltfrüchte oder Doldenblüter: Anis, Fenchel, Koriander, Kümmel;

3. Blüten- und Blütenteile: Gewürznelken, Safran, Kapern;

4. Blätter und Kräuter: Lorbeerblätter, Majoran, Bohnenkraut, Thymian usw.

5. Rinden: Zimt.

6. Wurzeln: Ingwer, Zitwer, Galgant, Süßholz, Kalmus.

Die Mehrzahl der Gewürzpflanzen gedeiht nicht in Deutschland, weshalb diese Gewürze eingeführt werden müssen. Die Gewürze kommen ganz oder gemahlen in den Verkehr. Der Hauptwert der Gewürze wird bestimmt durch die Reinheit, das gute Aussehen und die Gewürzkraft. Es empfiehlt sich, nach Möglichkeit ganze Gewürze zu kaufen, da gemahlene oft minderwertig und durch Zusatz von anderen Stoffen verfälscht sind. Zur Ermittlung der Verfälschungen sind schwierige chemische und mikroskopische Untersuchungen notwendig. Die Verfälschung kann mit Sicherheit nur von wissenschaftlich ausgebildeten Lebensmittelchemikern festgestellt werden. Von wichtigem Einfluß auf die Gewürze ist die Art der Aufbewahrung. Gemahlene Ware erleidet bei unsachgemäßer Aufbewahrung starke Veränderung, indem die Geruchs- und Geschmacksstoffe, zuweilen auch die Farbe wesentlich abnehmen, so daß ursprünglich einwandfreie Ware wertlos werden kann. Die Aufbewahrung der Gewürze erfolgt am besten in gut schließenden Behältern, geschützt vor Feuchtigkeit und Sonnenlicht. Eine Ausnahme macht Paprika, der mit der Luft in Berührung bleiben muß, da er sonst in sich verbrennt und schimmelig wird; die beste Aufbewahrung ist in Blechdosen mit durchlöchertem Deckel.

Es würde zu weit führen, im Rahmen dieses Buches sämtliche in Betracht kommenden Gewürze zu behandeln. Im nachstehenden sollen nur die wichtigsten kurz besprochen werden.

I. Gewürzsamen.

a) Senf. Von den Gewürzsamen wird der Senf wohl am meisten gebraucht. Die Senfsamen sind fast kugelig oder eiförmig. Im Handel unterscheidet man hauptsächlich weißen oder gelben Senf, schwarzen Senf und russischen schwarzen Senf, der als Sareptasenf bezeichnet wird. Entweder werden die Senfkörner unmittelbar verwendet, z. B. bei der Zubereitung von Essiggurken, Hering (Rollmöpse) u. dgl., oder es wird aus ihnen der Senf (Tafelsenf oder Speisesenf) bereitet, der beim Genuß von Fleisch und Fleischwaren, Käse, ferner bei der Zubereitung von Soßen usw. Verwendung findet.

Nach den Normativbestimmungen der Vereinigung der deutschen Gartenbauwirtschaft ist *Speisesenf* (Mostrich) eine aus entöltem oder nichtentöltem, braunem oder gelbem Senfsamen (oder Gemischen dieser Samen) unter Verwendung von verschiedenen Zusätzen, wie Essig, Speisesalz, und den Geschmack verfeinernden Stoffen (Gewürz, Sardellen, feine Kräuter, Zuckerarten) hergestellte Zubereitung.

Den scharfen Geschmack und Geruch verdankt der Senf dem Senföl, das sich aus den in dem Senfsamen vorhandenen Glykosiden, Sinalbin oder Sinigrin unter Mitwirkung des Enzymes Myrosin bildet, indem die Glykoside in Senföl, Zucker und saures-schwefelsaures Kalium gespalten werden. Bei unsachgemäßer Lagerung des Senfes können Schädigungen durch bakterielle Umsetzungen eintreten, die in der Abnahme des Senföles und des Essigsäuregehaltes bestehen. Dabei zeigt dieser Senf einen unangenehmen, ranzig-talgigen Geruch und Geschmack, auch findet eine Entmischung der festen und flüssigen Bestandteile statt. Es ist dafür Sorge zu tragen, daß der Senf im Haushalt nicht zu alt wird.

b) Muskatnuß und Muskatblüte (Macis). Muskatnüsse sind die getrockneten, nackten Samenkerne des echten Muskatnußbaumes, der auf den Molukken (Neuguinea) und namentlich auf den Banda-Inseln kultiviert wird. Die Frucht des Muskatnußbaumes — in der Größe und Farbe ähnlich den Aprikosen — spaltet sich bei der Reife in zwei Hälften und zeigt den dunkelbraunen Samen, der, umgeben von einem dunkelroten Mantel, der Muskatblüte, im Fruchtfleisch sitzt. Die Samen werden nach Entfernung des Fruchtfleisches über Feuer einige Wochen hindurch so lange getrocknet, bis sich der Samenkern von der Samenschale abgelöst hat. Die Muskatnüsse werden dann ausgelesen und gekalkt, um sie widerstandsfähig gegen Insektenfraß zu machen und ihnen die Keimfähigkeit zu nehmen.

Von Insekten angestochene, angefressene oder schimmelige Muskatnüsse sind verdorben im Sinne des Lebensmittelgesetzes. Die chemische Zusammensetzung der einzelnen Arten der Muskatnuß ist im wesentlichen gleich; der Gehalt an Fett, das vornehmlich in der Parfümerie Verwendung findet, beträgt rund 35%, der Gehalt an ätherischen Ölen, den wichtigsten Bestandteilen des Gewürzes, rund 3,6%.

Die Muskatblüte (Macis) besteht aus dem getrockneten Samenmantel der Muskatnuß mit stark würzigem Geruch und Geschmack. Macis ist frisch dunkelrot und fleischig, wird durch das Trocknen gelb und brüchig. Der gemahlene Macis ist ein orangegelbes Pulver, welches nicht selten mit wilden Macisarten, die keine Gewürzkraft haben und daher wertlos sind, verfälscht wird.

II. Gewürzfrüchte.

Zu den Gewürzfrüchten zählen insbesondere:

Sternanis, Vanille, Kardamomen, Pfeffer, Nelkenpfeffer, Piment oder englisches Gewürz, Paprika (spanischer Pfeffer), Cayenne-Pfeffer, Anis, Fenchel, Koriander und Kümmel.

a) Stern-Anis ist ein aus Südchina stammendes Gewürz mit angenehmem, aromatischem, anisartigem Geruch und Geschmack. Dieses Gewürz ist fast vollständig aus dem Küchengebrauch verschwunden. Es findet fast nur noch in der Likörfabrikation und in der Parfümerie Verwendung.

b) Vanille. Die Vanille ist eine zwar gut gewachsene, aber nicht völlig ausgereifte, geschlossene, nach einem Fermentationsprozeß getrocknete, einfächerige und schotenförmige Kapselfrucht. Der ursprünglich in Mexiko einheimische grüne Vanillestrauch schmarotzt auf Bäumen (Kakaobäume); eine Pflanze gibt etwa 30—40 Jahre hindurch jährlich gegen 50 Früchte. Die besten Handelssorten sind die mexikanische Vanille und die Bourbonvanille. Der wichtigste Bestandteil der Vanille ist das Vanillin (1,16—2,75%), das jedoch nicht allein das Aroma der Vanillefrucht ausmacht, was leicht daran festzustellen ist, daß Vanillezucker und Vanillinzucker keineswegs gleiches Aroma besitzen. Der *Vanillinzucker* des Handels, der aus Zucker und künstlich hergestelltem Vanillin (1%) besteht, stellt deshalb auch keinen vollwertigen Ersatz für Vanille dar.

Normale Vanille muß einen starken, aromatischen Geruch und Geschmack zeigen und aus den unversehrten, nicht extrahierten, vollwertigen Kapselfrüchten bestehen. Aufgesprungene, dünne, gelbbraune, sowie heliotropartig riechende Früchte sind keine marktfähige Ware.

c) Kardamomen. Man unterscheidet zwei Arten von Kardamomen, die kleine runde beliebte Malabarkardamome und die weniger gebräuchliche Ceylonkardamome. Die Kardamomenfrüchte bestehen aus etwa 25—40% Schalen und 60—75% Samen. Zur Herstellung von gemahlenen Kardamomen dürfen nur die reinen Samen Verwendung finden; sie müssen einen angenehmen, scharfen, aromatischen, würzigen Geruch und Geschmack zeigen. Die Kardamomen sind hauptsächlich das Gewürz für Backwerk, Liköre und Wurst.

d) Pfeffer. Der Pfefferstrauch ist eine wie Efeu rankende Pflanze, die in Vorderasien heimisch, heute fast in allen Tropenländern angebaut wird. Die kugeligen, einsamigen, erbsenförmigen Beerenfrüchte sitzen zu 20—30 ziemlich locker in herabhängenden Trauben wie bei unserem Weinstock. Man unterscheidet im Handel schwarzen und weißen Pfeffer. Grüne, unreif geerntete und rasch getrocknete Beeren liefern den *schwarzen Pfeffer* (Piper nigrum); der *weiße Pfeffer* (Piper album) besteht aus getrockneten, reifen, von den äußeren Gewebsschichten befreiten Beeren. Neuerdings wird auch der von der äußeren schwarzen Schale befreite unreife Pfeffer als weißer Pfeffer gehandelt. Der Pfeffer wird nach der Schwere, Härte und Farbe der Körner bewertet. Der weiße Pfeffer ist milder als der schwarze, schmeckt weniger scharf und hat einen feineren Geruch. Das Gewürz verdankt seinen scharfen Geschmack einem ätherischen Öl in einer Menge von 1—2% und dem Piperin in Höhe bis 9%. Verfälschungen des gemahlenen Pfeffers, die früher sehr häufig festgestellt wurden, sind in den letzten Jahren dank der scharfen Lebensmittelkontrolle seltener geworden.

e) Der Nelkenpfeffer, der auch den Namen Piment, Jamaicapfeffer, Englischgewürz, Neugewürz und Gewürzkörner führt, besteht aus den Früchten eines immer grünen, myrthenähnlichen Baumes, der hauptsächlich in Zentralamerika, Westindien und besonders auf Jamaica kultiviert wird. Die Früchte sind kugelige Beeren und besitzen einen Durchmesser von 5—6 mm; die Farbe ist rot- bis schwarzbraun; wesentlicher Bestandteil ist ätherisches Öl in einer Menge von etwa 4%. Das Gewürz erinnert in seinem Geruch an Gewürznelken und Pfeffer.

f) Paprika. Unter dem Namen Paprika, spanischer Pfeffer, Cayennepfeffer, kommen Beerenfrüchte oder Pflanzen aus der Familie der Nachtschattengewächse zur Verwendung. Die Früchte sind zumeist braunrote, aufgeblasene, wie lackiert aussehende, kegelförmige, 5—12 cm lange Beeren mit zahlreichen hellen, scheibenförmigen Samen. Der Geruch ist schwach, der Geschmack dagegen äußerst scharf und stark brennend. Die scharf schmeckende Substanz im Paprika ist das Capsaicin. Das Gewürz kommt hauptsächlich aus Spanien und Ungarn. Der ungarische Paprika, der sog. Rosenpaprika, wächst besonders in der Umgebung von Szegedin, hat große, gedrungene, eiförmige Schoten und milden, süßen Geschmack. Das gewöhnliche Paprikapulver wird aus den ganzen Früchten samt dem Samen, häufig auch mit dem Kelche und dem Fruchstiele hergestellt. Rosenpaprika, die feinste Sorte, soll nur aus dem Perikarp nach Beseitigung der Samen und Samenträger bereitet werden.

Nachstehende Forderungen sind an guten Paprika zu stellen: Paprika, ganzer wie gemahlener, muß einen brennenden Geschmack besitzen, er darf nicht schon extrahiert oder entölt oder künstlich gefärbt sein. Wurmstichige, mißfarbig gewordene Früchte sind gleichfalls zu beanstanden.

Die 4 Umbelliferengewürze — Anis, Fenchel, Koriander, Kümmel — haben fast die gleiche chemische Zusammensetzung, nämlich: 9,5 bis 13% Wasser, 11,5—18,0% Stickstoffsubstanz, 9,5—19% Fett, 1,0 bis 2,5% ätherische Öle.

g) Der Anis ist die getrocknete Frucht einer einjährigen Doldenpflanze, die in warmen Ländern, wie Italien, Spanien, Frankreich, dem Orient und Südamerika angebaut wird. Die Anisfrüchte sind graugrüne, behaarte, eiförmige oder beerenförmige, 3—5 mm lange Spaltfrüchte. Gute Handelsware muß aus den unversehrten, ihres ätherischen Öles weder ganz noch teilweise beraubten Anisfrüchten bestehen und einen guten und kräftigen Geruch und Geschmack zeigen.

h) Der Fenchel ist die Frucht des Fenchelkrautes, das hauptsächlich in Deutschland, Italien und Galizien wächst. Die 6—10 mm langen Fenchelfrüchte sind grün bis braun gefärbt. Einwandfreie Handelsware muß aus den unverletzten, ihres ätherischen Öles nicht beraubten Früchten bestehen, sie muß den charakteristischen Geruch und Geschmack derselben deutlich erkennen lassen und darf Fruchtstiele in größeren Mengen nicht enthalten.

i) Koriander ist die getrocknete Frucht des Korianderkrautes, das in Deutschland, Holland, Frankreich und im ganzen Mittelmeergebiet angebaut wird. Die Früchte sind kugelig, von etwa 4 mm Durchmesser, rotgelb gefärbt und von gutem, gewürzhaftem Geschmack. Im Haushalt findet der Koriander als Fleisch- und Soßengewürz Verwendung.

j) Kümmel. Man unterscheidet 2 Arten:

α) den gewöhnlichen *Gewürzkümmel*, der vornehmlich in Thüringen, Holland und Rußland heimisch ist und vielfach in der Küche, der Bäckerei, der Fleischerei, der Käserei und bei der Likörfabrikation verwendet wird;

β) den *römischen Kümmel*, auch Mutterkümmel genannt; er hat einen eigenartig gewürzhaften, an Kampfer erinnernden Geruch und Geschmack. In Deutschland findet diese Kümmelsorte weniger Verwendung, mehr in seiner Heimat, den Mittelmeerländern.

III. Blütengewürze.

Gewürznelken, Safran, Kapern.

a) Die Gewürznelken (auch Nelken oder Nägelchen genannt) sind die vollkommen entwickelten, aber noch nicht aufgeblühten Blütenknospen des auf den Gewürzinseln und den Philippinen einheimischen, aber auch jetzt in den verschiedenen heißen Ländern angebauten Gewürzblütenbaumes, die nach dem Pflücken an der Sonne getrocknet werden, wobei sie die ihnen charakteristische braune Farbe annehmen. Der bis 12 m hohe Gewürzbaum blüht zweimal im Jahre.

Gute Gewürznelken müssen wohlerhalten und schwer sein, daß sie in Wasser untersinken; sie dürfen weder ganz noch teilweise ihres ätherischen Öles beraubt sein, müssen stark nach Eugenol riechen und beim Druck mit dem Fingernagel leicht ätherisches Öl absondern. Gemahlene Nelken müssen rotbraun und von kräftigem Geruch und Geschmack sein; ein Zusatz von Nelkenstielen und entölten Nelken bei der Herstellung der gemahlenen Ware ist unstatthaft.

Die Gewürznelken sind von allen Gewürzen am reichsten an ätherischen Ölen, wovon sie gewöhnlich 15—20% neben 6—15% fettem Öl enthalten. Die Gewürznelken werden vornehmlich in der Küche, in der Schokoladenfabrikation und in der Lebkuchenbäckerei verwendet.

b) Unter Safran versteht man die getrockneten Blütennarben der Safranpflanze aus der Familie der Liliengewächse. Als Produktionsländer kommen hauptsächlich Spanien, Italien und Frankreich in Betracht. Safran ist das teuerste aller Gewürze. Der Preis ist bedingt durch den verhältnismäßig kleinen Ertrag pro Hektar und die mühevolle und viel Arbeit erfordernde Gewinnung. Seine Bedeutung hat der Safran heute als Gewürz zum großen Teil eingebüßt; er wird im wesentlichen nur noch als feines Färbemittel gebraucht. Die Aufbewahrung des Safrans in der Küche hat vor Licht und Feuchtigkeit geschützt zu erfolgen.

c) **Kapern** sind die noch geschlossenen, teilweise getrockneten oder in Essig- oder Salzwasser eingelegten Blütenknospen des Kapernstrauches, der im Mittelmeergebiet sowohl wild wie kultiviert vorkommt. Gute Kapern des Handels müssen ein frisches, grünes Aussehen haben, rund und geschlossen sein. Alte verdorbene Kapern sind auffallend weich und meist schwärzlich verfärbt.

IV. Gewürze von Blättern und Kräutern.

Zahlreich sind die Pflanzen, deren Blätter und Stengel als Gewürz Verwendung finden, z. B. *Bohnenkraut, Boretsch, Dill, Estragon, Kerbel, Lauch, Pimpinell, Sellerieblätter, Sauerampfer, Schnittlauch* usw. Auf alle einzeln einzugehen, führt hier zu weit, ich verweise auf W. Weitzel „*Gewürze und Gewürzkräuter in der modernen Ernährung*", Verlag Ferdinand Schöningh, Paderborn 1935; es werden hier nur Lorbeerblätter, Majoran und Thymian kurz behandelt.

a) Lorbeerblätter sind die getrockneten Blätter des immer grünen Lorbeerbaumes, der in zahlreichen Spielarten hauptsächlich in den Küstenländern des Mittelmeeres angebaut wird. Gute Lorbeerblätter sollen grün, möglichst ganz sein und angenehmen, aromatischen Geruch haben. Sie enthalten neben dem ätherischen Öl reichlich Gerbstoff. Die Lorbeerblätter finden vornehmlich in der Küche für Fleisch- und Fischgerichte, Essig- und Ölkonserven und in der Destillerie Verwendung.

b) u. c) Majoran und **Thymian** sind Gewürzpflanzen, die viel in Deutschland angebaut werden. Im Spätsommer schneidet man Thymian vor der Blüte und den Majoran während der Blüte ab und hängt die Pflanze in einem luftigen Raum zum Trocknen auf. Beide Gewürzpflanzen werden in der Wurstfabrikation, speziell bei Blut- und Leberwurst verwendet.

V. Rindengewürze.

Von den Rindengewürzen verwenden wir nur eine Art als Gewürz, nämlich den Zimt.

Zimt ist die von ihren äußeren Teilen (Kork und primäre Rinde) mehr oder weniger befreite, getrocknete Rinde des in Südostasien heimischen Zimtbaumes, einer zur Familie der Lorbeergewächse gehörenden Pflanze. Man unterscheidet hauptsächlich 3 Arten:

1. Ceylon-Zimt (edler Zimt, Kaneel),
2. Chinesischer Zimt,
3. Malabar Zimt, Holzzimt.

Am meisten geschätzt wird der Ceylon-Zimt, der sich durch einen feinen, aromatischen Geruch und einen sehr angenehmen, gewürzhaften, schwach süßlichen Geschmack auszeichnet. Zimt sowie Zimtpulver muß ausschließlich aus den von ihrem ätherischen Öl nicht befreiten Rinden der 3 oben genannten Zimtarten bestehen. Zusätze von Zimtsurrogaten und wertlosen Holzrinden sind nicht gestattet und stellen eine Verfälschung dar. Der Zimt ist eines der verbreitetsten und beliebtesten Gewürze und findet im Haushalt im ganzen und gemahlenen Zustande zum Würzen von Speisen und Gebäck Verwendung. Das aus dem Zimt gewonnene Zimtöl wird zur Herstellung von Likör, Parfüm usw. verbraucht.

VI. Wurzelgewürze.

Schließlich sind hier noch als Wurzelgewürze Zitwer, Ingwer, Kalmus und Süßholz anzuführen, von deren Einzelbeschreibung abgesehen werden kann, da sie in der Küche kaum oder nur selten Verwendung finden.

VII. Kochsalz und Essig.

Das **Kochsalz** findet sich in der Natur in großen Mengen; es wird bergbaumäßig als Steinsalz, aus Sole durch Abdampfen des Wassers als Siedesalz und aus dem Meerwasser als Seesalz gewonnen. Das im Handel erhältliche Kochsalz ist fast reines Natriumchlorid (98—99%) mit geringen Mengen anderer Salze wie: Kalziumchlorid, Kalziumsulfat, Magnesiumchlorid, Magnesiumsulfat und Natriumsulfat. In Spuren sind mitunter Brom, Jod, Lithium und Bor vorhanden. Das Kochsalz ist hygroskopisch, d. h. es zieht Feuchtigkeit aus der Luft an und backt leicht zusammen. Um das Zusammenbacken zu vermeiden, werden dem Tafelsalz phosphorsaure Kalzium- und Natriumsalze in geringer Menge zugesetzt.

Für unsere Speisen ist das Kochsalz das unentbehrlichste Gewürz, jedoch kann es, im Übermaß genommen, zu schweren gesundheitlichen Schädigungen führen. Bei manchen Erkrankungen der Haut, des Magens, der Nieren und des Herzens muß die Kost salzarm oder salzfrei sein, um Heilung zu erzielen. In diesen Fällen können in der Diätküche sog. *Kochsalz-Ersatzmittel* Verwendung finden, wie Citrovinsalz, Curtasal, Hosal, Sinechlor, Titrospezial und Relasalz. (Über Kochsalzersatzmittel vgl. Dienst, Beitrag zum Natriumstoffwechsel Ödemkranker. Med. Welt **1936**, Nr 1.)

Unter **Essig** bzw. Speiseessig versteht man Gewürzmittel, die als würzenden Bestandteil Essigsäure enthalten. Die Essigsäure wird entweder durch Essiggärung aus alkoholischen Flüssigkeiten (Gärungsessig) oder auf chemischem Wege nach verschiedenen Verfahren gewonnen.

Gewöhnlicher Speiseessig soll mindestens 3,5%, Einmachessig mindestens 5%, Doppelessig mindestens 7%, Essigsprit mindestens 10,5% Essigsäure enthalten. *Weinessig* ist ein Gärungsessig mit mindestens 5% Essigsäure, der aus einer Maische hergestellt ist, die mindestens

20% Traubenwein enthält. Gewürzessig ist ein Speiseessig, der mit aromatischen Gewürzauszügen versetzt ist.

Im Speiseessig treten häufig die sog. *Essigälchen* auf, kleine, bewegliche Fadenwürmer, die mit bloßem Auge erkennbar sind. Ein Essig, der durch Massen von Essigälchen trübe erscheint, ist als verdorben im Sinne des Lebensmittelgesetzes anzusprechen.

Essigessenz ist reine, auf chemischem Wege gewonnene, mit Aromastoffen versetzte Essigsäure; der Essigsäuregehalt beträgt 50, meist 80%.

Der Verkehr mit Essigsäure (Essigessenz) ist geregelt durch die Verordnung vom 24. Januar 1940 (Reichsgesetzbl. 1, S. 235). Essigessenz ist, unverdünnt genossen, lebensgefährlich; sie darf an die Verbraucher nur in besonderen Flaschen mit Sicherheitsstopfen abgegeben werden.

14. Pilze.

Die Pilze nehmen eine *Mittelstellung ein zwischen den Gemüsen und dem Fleisch*. Der **Eiweißgehalt** beträgt etwa 2—5%, liegt also etwas über dem der frischen Gemüse. Stärke im eigentlichen Sinne enthalten die Pilze nicht. An ihre Stelle tritt im Pilzkörper das Glykogen. Daneben ist als lösliches Kohlehydrat ein gärungsunfähiger Zucker, der Mannit, in beträchtlicher Menge vorhanden. Der geringe Fettgehalt entspricht dem der meisten Gemüse. An mineralischen Bestandteilen sind Kalisalze und Phosphorsäure erwähnenswert.

In **Kalorien** ausgedrückt, beträgt der Nährwert von einem Kilogramm frischer Pilze etwa 200—300 Kalorien. Erschwerend für die Ausnützung der Nährstoffe ist sicher der hohe Gehalt der Pilze an Rohfaser. Pilze müssen daher bei der Zubereitung gut zerkleinert werden, und gründliches Kauen ist unerläßlich. Neben dem Kalorienwert verdienen aber auch die Duft- und Geschmacksstoffe Beachtung, die zusammen mit einer verdauungsfördernden Wirkung gewisser Fermente den besonderen Wert eines Pilzgerichtes ausmachen. Der **Vitamingehalt** der Pilze ist umstritten. Nach SCHEUNERT ist das antirachitische Vitamin D in einer Reihe von Speisepilzen enthalten, Vitamin A in erheblicher Menge im Pfifferling.

Wegen ihrer Zusammensetzung spielen die Pilze in der *Diät bei Zuckerkranken* eine Rolle. Dr. F. LICKINT, Dresden, schreibt darüber in der Münch. med. Wschr. **1937**, daß Pilzgerichte, „wenn sie mit wenig Fett geschmort und gut gekaut werden, den Magen nicht mehr wie andere Gemüse belasten und auch ausreichend vom Darm aufgeschlossen werden. Sie haben keine verstopfende Wirkung, sondern im Gegenteil einen leicht die Entleerung fördernden Einfluß, besonders in der von der Diätküche für Verstopfungskranke verlangten Form: Pilze mit Reis, mit Äpfeln, als Pudding und Suppe."

Mengenmäßig den größten Umsatz erzielt im Handel der **Pfifferling,** wegen seiner gelben Farbe mancherorts Eierschwämmchen oder Gelbschwämmchen genannt. Er ist festfleischig und verträgt im Gegensatz zu den meisten anderen Pilzen eine längeren Transport. In Städten, die in größerer Entfernung von Waldgebieten liegen, ist er oft der einzige Frischpilz des Handels. Verpackung und Versendung muß jedoch — das gilt für alle Pilze — in kleinen (bis 5 kg) Körben geschehen, da sich Pilze bei Massenanhäufung erhitzen und rasch zersetzen. Aus dem gleichen Grunde müssen die frisch gesammelten Pilze möglichst schnell in der Küche verarbeitet werden.

Der stattliche **Steinpilz** muß viel rascher seiner Verwendung zugeführt werden. Sein weißes Fleisch ist leider oft vom Stielgrund her mit Maden durchsetzt. Erweist sich das Stielende (abschneiden!) als madenfrei, so ist es meist auch der ganze Hut. Der Steinpilz trägt auf seiner Unterseite eine Schicht feiner Röhrchen, die beim Zurichten übrigens nicht entfernt zu werden brauchen. Er bildet mit etwa 40 ähnlich gebauten Arten zusammen die Familie der Röhrlinge. Diese Pilzfamilie weist noch eine ganze Anzahl guter Speisepilze auf, z. B. die Rotkappe, den Birkenpilz, die Ziegenlippe, den Butterpilz u. a. Doch enthält sie auch einige bittere, ungenießbare Arten und den giftigen Satanspilz.

Die viele hundert Arten zählende Familie der **Blätterpilze,** das sind Pilze, die auf der Unterseite strahlig angeordnete, messerklingenartige „Blättchen" tragen, enthalten neben vielen guten Speisepilzen auch unsere gefährlichsten Giftpilze — „Knollenblätterpilze". Auf die Arten und ihre Merkmale kann hier nicht eingegangen werden. Die wichtigsten sind mit guten Buntbildern und genauer Beschreibung dargestellt in dem Pilzmerkblatt des Reichsgesundheitsamtes (Verlag Julius Springer, Preis 0,90 RM.). Jedenfalls mache man es sich zum Grundsatz, keinen Pilz zu verwenden, den man nicht sicher kennt!

Es gibt kein Mittel, beim Kochen der Pilze die Anwesenheit der Stoffe eines dazu gelangten Giftpilzes nachzuweisen. Es ist ganz verwerflich, sich auf das Mitkochen einer Zwiebel oder eines silbernen Löffels zu verlassen und aus der Nichtschwärzung des Löffels oder der Nichtverfärbung der Zwiebel auf Abwesenheit von Giftpilzen zu schließen. Diese falsche Ansicht hat schon manchen Menschen schwer geschädigt. Das einzige Mittel, sich vor Schädigungen durch Giftpilze zu schützen, liegt nur in der genauen Kenntnis der Merkmale dieser Pilze.

Der ebenfalls zu den Blätterpilzen gehörende **Edelpilz (Champignon)** ist praktisch der einzige Speisepilz, von dem eine Form in künstlicher Kultur, und zwar auf verrottetem Pferdemist, gezüchtet wird. Die Edelpilzzucht hat in Deutschland in den letzten Jahren einen gewaltigen

Aufschwung genommen und uns von der früher erheblichen Einfuhr aus Frankreich unabhängig gemacht. Der höhere Preis der Zuchtpilze gegenüber den übrigen Marktpilzen gleicht sich schon dadurch aus, daß sich bei ihrer Zurichtung fast kein Abfall ergibt. Als sicheres Merkmal für alle Champignonarten (Zuchtchampignon, Wiesenchampignon, Schafchampignon u. a.) merke man sich, daß die Blättchen der Unterseite beim alternden oder lagernden Pilz schließlich schokoladenbraun bis schwarz werden.

Zu einer ganz anderen Klasse von Pilzen als alle bisher besprochenen gehören die *Trüffeln*. Sie sind knollenförmig und wachsen im Waldboden unterirdisch. Sie werden als Würzpilze Pasteten, Wurstwaren oder Fleischgerichten zugesetzt. Als kostbarste Trüffel gilt die sog. Perigordtrüffel. Leider sind wir bei den Trüffeln ganz auf die Einfuhr von Süd- und Westeuropa, vor allem Frankreich, angewiesen. Frankreichs Trüffelausfuhr hatte im Jahre 1935 einen Wert von etwa 14 Millionen Francs (vor den Abwertungen).

Nur bedingt kann die *Lorchel* in die Reihe der Speisepilze gestellt werden. Sie erscheint schon im März und April als Frühjahrslorchel vor allem in den sandigen Kiefernwäldern im Osten unseres Vaterlandes. Sie hat immer wieder rätselhafte Vergiftungsfälle hervorgerufen und ist deshalb in einigen Städten vom Markt ausgeschlossen worden. Sie darf frisch nur zubereitet werden, nachdem sie 3 Minuten lang abgekocht wurde. Das Kochwasser ist wegzugießen! Keine Gefahr besteht bei Verwendung im getrockneten Zustand oder als Konserve.

Die beste Art der Zubereitung für alle Speisepilze ist das Dünsten im eigenen Saft unter Fettzugabe in einem flachen, geschlossenen Topf bei kleiner Flamme. Außer Salz braucht kein Gewürz zugegeben zu werden. Zum Herstellen von Soßen und Suppen eignen sich auch getrocknete Pilze. Aus feingehackten Pilzen lassen sich unter Zugabe von eingeweichten Semmeln und Fleischresten sehr schmackhafte Bratlinge bereiten. Frisch, getrocknet oder als Konserve stehen die Pilze das ganze Jahr zur Verfügung und bieten eine willkommene Abwechslung im Küchenzettel.

15. Obst und künstliche Fruchtsäfte.

Die mitteleuropäische **Obstkultur** reicht zurück bis auf die Römer, die die edelsten Obstsorten, welche sie von den Griechen kennengelernt hatten, nach Mitteleuropa verpflanzten. Schon im Mittelalter wurden am Rhein und besonders in Süddeutschland Baumschulen und Obstmustergärten angelegt. Den größten Aufschwung nahm die Obstkultur in Deutschland in den letzten Jahrzehnten des 19. Jahrhunderts besonders durch die Fürsorge staatlicher und kommunaler Körperschaften. Es entstanden Obstzuchtvereine und Genossenschaften für die Obstverwertung. Gerade unser gemäßigtes Klima ist zur Züchtung feineren, aromatischen Tafelobstes besonders geeignet, während die Obstfrüchte in den Tropen leicht an Geschmack verlieren. Selbst das in großen Mengen bisher eingeführte kalifornische Obst steht an Güte dem deutschen Obst weit nach. Mit dem vermehrten Anbau des Obstes in Deutschland stieg auch die Wertschätzung des Obstes als Volksnahrungsmittel, so daß heute der Genuß des Obstes nicht mehr lediglich den besser Bemittelten vorbehalten ist. Dank der Ergebnisse moderner Ernährungsforschung und der ständigen Aufklärung über den hohen Nähr- und Genußwert hat sich das Volk daran gewöhnt, Obst zu kaufen und in ihm ein vorzügliches Nahrungsmittel und eine willkommene Beikost zu sehen. Man teilt das Obst in folgende Gruppen ein: Kernobst, Steinobst, Beerenobst und Schalenobst.

Kernobst: Äpfel, Birnen, Quitten, Mispeln, Apfelsinen (Orangen), Zitronen (Limonen), Hagebutten.

Steinobst: Pflaumen, Zwetschen, Reineclauden, Mirabellen, Aprikosen, Pfirsiche, Kirschen.

Beerenobst: Weinbeeren, Johannisbeeren, Stachelbeeren, Erdbeeren, Himbeeren, Brombeeren, Heidelbeeren, Preißelbeeren, ferner Feigen, Ananas, Bananen.

Schalenobst: Baumnüsse (Walnüsse), Haselnüsse, Kastanien, Erdnüsse, Paranüsse, Mandeln.

Obstarten, die nur in warmen Ländern gedeihen, werden als *Südfrüchte* bezeichnet.

Über die *chemische Zusammensetzung* gibt die nachstehende Tabelle Aufschluß (Handbuch der Lebensmittelchemie Bd. 5, S. 539).

Fett ist in den Obstfrüchten mit Ausnahme des Schalenobstes nur in Spuren vorhanden.

Wenn das Obst auch arm an Eiweiß ist, so ist es doch als Träger von Kohlehydraten, von organischen Säuren und Salzen, Vitaminen und Fermenten und wegen seiner appetitanregenden Eigenschaften (Aromastoffen) und diätetischen Wirkung auf die Verdauung für die Volksernährung außerordentlich wertvoll, und sein Verbrauch ist mit allen Mitteln zu fördern.

Die Kohlehydrate bestehen aus den Zuckerstoffen Glukose, Fruktose (Invertzucker) und Saccharose.

Zu den im Obst vorkommenden Fruchtsäuren zählen: Äpfelsäure, Weinsäure, Zitronensäure; in einzelnen Obstarten sind noch Bernsteinsäure, Oxalsäure, Salizylsäure, Benzoesäure, Tanninsäure und in den Samen der Kern- und Steinfrüchte Spuren von Blausäure festgestellt worden.

Bei den Mineralstoffen (Asche) beträgt der Anteil an Kaliumsalzen etwa 50%, während Natriumsalze nur in geringer Menge vorhanden

Obstart	Wasser %	Eiweiß-stoffe %	Invert-zucker %	Saccha-rose %	Säure (als Äp-felsäure) %	Roh-faser %	Asche %
Äpfel	83,85	0,40	8,35	1,60	0,65	1,32	0,41
Birnen	82,75	0,36	9,03	1,28	0,27	2,58	0,35
Quitten	81,90	0,60	6,68	0,64	0,93	1,86	0,58
Hagebutten	25,47	2,99	16,09	3,28	—	9,87	4,64
Pflaumen	80,37	1,01	7,51	1,77	0,95	0,53	0,51
Reineclauden	81,88	0,55	6,47	3,64	1,25	0,63	0,60
Mirabellen	80,68	0,79	6,42	3,14	0,88	0,74	0,53
Kirschen, süße	81,68	1,21	10,12	0,57	0,68	0,33	0,49
„ saure	84,55	0,78	8,43	0,25	1,80	0,27	0,50
Aprikosen	85,21	0,86	3,13	3,63	1,27	0,80	0,67
Pfirsiche	82,70	1,21	3,51	4,25	0,81	0,95	0,58
Weinbeeren	79,12	0,69	14,69	—	0,77	1,23	0,48
Johannisbeeren	83,80	0,51	5,04	0,24	2,35	4,03	0,66
Stachelbeeren	85,45	0,47	5,55	0,48	1,90	2,70	0,49
Preißelbeeren	83,60	0,12	8,20	0,53	1,98	1,80	0,26
Heidelbeeren	83,64	0,78	5,42	0,22	0,85	2,33	0,37
Himbeeren	83,95	1,36	4,51	0,22	1,64	5,65	0,58
Brombeeren	84,94	1,31	5,54	0,47	0,86	3,97	0,50
Erdbeeren	85,41	0,59	5,13	0,70	1,84	4,00	0,74
Apfelsinen	84,26	1,08	5,88	2,54	1,35	0,45	0,48
Zitronen	82,64	0,74	3,01	2,97	5,30	2,24	0,56
Ananas	83,95	0,42	3,53	7,47	0,67	0,42	0,52
Bananen	73,76	1,40	10,78	8,88	0,38	0,80	0,80
Feigen	78,93	1,35	15,55	—	—	1,50	0,71
			Fett %	Extrakt-stoffe %			
Walnüsse	7,18	16,74	58,47	12,99		2,97	1,65
Haselnüsse	7,11	17,41	62,60	7,22		3,17	2,49
Paranüsse	5,94	8,88	67,00	12,44		4,06	1,81
Kastanien	7,22	10,76	7,22	69,29		2,84	2,67
Mandeln	6,27	21,40	53,16	13,22		3,65	2,30

sind; ebenso ist der Kalziumgehalt der Mineralstoffe nicht besonders hoch. Von anorganischen Säuren enthält die Obstasche vorwiegend Phosphorsäure neben geringen Mengen Schwefelsäure und Kieselsäure; der Chlorgehalt liegt unter 1% der Asche. Bemerkenswert ist noch, daß die Obstfrüchte neben Eisen noch geringe Mengen Mangan und Borsäure enthalten. Die Mineralstoffe reagieren alkalisch, da der Basengehalt den Gehalt an Säuren erheblich übersteigt.

Pektinstoffe. Die in einzelnen Obstsorten in beträchtlicher Menge vorhandenen Pektinstoffe sind typische Kolloide, d. h. leimartige Körper, die die Eigenschaft haben, unter Wasseraufnahme Gallerte zu bilden. Sie spielen eine wichtige Rolle bei der Herstellung von Gelees, Marmeladen und anderen Obsterzeugnissen (vgl. S. 95).

An **Vitaminen** sind in den Obstarten hauptsächlich Vitamin A und C; Vitamin B ist besonders in Wal- und Haselnüssen und Mandeln, in den anderen Obstarten nur in Spuren oder höchstens in geringen Mengen vorhanden. Als Träger von Vitamin D und E kommen Obstfrüchte nicht in Frage.

Das Obst ist reich an **Fermenten** verschiedenster Art, die die Reifung der Früchte und die während der Nachreife und Lagerung eintretenden Veränderungen und Umsetzungen im Obste wesentlich beeinflussen.

Die Aromastoffe des Obstes bestehen vorwiegend aus Estern, und zwar den Methyl-, Äthyl- und Amylestern der niederen Fettsäuren und ferner aus ätherischen Ölen, die in den Apfelsinen und Zitronen in größerer Menge enthalten sind.

Man genieße Obst nur nach sorgfältiger Reinigung unter fließendem Wasser zur Entfernung noch anhaftenden Schmutzes und etwa vorhandener Krankheitserreger und Schädlingsbekämpfungsmittel.

Was das *Schälen des Obstes* anbelangt, gewöhne man sich an, das Obst, mit Ausnahme von Zitronen, Orangen, Mandarinen, Bananen und dem Schalenobst, mit den Schalen zu verzehren, denn unter den Schalen sitzt der größte Teil der Ergänzungsstoffe, der wichtigsten Mineralstoffe und auch der Geschmacksstoffe; außerdem wirken die Schalen anregend auf die Darmtätigkeit und reinigend. Man esse auch die Kernhäuser und die Kerne der Äpfel und Birnen ruhig mit, da sie wichtige Mineralstoffe enthalten.

Unreif ist das Obst schädlich, da es zuviel organische Säuren enthält; es gilt ohne entsprechende Kenntlichmachung im Sinne des Lebensmittelgesetzes als verdorben. Man erkennt unreifes Obst an dem sauren und unangenehm herben Geschmack, bei Birnen und Äpfeln an der hellen Farbe der Kerne, bei Steinobst daran, daß sich das Fruchtfleisch nicht vom Steine löst.

In den Erntemonaten kann nur ein kleiner Teil des Obstes in frischem Zustande verzehrt werden. Der größere Teil muß gelagert oder zu anderen Erzeugnissen verarbeitet werden. Leider verdirbt sehr viel Obst infolge mangelhafter Aufbewahrung. Es ist zunächst darauf zu achten, daß nur gesundes, unbeschädigtes Obst zur Einlagerung kommt. Das Obstlager muß sauber, trocken, luftig und kühl sein, die Temperatur soll 5° nicht übersteigen. Das Obst ist dauernd zu überwachen, und Früchte, die Spuren einer Verderbnis zeigen, sind zu entfernen.

Obsterzeugnisse. Obsterzeugnisse, die sowohl im Haushalt als auch fabrikmäßig hergestellt werden, sind: Obstkonfitüren und Marmeladen, Obstsäfte und Obstsirupe, Obstgelee und Obstkraut.

In der Verordnung über Obsterzeugnisse vom 15. Juli 1933 (Reichsgesetzbl. I, S. 495) sind folgende Begriffsbestimmungen festgelegt: „*Obstkonfitüren* (*Jams*) sind aus einer Obstart hergestellte, dickbreiigstückige, streichfähige Zubereitungen, die in der Regel im fertigen Erzeugnis Obststücke erkennen lassen. Sie werden durch Einkochen

von unzerteiltem oder in Stücke geschnittenem, frischem oder frischerhaltenem, entkerntem oder entsteintem Obstfruchtfleisch oder von
Obstpülpe einer Obstart und technisch reinem weißem Verbrauchszucker (Saccharose) hergestellt. Zur Einwaage werden auf mindestens
45 Teile Obstfruchtfleisch höchstens 55 Teile Verbrauchszucker, bei
Obstkonfitüren aus Zitrusfrüchten auf mindestens 30 Teile Obstfruchtfleisch höchstens 70 Teile Verbrauchszucker verwendet. Obstkonfitüren
werden auch unter Verwendung von ungeschältem Obst, einer geringen
Menge Obstpektin oder Obstgeliersaft, Stärkesirup, Weinsäure oder
Milchsäure hergestellt. Sie werden mit dem Namen der verwendeten
Obstart bezeichnet."

Marmeladen sind dickbreiige, streichfähige Zubereitungen, die durch
Einkochen von frischem oder frischerhaltenem, entkerntem oder entsteintem Obstfruchtfleisch oder von Obstpülpe oder Obstmark und
technisch reinem weißem Verbrauchszucker (Saccharose) hergestellt
sind. Zur Einwaage werden bei Einfruchtmarmeladen auf mindestens 45, bei Mehrfruchtmarmeladen und gemischten Marmeladen
auf mindestens 25 Teile Obstfruchtfleisch höchstens 55 Teile Verbrauchszucker verwendet. Marmeladen werden auch unter Verwendung von ungeschältem Obst, einer geringen Menge Obstpektin oder
Obstgeliersaft, Stärkesirup, Weinsäure oder Milchsäure, Aprikosenmarmelade auch unter Verwendung von getrockneten Aprikosen hergestellt.

Bei Mehrfruchtmarmeladen und gemischten Marmeladen — hierbei
ist die Zahl der verwendeten Obstarten nicht beschränkt, während
Mehrfruchtmarmeladen nur aus 2 bis höchstens 4 Obstarten hergestellt werden dürfen — darf der Anteil von Äpfeln oder Birnen oder
beiden zusammen nicht mehr als 50% des Obstanteiles betragen.
Mehrfruchtmarmeladen werden mit den Namen der verwendeten Obstarten bezeichnet.

Pflaumenmus (Zwetschenmus, Zwetschgenmus, Zwetschgengesälz)
sind dickbreiige, streichfähige Zubereitungen, die durch Einkochen des
Pflaumenmarks aus frischen, auch getrockneten Pflaumen (Zwetschen,
Zwetschgen) oder aus einem Gemisch dieser beiden hergestellt sind.
Pflaumenmus wird zuweilen unter Verwendung von technisch reinem
weißem Verbrauchszucker (Saccharose) und einer geringen Menge Weinsäure oder Milchsäure hergestellt.

Obstsäfte (Fruchtsäfte, Fruchtrohsäfte, Fruchtmuttersäfte) sind
Zubereitungen, die durch Pressen von frischem oder vergorenem Obst
einer Obstart mit oder ohne nachfolgende Filtration hergestellt sind.
Obstsäfte aus Zitrusfrüchten enthalten meist einen geringen Zusatz
von Schalenaroma. Obstsäfte werden mit dem Namen der verwendeten
Obstart bezeichnet.

Obstsirupe (Fruchtsirupe) sind dickflüssige Zubereitungen, die durch Aufkochen des Obstsaftes aus einer Obstart mit technisch reinem weißem Verbrauchszucker (Saccharose) hergestellt sind. Obstsirupe werden zuweilen auch auf kaltem Wege durch unmittelbares Behandeln von frischem Obst oder Obstsäften mit Verbrauchszucker, zuweilen auch unter Verwendung einer geringen Menge Weinsäure oder Milchsäure hergestellt. Obstsirupe enthalten höchstens 68 Hundertteile Zucker, Obstsirupe aus Zitrusfrüchten enthalten meist einen geringen Zusatz von Schalenaroma. Obstsirupe werden mit dem Namen der verwendeten Obstart bezeichnet.

Fruchtsaftlimonaden. Durch Verdünnung der Fruchtsäfte mit Wasser unter Zusatz von Zucker erhält man die Fruchtsaftlimonaden. Wird Kohlensäure in die Limonade eingepreßt, so hat man eine Brauselimonade. Der Saftanteil in den Fruchtsaftlimonaden beträgt 5%, bei Apfelsaftlimonaden 20%. Konservierungsmittel und künstlicher Farbstoff sowie Süßstoff dürfen nicht zugesetzt werden. Da die Haltbarkeit der Fruchtsaftlimonaden eine beschränkte ist, ist man im großen Maßstabe dazu übergegangen, ein haltbareres Erzeugnis zu schaffen, nämlich die *Brauselimonaden mit Geschmacksstoffen.* Brauselimonaden mit Geschmacksstoffen sind die aus Essenzen natürlicher Herkunft unter Verwendung von technisch reinem, weißem Verbrauchszucker (Saccharose), sowie Wein-, Zitronen- oder Milchsäure mit kohlensäurehaltigem Wasser oder anderem Tafelwasser (Verordnung über Tafelwasser vom 12. November 1934, Reichsgesetzbl. I, S. 1183) hergestellten, praktisch alkoholfreien (als praktisch alkoholfrei gelten Getränke, die höchstens 0,5 Gewichtshundertteile Alkohol enthalten) Getränke. Farbstoff darf unter der Kennzeichnung ,,Gefärbt'' zugesetzt werden.

Natürlich sind die Limonaden mit Geschmacksstoffen ernährungsphysiologisch weniger wertvoll, da sie an Stelle von Fruchtsaft nur die natürlichen Geruchs- und Geschmacksstoffe der verschiedenen Obstarten enthalten. Als Erfrischungsgetränk sind sie wohl geeignet. Die näheren Vorschriften über Herstellung, Verpackung und Kennzeichnung sind in den Normativbestimmungen der Hauptvereinigung der deutschen Gartenbauwirtschaft Anordnung Nr. 15/1939 vom 3. Mai 1939 festgelegt.

Künstliche Brauselimonaden sind alle ähnlichen Getränke, die den Anforderungen an Fruchtsaftlimonaden oder Limonaden mit Geschmacksstoffen nicht entsprechen. Sie sind als Kunsterzeugnisse entsprechend zu kennzeichnen.

Obstgelees sind aus dem Saft oder dem wässerigen Auszug von frischen Früchten oder der Pülpe *einer* Obstart und technisch reinem, weißem Verbrauchszucker (Saccharose) durch Einkochen hergestellte gallertige, streichfähige Zubereitungen. Obstgelee wird auch unter Verwendung einer geringen Menge Obstpektin, Weinsäure oder Milchsäure hergestellt. Obstgelee enthält mindestens 50 und höchstens 70 Hundertteile Zucker. Obstgelee wird mit dem Namen der verwendeten Obstart bezeichnet.

Obstkraut sind Zubereitungen, die aus frischen Äpfeln oder Birnen durch Dämpfen oder Kochen, Abpressen und Eindampfen des gewonnenen Auszuges oder aus Apfel- oder Birnensaft durch Eindampfen ohne oder mit Verwendung von technisch reinem, weißem Verbrauchszucker (Saccharose) hergestellt werden. Gesüßtes Obstkraut und Apfel-Birnenkraut wird auch unter Verwendung von getrockneten Äpfeln, Apfelschalen und Apfelnachpresse hergestellt.

Gemüse und Obst werden auch in luftdicht verschlossenen Dosen und Gläsern haltbar gemacht (*Obstkonserven*). Die hierfür maßgebenden Bestimmungen sind in den obengenannten Normativbestimmungen der Hauptvereinigung der deutschen Gartenbauwirtschaft herausgegeben.

Eine weitere Art der Haltbarmachung des Obstes (und auch der Gemüse) ist das *Trocknen*. Es bezweckt die Herabsetzung des Wassers auf eine Menge, bei der Bakterien und Pilze nicht mehr wirksam sein können. Das beste Trockenobst erhält man bei niederen Trockentemperaturen.

Schrifttum.

Bames, E.: Lebensmittel-Lexikon. Berlin: Carl Heymanns Verlag 1933.

Behre, A.: Kurzgefaßtes Handbuch der Lebensmittelkontrolle. Verlag: Akademische Verlagsgesellschaft m. b. H. Leipzig 1931, 1935 und 1937.

Bömer, A., A. Juckenack, J. Tillmans bzw. A. Juckenack, E. Bames, B. Bleyer, J. Groszfeld: Handbuch der Lebensmittelchemie. Berlin: Verlag Julius Springer 1933—1939.

Fleischmann, W.: Lehrbuch der Milchwirtschaft. Berlin: Verlag Parey 1932.

Fuhrmann, F.: Die Chemie der Nahrungs- und Genußmittel. Berlin: Verlag Urban und Schwarzenberg 1927.

Grzimek, B.: Das Eierbuch. Berlin: Verlag Pfennigstorff 1936.

Holthöfer, H., A. Juckenack: Lebensmittelgesetz. Berlin: Verlag Heymann 1927—1936.

Kestner, O., H. W. Knipping: Die Ernährung des Menschen. Berlin: Verlag Julius Springer 1928.

König, J.: Nahrung und Ernährung des Menschen. Berlin: Verlag Julius Springer 1926.

Lebbin, G.: Allgemeine Nahrungsmittelkunde. Berlin: Verlag Simion Nf. 1914.

— Fischhandelskunde und Fischwarenindustrie. Wien u. Leipzig: Verlag Hartleben 1936.

von Ostertag, R.: Lehrbuch der Schlachtvieh- und Fleischbeschau. Stuttgart: Verlag Ferd. Enke 1932.

Pirtzker, J.: Allgemeine Warenkunde der Nahrungsmittel, Genußmittel und Gebrauchsgegenstände. Verlag: Buchhandlung des Verbandes schweiz. Konsumvereine 1934.

Röttger, H.: Lehrbuch der Nahrungsmittelchemie. Leipzig: Verlag Barth 1926.

Strohecker, R.: Chemische Technologie der Nahrungs- und Genußmittel. Leipzig: Verlag Spamer 1926.

Winkel, M.: Obst und Gemüse, deren Nahrungs- und Gesundheitswert. Berlin: Verlag Rothgießer und Diesing A.-G. 1929.

Zander, E., u. A. Koch: Der Honig. Stuttgart: Verlag Uhner 1927.

Ziegelmayer, W.: Rohstoff-Fragen der deutschen Volksernährung. Dresden u. Leipzig: Verlag Steinkopff 1937.

Zeitschrift für Untersuchung der Lebensmittel. Berlin: Verlag Julius Springer.

Zeitschrift für Volksernährung. Berlin: Verlag Deutsche Verlagsgesellschaft.

Zeitschrift für Vorratspflege und Lebensmittelforschung. Neudamm: Verlag Neumann.

Das weitere Material stammt aus Aufzeichnungen für Vorträge, die im Verlaufe der Jahre gesammelt wurden.

Zweiter Teil

Nahrungszubereitung und Nahrungsmittelkonservierung.

Von C. Dienst.

In dem vorausgehenden Abschnitt war von den Kennzeichen einwandfreien Nahrungsgutes die Rede. Warenkunde und Kenntnis von Fälschungen schützen Küche und Verbraucher vor Verlusten. Aber auch das beste Nahrungsgut kann entwertet werden, wenn es nicht zweckmäßig zubereitet oder aufbewahrt wird.

Die Zubereitungs- und Konservierungsart hat über allgemeine Gesichtspunkte hinaus für die Diätküche noch eine besondere Bedeutung. Mehr noch als bei der Verpflegung Gesunder oder solcher Kranken, deren Leiden eine spezifische Kostform nicht erfordern, ist es wichtig, die Vorteile und Nachteile jeder Zubereitungsart zu kennen. Auch der Arzt, der Diätbehandlung betreibt — und das trifft wohl heute bei jedem Arzt zu —, sollte über die natürlichen Eigenschaften unserer Nahrungsmittel und über die Veränderungen, die durch diese oder jene Zubereitungsart und Konservierung eintreten, hinreichende Kenntnis besitzen. Da dies vorläufig nicht der Fall ist, und da es dem Nichtspezialisten an Zeit und Muße fehlt, sich in diese Fragen zu vertiefen, soll die Diätküchenassistentin dem Arzt beratend zur Seite stehen. Nur wer die Grundlagen beherrscht, kann die Auswirkung einer Diät beurteilen. Wer sie nicht kennt oder mißachtet, arbeitet unwirtschaftlich, sei es, weil er Material, Arbeit und Geld vergeudet, sei es, weil er die ihm in Voraussetzung geeigneter Sachkenntnis gestellte Aufgabe unzweckmäßig oder falsch löst.

A. Hitzeanwendung.

16. Allgemeine Gesichtspunkte zur Hitzeanwendung.

I. Temperatur bei verschiedenen Kochmethoden.

Eine der wichtigsten Aufgaben der Küche ist das Garmachen, d. h. die Zubereitung der Nahrungsmittel durch Hitze. Wollte man die Nahrung unmittelbar der Flamme aussetzen, so würde sie an- und verbrennen und damit untauglich werden; denn die Temperatur bei offener Flamme beträgt 1000—1500°. Es muß also, wenn Schäden vermieden werden sollen, die Wärme durch geeignete Maßnahmen begrenzt werden. Das kann auf verschiedenen Wegen geschehen, entweder dadurch, daß man den Abstand zwischen Flamme und Nahrungsmittel vergrößert — die nutzbaren Temperaturen liegen dabei zwischen 100 und 300° — oder indem man zwischen Nahrungsgut und Wärmespender Fett als **Wärmebegrenzer** einschaltet; die so nutzbaren Temperaturen liegen zwischen 100 und 200°. Das wichtigste Wärmeschutzmittel ist aber das Wasser. Die Temperatur des Wassers kann bekanntlich niemals über 100° ansteigen. Sobald also ein Nahrungsmittel kocht, ist zu starkes Erhitzen zwecklos und bedeutet nichts anderes als Energie- und Geldvergeudung. Durch überstarkes Erhitzen kann das Wasser nur zu stärkerem Verdampfen gebracht werden. Am zweckmäßigsten ist die Wärmemenge, die gerade genügt, um den Siedezustand zu erhalten. Da die Flamme nur einige wenige Stellen des Topfbodens berührt, hat das Wasser die Aufgabe, die ungleiche Erwärmung auszugleichen. Im leer erhitzten Topf ist die Bodentemperatur am Rande um etwa 40% geringer als an der heißesten Stelle.

Wasser geht beim Kochen (Sieden) in Dampf über. Dabei bilden sich im Innern der Flüssigkeit Dampfblasen, die nach außen entweichen. Der Dampfdruck muß den Außerdruck überwältigen. So kommt es, daß der **Siedepunkt** abhängig ist vom Außendruck. Der Außendruck beträgt gewöhnlich 1 Atm., d. h. der Druck einer Luftsäule auf 1 qcm hat das Gewicht von rund 1 kg (1033 g/ccm).

Wird der Außendruck erhöht, so erhöht sich auch die Kochtemperatur und verkürzt die Zeit bis zum Garwerden. Dieses Prinzip liegt der Zubereitung von Nahrungsmitteln im Überdrucktopf zugrunde. **Dampfdrucktöpfe** arbeiten gewöhnlich mit einem Überdruck von 3—4 Atm., das entspricht 133—140° C. Es liegt auf der Hand, daß die Wandstärke und das Material solcher Vorrichtungen so beschaffen sein müssen, daß der erhöhte Druck ausgehalten werden kann. Ein Ventil, das sich regulieren läßt, gewährleistet die Sicherheit, vorausgesetzt, daß seine Auslaßöffnung weit genug ist, daß sie durch Speiseteile nicht verstopft werden kann. Natürlich muß auch die Dichtung in Ordnung sein und sämtliche Teile des Topfes, die bei der Bedienung berührt werden, gegen Wärme gut isoliert sein. Man verwendet Überdrucktöpfe in der Absicht, Brennstoff und Zeit zu ersparen. Das ist aber nur möglich, wenn Nahrungsmittel zubereitet werden, die eine lange Kochzeit benötigen, wie Hülsenfrüchte und Fleisch. Die Ersparnisse, die sich dabei erzielen lassen, betragen im Durchschnitt ungefähr 50%. Für kurzkochende Speisen, wie Fisch, Nudeln und Graupen, bedeutet das Kochen im Dampftopf keine Vorteile. Weiter kommen nicht in Frage Gemüse und Kartoffeln. Das empfindliche Vitamin C würde bei hohen Temperaturen rasch vernichtet sein.

Auch der Wohlgeschmack dieser Produkte wird erheblich beeinträchtigt, sobald Druck und Kochzeit auch nur um ein Geringes überschritten werden. Die Gefahr dazu ist besonders groß, weil der Überdruck eine besondere Beaufsichtigung nahezu unmöglich macht und gerade das mitunter zu Nachlässigkeiten führt. Bei Fleisch und Hülsenfrüchten läßt sich keine nachteilige Beeinflussung des Geschmackes feststellen.

Im Handel gibt es Dampfkochtöpfe, die mit einem geringen Überdruck von ungefähr 0,1—0,3 Atm. (101—106 ° C) die Speisen gar machen. Solchen Geräten sind oft vielversprechende Gebrauchsanweisungen beigegeben. Nach diesen soll eine Brennstoff- und Zeitersparnis bis zu 80 % zu erzielen sein, besonders dann, wenn mehrere Speisen in verschiedenen, übereinandergesetzten Einsätzen gleichzeitig gargedämpft werden. Daneben sollen durch diese Dampfkochtöpfe die Vitamine und Nährstoffe weit weniger geschädigt werden als beim Kochen und Dämpfen im einfachen Topf. In Wirklichkeit aber stehen selbst bei Speisen mit langer Kochzeit und übereinanderstehenden Töpfen Brennstoff und Zeitersparnis in keinem Verhältnis zu dem hohen Anschaffungspreis.

Auch bei einem Druck, der unter 1 Atm. liegt, kann unter bestimmten Voraussetzungen Sieden erfolgen. Beim Kochen auf hohen Bergen liegt der Siedepunkt infolge des niedrigeren Druckes tiefer als 100°. In 573 m Höhe beträgt er 98°, bei 2940 m Höhe 90°. Im **Vakuumkochtopf** lassen sich Speisen bei 65° und selbst bei 35° gar machen. Solche Geräte werden bei der Herstellung von Marmelade und kondensierter Milch verwendet. Der Milch lassen sich damit $^3/_4$—$^4/_5$ ihres Wassers entziehen. Die Kochdauer liegt um die Hälfte tiefer als bei offenem Kessel.

Manche Nahrungsmittel werden auch, ohne daß der Siedepunkt erreicht ist, gar gemacht. So verkleistert Stärke bei 60°, verschiedene Eiweißkörper gerinnen bei 56, 60 und 72°. Auch das Kochen im Wasserbad geschieht unter der Hundertergrenze.

Zubereitung mittels Temperaturen unter 100° erfolgt in der **Kochkiste** und in den **Thermophoren.** Bei der Kochkiste befinden sich zwischen den Wandungen der Speisebehälter schlechte Wärmeleiter (Holzwolle, Watte usw.), die die Wärme zusammenhalten. Die Thermophoren müssen erst in warmes Wasser gestellt werden, um die im Zwischenraum ihrer Wandungen befindliche Salzmischung (Natriumacetat, Natriumthiosulfat) zum Schmelzen bzw. im eigenen Kristallwasser in Lösung zu bringen. Durch das allmähliche Erstarren der Lösung wird die vorher empfangene Wärme wieder abgegeben. Solcherweise kann eine **Wärme**quelle für mehrere Stunden erhalten bleiben.

Eine gewisse Ähnlichkeit mit diesem Verfahren besitzt das **Turm-kochen.** Dabei werden die Speisen bis zur Siedetemperatur erhitzt und die Töpfe bis zum Garwerden übereinandergesetzt. Zweckmäßig ist es aus später zu erörternden Gründen, Speisen mit längerer Garzeit in gutem Wärmeleiter (z. B. Aluminium) in den unteren Topf zu bringen; denn die Garzeit in den oberen Töpfen verlängert sich um $^1/_3$—$^1/_2$. Die oberen Töpfe bestehen am besten aus schlechten Wärmeleitern (z. B. Jenaer Glas), die sich langsam erhitzen, aber gute Wärmespeicherung gestatten. Alle diese Verfahren ermöglichen ohne Zweifel eine Ersparnis an Brennstoff. Dies geht aber oft auf Kosten der Qualität, denn das Andauern der Hitzeanwendung ist u. a. für manche Vitamine nicht minder schädlich als hohe Temperaturen.

Auch das Wiederholen der Wärmeanwendung, das **Aufwärmen,** ist schädlich und übt auf Geschmack, Vitamine, Nährstoffe, Form und Farbe dieselben nachteiligen Einwirkungen aus wie das Übergarkochen, wenn es auch weniger abträglich als stundenlanges Warmhalten ist.

Eine in Großküchen mitunter angewandte Methode ist das „**Kurz-kochverfahren**". Im großen Kessel läßt man kurz aufkochen, dann wird der Dampf abgestellt, so daß die aufgespeicherte Wärme nachwirkt. Die Temperatur sinkt im Kessel von über 100° allmählich auf 80—65° ab. Das Verfahren stellt eine Kompromißlösung dar zwischen hohem Wärmegrad und Dauererhitzung. So sind Dampfersparnisse möglich. Der Geschmack und die Erhaltung der Werte sind sicher weniger beeinträchtigt, als wenn im Überdrucktopf für die ganze Dauer der Wärmeanwendung hohe Hitzegrade gebraucht werden.

Noch auf eine andere Tatsache muß hier kurz hingewiesen werden: einen höheren Siedepunkt als Wasser besitzen *wässerige Lösungen und Suspensionen*, z. B. Milch, Stärke-, Zucker-, Salzlösungen usw. Diese Erhöhung ist proportional der Konzentration. Weil allerdings nur geringe Konzentrationen beim Kochen in der Küche in Frage kommen, unterscheiden sie sich in ihrer Wirkung als Wärmeträger von reinem Wasser nur unwesentlich. In solchen Lösungen und Suspensionen tritt aber infolge Siedeverzugs oft eine **Überhitzung** ein. Leim, Gelatine und alle Stärkearten setzen außerordentlich leicht an. Ständiges Rühren ist der Weg, um dieses zu vermeiden.

Überhitzung ferner führt leicht zur Ansammlung großer Dampfmengen, die unter *Stoßen* plötzlich frei werden. Durch die Wirksamkeit solcher Bodenkörper können Wände und Böden von Glasgefäßen mitunter zum Springen kommen. Gefäße mit glatten Wänden sind zur Blasenbildung eher imstande als solche mit rauhen.

Neben der Temperatur an sich kann bei dem Garmachungsverfahren auch die Beschaffenheit des Kochtopfes von Bedeutung sein. Die Physik lehrt, daß

II. Wärmeübertragung

auf dreierlei Weise möglich ist:

a) durch **Strahlung,** z. B. bei der Sonnenwärme;

b) durch **Leitung:** man spricht von guten und schlechten Wärmeleitern; es beträgt z. B. die Wärmeleitung des Kupfers —330 λ, des Aluminiums —175 λ, des Eisens —35—50 λ. Die Leitfähigkeit des Glases beträgt nur 0,5—0,9 λ, des Korksteines 0,035 λ, des Holzes 0,04—0,19 λ;

c) durch **Konvektion,** d. h. Bewegung einer Flüssigkeit oder eines gasförmigen Mediums. Darauf beruht die intensive Kühlung des Windes. Fließendes Wasser kühlt stärker als Luft. In heißem Wasser verbrennt man sich leichter als in heißer Luft.

Diese Gesetze sind praktisch wichtig. Die Erhitzung eines Kochtopfes ist eingeschränkt, wenn infolge *Unebenheit* seines *Bodens* Luft zwischen Herd und Topfboden eingeschaltet ist; denn Luft ist ein schlechter Wärmeleiter. Metalle dagegen leiten gut, deshalb fühlen metallene Griffe und Henkel sich heißer an als hölzerne. Nicht selten verbrennt man sich, wenn man aus dem Aluminiumbecher einer Thermosflasche trinkt, obwohl das Getränk seiner Temperatur nach trinkfähig wäre. Man bevorzugt daher für heiße Getränke schlechte Wärmeleiter, wie Gefäße aus Ton oder Porzellan. Andererseits schützt die gute Leitfähigkeit von Kupfer oder Aluminium vor dem Anbrennen wieder besser als Emaille. Eine dickere Topfwand bietet besseren Schutz als eine dünne, da Wärme in einer starken Topfwand besser fließt. Es lassen sich noch weitere Beispiele aufzählen, aus denen die Bedeutung der erwähnten Gesetze für praktische Vorgänge in der Küche erhellt.

In manchen elektrischen und Gasöfen wird 2mal soviel *Strahlungshitze* erzeugt als Übertragungshitze. Diese Strahlungshitze wird von manchen Werkstoffen reflektiert, z. B. Aluminium, von anderen absorbiert. Die reflektierte geht verloren. In solchen Herden würde ein reflektierendes Kochgeschirr sich nur etwa $^1/_3$ so schnell erwärmen wie ein absorbierendes (z. B. Glas oder Tonerde).

Man denkt oft zu wenig daran, daß Wärme verloren geht, wenn man beim Kochen häufig den Deckel vom Topf nimmt. Diese Verluste sind nicht gering. Sie lassen sich leicht messen beim Erwärmen von Wasser mittels Elektrizität; dabei zeigt sich, daß 1 l Wasser in einem Gefäß ohne Deckel zum Erhitzen 170 Watt, mit Deckel dagegen nur 120 Watt benötigt. Auch bei nicht ganz gefülltem Topf treten Wärmeverluste ein, weshalb es rationeller ist, für eine bestimmte Menge Kochgut jeweils das passende Gefäß zu wählen.

Schließlich ist auch die *Topfform* zu beachten. Gefäße, die unten schmäler sind als oben, erhitzen sich schlechter. Breite und niedrige Töpfe sind aus dem gleichen Grunde zweckmäßiger als hohe und schmale.

Wichtig für die Küche sind die Vorgänge, die sich infolge der Hitzeanwendung im Nahrungsgut selbst vollziehen. Man erlebt nicht selten,
daß eine Köchin das gleiche Nahrungsmittel mit denselben Zutaten
herstellt und es trotzdem im Geschmack recht verschieden ist von dem,
das eine andere Person hergerichtet hat. Die Erklärung hierfür liegt
dann oft in der richtigen Wahl des kritischen

III. „Garpunktes“ (Abb. 6).

Hier liegt ein wichtiges Kriterium der Kochkunst. Eine feststehende
Norm für die Kochzeit läßt sich nicht aufstellen. Der Begriff „gar“
ist ein relativer und schwankt je nach der Einstellung des Beurteilenden
zwischen den Grenzzuständen „nicht gar“ und „weichgekocht“ und
wird demnach verschieden ange-
wandt. Im allgemeinen wird man
an die Bezeichnung „gargekocht“
die Anforderung stellen, daß das
Nahrungsmittel der Zerkleinerung durch Eßbestecke und Zähne
keinen großen Widerstand ent-
gegensetzt, aber trotzdem Form
behält.

Man kann auch „übergar-
kochen“; dann ändern sich die
Eigenschaften zuungunsten des
gekochten Nahrungsgutes und
der Kochflüssigkeit. Das Nah-

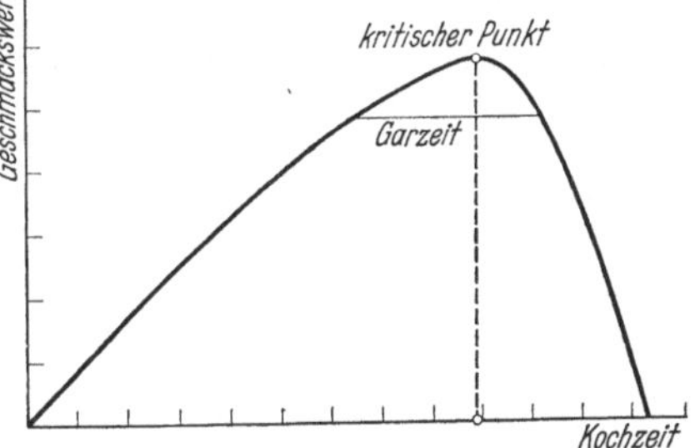

Abb. 6. Der Geschmackswert steigt während des
Ankochens und erreicht während der Garzeit sein
Maximum. Die Garzeit ist im Verhältnis zur
Kochdauer nur kurz. Der Umschlag zum Über-
garwerden (kritischer Punkt) setzt ziemlich plötz-
lich ein, und die Entwertung folgt sturzartig.

rungsmittel verliert an Ansehen und Färbung. Der festdichte Zustand
wird zu einem breiigen, der charakteristische Wohlgeruch und Wohlgeschmack vermindern sich beträchtlich. Das erklärt sich daraus,
daß die flüchtigen Stoffe mit dem Wasserdampf fortgetrieben und die
nichtflüchtigen vernichtet werden.

Mitunter treten auch durch Übergarkochen, besonders bei Kohlarten, unangenehme Geruchs- und Geschmacksstoffe auf, die auf Neubildung chemischer Stoffe schließen lassen. Die Mißfärbung der betreffenden Gemüsearten läßt den gleichen Schluß zu. Zu allem erfolgt
beim Übergarkochen noch eine Vergeudung von Brennstoff.

Ist ein Nahrungsmittel **nicht gargekocht,** dann ist es schlecht kaubar,
weil die Aufschließung der Gerüststoffe noch nicht hinreichend erfolgt
ist. Aus dem gleichen Grunde sind auch seine Geruchs- und Geschmacksstoffe nicht zur Genüge zur Entfaltung gebracht. Es handelt sich oft
nur um ganz kurze Zeit, bis ein Nahrungsmittel von einem Aggregat-
zustand in den anderen übergeführt ist. Sobald dieser Punkt erreicht
wird, stellt sich auch die optimale Geschmacksqualität ein. Daraus

ergibt sich, daß man auch beim Kochen sehr genau auf diesen kritischen Punkt achten soll.

Es gibt also mancherlei zu beachten, wenn man richtig mit Wärme wirtschaften will. Aus der Fülle der Einzelheiten, die hier nur flüchtig gestreift wurden, lassen sich aber 3 Grundsätze herausarbeiten. Rationelle Hitzeanwendung erfordert:

1. die Speisen gar, wohlschmeckend und appetitanregend zu machen,
2. Nähr- und Gesundheitswerte des Kochgutes zu erhalten,
3. trotz Billigkeit höchste Genuß- und Nutzwerte zu erzielen.

Das gilt nicht nur für das Kochen, sondern für alle Formen der Wärmeanwendung.

17. Verfahren der Hitzezubereitung und ihre Indikation.

Folgende Arten lassen sich unterscheiden:

1. Kochen im Wasser	das nasse Erhitzen	Temp. 100°	
2. u. 3. Kochen im Wasserdampf (Dünsten und Dämpfen)	die feuchte Hitze	„ 100° u. weniger	
4. Schmoren	die feuchte Überhitze	„ 100° u. mehr	
5. Braten in Fett	die fette Hitze	„ 150—200°	
6. Backen in Luft	die trockene Hitze	„ 100—300°	
7. Grillen und Rösten.			

Jedes dieser Verfahren besitzt seine Eigenheiten. Die Krankenküche macht nicht nur der Abwechslung wegen von ihnen Gebrauch, sondern meist in ganz bestimmter, durch die Krankheit ihr vorgeschriebener Absicht. Man muß deshalb das Wesen dieser verschiedenen Zubereitungsarten, ihre Vorzüge und Nachteile und dazu noch ihre Anwendungsmöglichkeit im Hinblick auf die Besonderheit jedes Nahrungsmittels genau kennen.

Beginnen wir mit der Besprechung des Kochvorganges.

I. Kochen.

Kochen ist Zubereitung in Wasser oder wässeriger Lösung. Durch Wasser gelangt die Wärme von allen Seiten gleichmäßig in das Nahrungsgut. So werden Schädigungen vermieden. Die Schnelligkeit, mit der das Wasser an die Nahrung heranlangt, hängt von ihrer Dichte, Struktur und Größe ab. Beim Kochen des Fleisches ergeben sich ungefähr folgende Verhältnisse:

Fleischstück Seitenlänge cm	Fleischstück g	Notwendige Zeit bis zur Erhitzung in Minuten
6	225	45
8	530	95
10	1050	125
11	1400	135

Durch noch so starkes Feuern läßt sich die Temperatur des Wassers nicht über 100° steigern, die Kochzeit nicht um das geringste abkürzen. Man kann dagegen durch entsprechendes Zerkleinern und durch Einweichen Verkürzungen der Garzeit erreichen. Wenn z. B. Trockengemüse mehrere Stunden vor dem Kochen *eingeweicht* wird, läßt sich ein Zeitgewinn von $^1/_2$—$^3/_4$ Stunde erzielen. Bei den Hülsenfrüchten verkürzt sich die Kochzeit sogar um 1—2 Stunden. Auch Trockenkartoffeln sollen 1—2 Stunden vor dem Kochen eingeweicht werden. Die Garzeitverkürzung macht in diesem Falle 10—15 Minuten aus.

Durch die Wärmeeinwirkung werden die Gewebe ausgedehnt. Von außen her wirken mechanische Druckkräfte zerstörend auf die oberen Schichten des Kochgutes ein. Infolge verschiedener Ausdehnungskoeffizienten entstehen Spannungen und dadurch Zerreißungen der Zellverbände. So werden die äußeren Schichten gelockert und das Vordringen der Wärme nach innen ermöglicht. Schließlich vermag das Kochwasser kittende Substanzen in den Geweben zu lösen und zu entfernen. Bei animalischen Lebensmitteln kommt es zur Quellung des Bindegewebes und zur Leimbildung und dadurch zur Lockerung. Stärkekörner quellen und sprengen von innen her die Zellwände. So können die spezifischen Geruchs- und Geschmacksstoffe sich bilden und zutage treten. Eiweiß dagegen pflegt zu schrumpfen und somit der Quellung entgegenzuwirken.

Die Verluste an Fett durch Kochen sind gering.

Vitamine, Fermente und Hormone werden mehr oder weniger geschädigt (S. 112).

Selbstverständlich treten beim Kochen auch lösliche Substanzen in das *Kochwasser* über. Mineralien, Glykogen, Aminosäuren, Nähr- und Geschmacksstoffe finden sich im Kochwasser. Fleisch verliert durch Kochen 20—40% seines ursprünglichen Gewichts. Davon entfällt die Hälfte auf Wasserverlust. Schon bei etwa 50° beginnen die Anreicherungen an den genannten Substanzen und erreichen ihren Höhepunkt, sobald das Kochgut gar zu werden beginnt. Je nachdem die Außenflüssigkeit isotonisch, hyper- oder hypotonisch ist, verhält sich die Zelle. Sie kann infolge großen Innendruckes platzen, sie kann schrumpfen oder sie bleibt in ihrer Struktur erhalten. Besonders leicht werden Gemüse beim Kochen ausgelaugt. Hartes Wasser hemmt die Diffusionsvorgänge, ebenso Kochsalzzusatz. Einlegen von Fleisch in siedendes Wasser verhindert stärkeres Auslaugen, da an der Oberfläche sofort Gerinnungsvorgänge einsetzen. In kaltem Wasser erfolgt der Übergang löslicher Substanzen leichter. Man nutzt das bekanntlich aus, um eine gute *Bouillon* zuzubereiten. Aus bindegewebigem Fleisch werden durch Kochen reichlich leimartige Substanzen herausgelöst, die sich nach dem Abkühlen als Gallerte ausscheiden. Durch den Kochvorgang also bringen wir wesentliche Veränderungen im Kochgut und im Kochwasser hervor. Wir schließen die Nahrung auf und machen sie schmackhafter und verdaulicher; wir denaturieren jedoch auf der anderen Seite Nährstoffe, schädigen Vitamine und führen Verluste herbei, die, besonders wenn das Kochwasser nicht weiter in der Küche verwertet wird, bleibende sind.

Man kocht mit Vorliebe wegen der guten Ausnutzung zellstoffharte, wasserarme Nahrungsmittel, wie Hülsenfrüchte, getrocknete Nahrungsmittel, Wurzeln und Kartoffeln, ferner leimstoff- und mineralsalzhaltige Produkte, wie Knorpel, Knochen, Häute, Eingeweide, außerdem stärkehaltige Nahrungsstoffe: Teigwaren, Mehlprodukte, sowie eiweißhaltige: Fleisch, Fisch, Eier.

Kochen als Zubereitungsart kann in der *Krankenküche* aus mancherlei Gründen vor anderen Verfahren bevorzugt werden. Man kocht z. B., um Nahrungsmitteln Extraktivstoffe zu entziehen und damit den Reiz, der von der Nahrung auf Magen und Darm ausgeht, abzuschwächen, ebenso wie man das mit Extraktivstoffen angereicherte Kochwasser als Bouillon, Gemüsesuppe u. a. benutzt, um mangelnden Appetit zu heben. Man kocht ferner, um Purinstoffe dem tierischen Eiweiß zu entziehen und es für Gichtkranke weniger gefährlich zu machen. Natürlich wird auch die Verdaulichkeit durch Kochen erleichtert, aber nicht immer. Stark geronnenes Eiweiß z. B. ist schwerer verdaulich als rohes. Hartgekochte Eier sind schwerer verträglich als weichgekochte, letztere allerdings leichter als rohe.

Kochen des Fleisches ist wirtschaftlicher als Braten und Grillen, da es geringere Fett- und Eiweißverluste im Gefolge hat. Kochen eignet sich dagegen weniger zur Herstellung salzfreier Kost. Der laffe Geschmack läßt sich durch andere Zubereitungsarten besser überwinden.

Nahrungsmittel, die auf dem Wasserbad gekocht werden, sind für den empfindlichen Magen besonders bekömmlich, da die Koagulation der Eiweißstoffe dann besonders locker ist.

II. Dämpfen.

Dämpfen stellt eine schonendere Zubereitungsart dar als Kochen, ist jedoch nur zur Herstellung kleinerer Portionen geeignet. Dämpfen nennt man, wie der Name andeutet, die Zurichtung eines Nahrungsmittels in Dampf. Strömende Dampfteilchen befördern die Wärme direkt vom Wasser zum Nahrungsmittel und geben ihre Wärme an es weiter. Dadurch kühlen sie sich ab, verdichten sich zu Wasser und fallen herab, bis das Spiel von neuem beginnt und Nahrungsmittel und Wasserdampf die gleiche Temperatur erreichen.

Zum Dämpfen gehört der „*Dämpfer*"; er besteht aus 2 Gefäßen, das untere dient der Aufnahme von wenig Wasser, das obere ist mit einem Siebboden versehen und paßt in das untere. Es darf nur so viel Wasser zugegeben werden, daß die wallend kochende Flüssigkeit den Siebboden nicht berührt.

Der Dampf erweicht die Zellstoffhüllen und führt eine Quellung der Nährstoffe herbei. Die Nahrungsmittel bleiben durch das Dämpfen konzentriert, weil die Verluste sich nur auf die lösenden Eigenschaften der geringeren Menge von Kondenswasser beschränken. Sowohl der natürliche Wassergehalt des betreffenden Nahrungsmittels als auch die zugesetzte Flüssigkeit gehen in Dampf über. Die quellfähigen Stoffe werden immer von neuem mit dem nicht durch größere Wassermengen verdünnten Saft des Nahrungsmittels imbibiert.

Will man zu dämpfende Nahrungsmittel *salzen*, so kann das natürlich nicht dadurch geschehen, daß man Kochsalz zum Wasser zusetzt. Denn Salz kann nicht in Wasserdampf übergehen.

Fett schmilzt beim Dämpfen und tropft unter das Dampfsieb, wird aber nicht vom Dampf aufgelöst. Da aber im allgemeinen keine sehr hohen Temperaturen zustande kommen, ist der Fettverlust nur gering. Fettes Fleisch oder Fisch wird man nicht in Wasserdampf gar machen.

Die *Garzeit* ist durchschnittlich länger als beim Kochen. Denn die Garung des Eiweißes, die Umwandlung des Bindegewebes in Leim, die Verkleisterung der Stärke und die Erweichung der Zellulose erfolgen viel langsamer als beim Kochen.

Ein *Nachteil des Dämpfens* ist die stärkere Schrumpfung. Der Eigengeschmack der Nährstoffe bleibt aber intensiver erhalten als beim Kochen.

Die Vitaminverluste durch das Dämpfen sind geringer als beim Kochen.

Wenn man also hauptsächlich Wert auf den Zellinhalt legt, z. B. bei der Herstellung von Brühe aus Knochen, der Zubereitung von Tee usw., kommt Dampf nicht in Betracht. Man dämpft auch kein Obst, weil die saftreichen Zellen platzen und der Saft sich entleert. Nur wenn man Obstsaft gewinnen will, kommt Dampfentsaftung in Frage (S. 167). Man dämpft auch nicht, sondern kocht, wenn man unangenehme oder giftige Stoffe entziehen will (z. B. Kohl, Lorchel).

Zum Dämpfen gut geeignet dagegen sind zellstoffeste, wasserreiche Nahrungsmittel, wie Kartoffel, Spargel, Sellerie, Blumenkohl, Rote Beete mit Schale.

In der *Krankenernährung* sind Dämpfen und Dünsten besonders dann geschätzt, wenn Wert darauf gelegt wird, den Eigengeschmack der Nahrungsmittel zu erhalten. Das ist z. B. der Fall bei kochsalzarmer Kost.

Ein unverkennbarer Vorzug ist weiter der, daß Mineralstoffe weniger ausgelaugt werden. Es sind also diese Zubereitungsarten, zumal wenn eine basenreiche Kost hergestellt werden soll, dem Kochen überlegen.

III. Dünsten.

Dünsten ist dem Dämpfen nahe verwandt. Man versteht darunter ein Garmachen durch den austretenden eigenen Saft des Nahrungsmittels bei geringster Erwärmung. Das Nahrungsmittel wird dabei mit nur sehr wenig Wasser in heißes Fett gebracht und dann in geschlossenem Topfe gar gemacht.

Auch hierbei dürfte in der Hauptsache der heiße Wasserdampf wirksam sein, denn die gedünsteten Gemüse sind an sich wasserreich. Wasser verdampft und sprengt die Zellhüllen; an anderen Stellen werden fraglos die höheren Temperaturen des erhitzten Fettes zur Geltung kommen und dadurch ähnlich wie beim Braten des Fleisches aromareiche und sekretionsfördernde Zersetzungsprodukte entstehen. Besonders dann wird das der Fall sein, wenn bei der Zubereitung Mehl oder Einbrenne verwendet wird. Der *Nährwert* des gedünsteten Gemüses ist durch den Fettgehalt entsprechend höher. Wenn Zellbestandteile in die Flüssigkeit übergehen, so ist dies kein Verlust, weil die Tunke mitgenossen wird. Daher wird nur gedünstet werden können, was sich restlos genießen läßt.

Gedünstet werden saftreiche zarte Produkte, wie Tomaten, Gurken, junge Gemüse, Obst, Fisch, Leber, gewisse Mischgerichte (Irish stew, Pichelsteiner Fleisch).

Zweckmäßig ist es, beim Dünsten von Gemüsen kleinere Mengen des Rohproduktes dem fertiggedünsteten Teil beizumischen. Der rohe Teil gleicht dann den durch das Dünsten entstandenen Verlust an Vitaminen und Aromastoffen aus.

IV. Schmoren.

Schmoren ist dem Dünsten in vieler Beziehung ähnlich. Es ist eine Verbindung von Brat- und Dünstvorgang. Der Hauptunterschied gegenüber dem Dünsten besteht darin, daß die Lebensmittel in stark erhitztem Fett zunächst angebraten werden, so daß sie sich mit einer dünnen Kruste versehen. So wird der Saftaustritt verhindert. Die zugesetzten geringen Wassermengen verwandeln sich in Dampf, der in festschließendem Topf sich überhitzt und dadurch erweichend und aufschließend wirkt. Die Quellung der Nährstoffe wird durch eine innere Dampfentwicklung herbeigeführt, dadurch werden auch zähe Fleischstücke und grobfaserige Gemüse gelockert. Die hohe Temperatur, die durch die Verwendung des Fettes erzielt wird, hält die Geschmacksstoffe besser gebunden, da Fett nicht auslaugend wirkt.

Grobfaserige Produkte, wie Wurzeln, Kohlarten, Wild, Fleisch alter Tiere, können so durch Schmoren gut der menschlichen Verdauung zugänglich gemacht werden.

Die Verluste an Küchenabfällen lassen sich damit verringern.

Schmoren als Zubereitungsart kommt für fettarme *Diät* nicht in Frage, also nicht für Gallen-, Leber- und manche Hautkrankheiten. Ebenso ist Schmoren für Magenkranke nicht geeignet.

Die folgende Tabelle gibt eine Übersicht über die geeignete Auswahl der Fleischsorten und -stücke zu den besprochenen Garverfahren.

	Rind	Kalb	Hammel	Schwein
Kochen	Hals (Kamm) Brust, Kopf, Querrippe, Hesse	Kopf (gefüllt) od. für Ragout Brust für Ragout Haxe und Füße (Gelee)	Brust für Ragout „ „ Gemüsebeilage Hals für Gemüsebeilage	Kopf, Beine für Sülze u. Eisbein, Bauch geräuch. Schinken „ Kamm gepökelte Rippchen
Dämpfen		Zunge, Hirn, Bries		
Dünsten	Vorderschwanzstück Pichelsteiner Fleisch	Schulter (Blatt) Hals, Brust (gefüllt), Nieren, Herz	Schulter (Blatt) (Irish stew)	
Schmoren	Keule, Schwanzstück, Schulter (Bug)	Keule, Rücken, Haxe	Keule, Rücken	
Braten	Roastbeef Filet oder Lende	Filet, Kotelett, Frikandeau (Schnitzel), Leber	Rippchen, Kotelette, Keule (Steak)	Filet, Kotelette, Rippchen, Kamm, Keule (Schnitzel)

V. Braten.

Beim Braten ist das Fett das Mittel zur Übertragung der Hitze.

Allerdings sind „braten" und „backen" begrifflich schwer eindeutig festzulegen. Wir „braten" z. B. Kartoffeln in der Pfanne, sprechen aber, wenn Eier in der gleichen Weise hergerichtet werden, von „backen". Wir backen ferner kleine Teigstücke, Fisch oder Kartoffeln, in Fett schwimmend, obwohl man nach obiger Definition diese Vorgänge als „braten" bezeichnen müßte.

Es gibt *verschiedene Arten* zu braten. Auf englische oder homerische Art zu braten, beruht auf dem Vorteil, dem Fleisch gleich zu Beginn durch eine schnell einwirkende Hitze einen Überzug zu geben, der die Verdünstung von Fleischsäften während der nachfolgenden Erhitzung verhindert. Gefährdete, zu stark austrocknende Stellen soll man mit kleinen Stückchen Butter belegen. Schnitte vom Fleisch der Rinder, Kälber oder Hämmel sollen nicht mit fremdartigem Fett bestrichen werden, weil das den Eigengeschmack stört. Um die Austrocknung der Oberflächen zu verhindern, pflegt man den Braten mit seinem abfließenden Saft anzufeuchten. Dadurch wird das Fleisch mit appetitreizenden Stoffen angereichert.

Wird ein Nahrungsmittel in Fettsubstanzen, wie geschmolzenem Tierfett und Öl erhitzt, so pflegt man diesen Prozeß schlechthin als braten zu bezeichnen. Beim Braten in Fett können auf Grund der geringen spezifischen Wärme der Fettsubstanz *Temperaturen* bis zu 250° erreicht werden, ohne daß das Kochgut zersetzt wird. Dadurch tritt hauptsächlich auf der Oberfläche eine schnelle Verdünstung des Wassers ein. Es bilden sich Wände, die sowohl das Eindringen des Fettes von außen als auch das Austreten der gelösten Stoffe von innen verhindern. Auf diese Art erfolgt ein inneres Kochen des Nährgutes, bei dem sich die quellfähigen Substanzen mit den Säften imbibieren. So erleiden die Nahrungsmittel beim Kochen in Fett außer Wasser keine besonderen Verluste an Nähr- und Genußstoffen.

Eine allzu starke Verkrustung des Fleisches in der Pfanne kann man verhindern, wenn man das Fleischstück in eine Pergamenttüte legt, bevor man es in siedendes Fett gibt. Den gleichen Zweck erreicht man bis zu einem gewissen Grade auch, wenn das Fleisch mit einer Schicht von Eigelb zusammengehalten oder von Semmelbröckel, d. h. einer *Panade*, umgeben wird. Allerdings wird die Panade stark mit Fett durchsetzt; es entstehen zudem aus dem Kohlehydrat der Semmel Röstprodukte, die zwar wohlschmeckend und appetitanregend, aber auch schwerer verdaulich sind.

Die günstigste Temperatur beim Braten liegt bei 185—200°. Der Siedepunkt des Fettes ist nicht immer gleich. Das tiefe *Fettbad* gibt die gleichmäßigste Temperatur, die Hitze des Fettes wird durch die Temperatur des Backgutes immer wieder herabgesetzt. Wird die Temperatur zu niedrig, so nimmt das Nahrungsmittel zuviel Fett auf, wodurch Verdaulichkeit und Geschmack beeinträchtigt werden. Je mehr eine Speise von Fett durchdrungen ist, um so schwerer ist sie verdaulich. Fett zum Essen ist besser als Fett im Essen.

Durch zu hohe Temperaturen verkohlt das Fett. Es entwickeln sich brenzlige Produkte, kenntlich am blauen Dampf und stechenden Geruch. Das ist ein Zeichen dafür, daß Zersetzungen eingetreten sind, die die Magenschleimhaut reizen können.

Neben Butter und Margarine lassen sämtliche Fette bei über 200° solche Zersetzungsvorgänge eintreten.

Die innere Temperatur des Bratgutes liegt nicht sehr hoch. 60° verleihen dem Fleisch eine rosarote Farbe, bei 70° schwindet diese Farbe durch *Zerlegung des Blutfarbstoffes*, bei 80° geht das Innere in eine graue Farbe über. Der Braten darf nicht zu lange im Ofen bleiben, da sein Eiweiß sonst völlig gerinnt und die Verdaulichkeit leidet.

Immer muß das Bratgut trocken sein. Sind die Nahrungsmittel feucht, so wandeln sich Wasser und Zellsaft an der Außenseite in Dampf um, der das Backgut vom heißen Fett trennt und eine Krustenbildung verhindert.

Wichtig ist ferner, den Braten im richtigen Augenblick abzunehmen. Man darf nicht warten, bis er zu sinken und einzutrocknen beginnt. Eine Regel für den *richtigen Zeitpunkt* anzugeben, ist nicht möglich, da von der Größe, Art und dem Grad der Reifung des Fleisches alles abhängt.

Gebraten werden zarte Fleischstücke, junges Geflügel, Wild, flüssige Teige, Eier, Kartoffeln. „In Fett ausgebacken" werden Teige, panierte Fleischstücke und panierter Fisch. Braten regt den Appetit an. Man gibt also gebratene Nahrungsmittel gern, wenn bei Magersucht Gewichtszunahme erzielt werden soll, aber natürlich nicht bei Entfettungskuren.

Gebratenes wird meist von Magengeschwürskranken nicht vertragen und ist seines erhöhten Fettgehaltes wegen kontraindiziert bei Gallen- und Leberkranken.

VI. Backen.

Backen ist die Zubereitung durch eingeschlossene, erhitzte Luft. Die Nahrungsmittel werden dabei Temperaturen meist bis 175° ausgesetzt. Auch durch Strahlung vom Backofen aus wird die Wärme übertragen. Durch das Backen findet eine stärkere Austrocknung statt als beim Braten. Man wendet daher das Backverfahren hauptsächlich an bei Mischungen, die einen höheren Feuchtigkeitsgehalt besitzen, wie z. B. Kuchenteigen, aber auch wasserreiche Gemüse und Obst, die mit einer festen, undurchlässigen Haut überzogen sind, wie Kartoffeln und rote Rüben, können gebacken werden.

Gebackene Nahrungsmittel gleichen in ihren Eigenschaften den gebratenen, nur ist der Wassergehalt geringer und der Fettgehalt höher.

Damit ein feinporiges und von den Verdauungssäften gut angreifbares Gebäck entsteht, muß der Teig erst gelockert werden. Alle Lockerungsmittel beruhen auf dem Prinzip, einen Auftrieb der Teigmasse durch Gase zu erreichen. Dieser kann teils biologisch, d. h. durch Bakterien und Hefen, teils auf chemischem Wege, wie bei den Backpulvern, teils physikalisch, wie durch Verdünsten von Wasser und Alkohol, erzeugt werden.

Die älteste Art der Lockerung ist wohl die durch **Sauerteig.** Im Sauerteig sind neben verschiedenen Hefen und Bakterien hauptsächlich Milchsäurebazillen enthalten. Sauerteig findet nur Verwendung in Brotbäckereien, hauptsächlich beim Roggenbrot. So bereitetes Brot schmeckt angenehm säuerlich. Die Anwendung des Verfahrens erfordert aber Übung.

Backhefe wird heute im großen gezüchtet. Sie ist bei der Herstellung von Weizengebäck, Weißbrot, Brötchen und Kuchen sehr geschätzt.

Während ein mit Sauerteig angesetzter Teig etwa 15 Stunden beansprucht, dauert die Zubereitung mit Hefe nur etwa 3 Stunden. Die Hefeanwendung ist außerdem leichter zu handhaben. Bei der Gärung der Kohlehydrate durch Hefe entsteht Alkohol und Kohlensäure, die den Teig treiben. Vorbedingung ist eine geeignete Temperatur; das Mehl soll etwa 25° warm sein, der Teig darf 35° nicht übersteigen, sonst wird das Hefewachstum gehemmt. Durch zu große Konzentrationen von Kohlensäure und Alkohol geht die Hefe zugrunde. Deshalb muß der Teig nach der Angärung kräftig durchgeknetet werden. Dadurch wird die Kohlensäure ausgetrieben und frischer Sauerstoff zugeführt. Zur Gärung der Hefe wird ein gewisser Teil des Nahrungsmittels verbraucht; man muß mit etwa 2% Gärverlust rechnen. Das ist im großen gesehen recht viel.

Hefe ist nicht anwendbar, wenn dem Teig Stoffe zugesetzt sind, die die Triebkraft vermindern. Dazu gehören hohe Zucker- und Fettkonzentrationen und getrocknete Früchte.

Für diese Fälle sind **Backpulver** besser geeignet. Backpulver verbrauchen zwar nicht wie die Hefe Nährmittel, aber es sind chemische Substanzen, die, wenn auch verändert, dennoch im Gebäck zurückbleiben und nicht für jedermann gleich gut verträglich sind. Im allgemeinen beruhen sie auf dem Prinzip, daß ein kohlensaures Salz, meist Natriumbikarbonat, mit einem anderen sauren Bestandteil zusammenwirkt und so auf chemischem Wege Kohlensäure erzeugt wird. Andere Backpulver, z. B. Hirschhornsalz, zerfallen beim Erhitzen in Kohlensäure und Ammoniak, die als Gase beide das Gebäck lockern. Noch eine 3. Substanz enthält das Backpulver. Es ist dies ein Mittel, das die beiden vorher genannten trennt. Meist handelt es sich dabei um einen indifferenten Stoff (gefälltes Kalziumkarbonat oder Stärke), der die Aufgabe hat zu verhindern, daß die beiden wirksamen Komponenten bereits in trockenem Zustande in Reaktion treten. Wenn Backpulver aber feucht gelagert werden, so tritt das trotzdem ein; sie verlieren ihren Trieb. Lange Lagerung wirkt in gleichem Sinne. Es ist deshalb unzweckmäßig, sich einen größeren Vorrat von Backpulver anzulegen.

Die bereits in der Kälte einsetzende Gasentwicklung wird als Vortrieb, die beim Hitzen erfolgende als Nachtrieb bezeichnet. Beide zusammen stellen den Gesamttrieb dar. Vor- und Nachtrieb müssen im richtigen Verhältnis zueinander stehen, sonst fällt das Gebäck bereits zusammen, ehe es in den Ofen kommt, oder es zerreißen bei starkem Nachtrieb die Porenwände. In dieser Hinsicht existieren offensichtliche Unterschiede zwischen den einzelnen Backpulverarten.

Die wichtigsten Backpulver sind folgende:

1. *Natriumbikarbonat*, auch Natron oder doppeltkohlensaures Natron genannt.

Prinzip: Das im Natriumbikarbonat enthaltene Kohlendioxyd wird durch Hitze ausgetrieben, dabei entsteht Soda und Wasser.

Beurteilung: Natron beeinflußt den Geschmack nachteilig und findet daher nur bei stark gewürztem Gebäck Anwendung, ferner beeinträchtigt Soda nachteilig die Farbe. Es verursacht Dunkelfärbung.

2. *Natron und Weinsteinsäure.*

Prinzip: Kohlendioxyd wird ausgetrieben.

Beurteilung: Der Rückstand, Seignette-Salz, beeinflußt weder Geschmack noch Aussehen.

3. *Hirschhornsalz* (Ammoniumkarbonat oder kohlensaures Ammonium) ist flüchtig, muß also luftdicht aufbewahrt werden.

Prinzip: Das Salz wird gespalten in Kohlensäure, Wasser und Ammoniak.

Beurteilung: Aus dem noch warmen Gebäck steigt der widerliche Ammoniakgeruch auf. Beim Erkalten verflüchtet sich der Geruch in dünnem Gebäck bald, in dickerem bleibt er bestehen.

4. *Pottasche* (kohlensaures Kalium) ist hygroskopisch, muß also trocken aufbewahrt werden.

Prinzip: Durch Säure wird die Kohlensäure ausgetrieben. Pottasche findet Verwendung zur Lockerung von Honiggebäck, da hier die Ameisensäure des Honigs wirksam wird.

Beurteilung: Das sich bildende Kaliumformeat beeinflußt den Geschmack nicht.

Besondere Bedeutung in der Ernährung hat das Brot. Die beim **Brotbacken** sich abspielenden Vorgänge sind etwa folgende: Das Klebereiweiß des Mehles quillt zunächst beim Einteigen, bei 62° gerinnt der Kleber und gibt das aufgenommene Wasser wieder ab. Die Stärke des Mehles geht bei der gleichen Temperatur in den Quellzustand über, sie verkleistert und bindet damit das vom Kleber abgegebene Wasser. Die infolge der Gärung entstehenden Gase suchen aus dem Teige zu entweichen. Da der Kleber sie aber daran hindert, blähen sie den Teig auf und erzeugen auf diese Weise die Form der Krume. Infolge der Hitzeeinwirkung auf die Außenseite des Brotes — der Backofen hat meist eine Temperatur von 235° — bildet sich eine dünne oberflächliche Kruste, die einen Abschluß nach außen zur Folge hat. Durch Einblasen von Wasserdampf wird die Kruste, die anfänglich noch elastisch und für Gase und Dampf durchgängig sein muß, weich gehalten. Erst später wird sie fester. Bei 180° verwandelt sich die Stärke in Dextrin und gibt allmählich der Kruste eine dunkle Farbe.

In Norddeutschland wird das Roggenbrot vielfach „gegerstelt", d. h. bei halber Gare für 1—1$^1/_2$ Minuten Temperaturen von 400—500° ausgesetzt. Durch diese Maßnahme soll ein besseres Aroma und eine festere Kruste erzielt werden.

Gutes Brot besitzt eine derbe und dicke, aber wasserundurchlässige Kruste und eine trockene, nicht klebrige Krume. Das beste Brot wird bei langer Backzeit und niedriger Temperatur erhalten. Frisches Brot soll 35—40% Wasser besitzen. Bei der Aufbewahrung nimmt der Wassergehalt täglich etwa um 1% ab, bis bei etwa 15% eine Gleichgewichtseinstellung zur Luftfeuchtigkeit eintritt. Die Abnahme des Wassergehaltes bezeichnet man als „Altbackenwerden". Dieser Vorgang beruht auf chemisch-physikalischen Veränderungen. Der ursprünglich leimartige Zusammenhang der Teilchen macht dabei einer mehr bröckeligen Beschaffenheit Platz. Gerade das ist für die Verdaulichkeit ein erheblicher Vorteil. Frisches Brot klumpt, es setzt der Befeuchtung mit dem Speichel und den übrigen Verdauungssäften beträchtliche Schwierigkeiten entgegen. Altbackenes Brot dagegen besitzt eine erheblich größere Zerteilbarkeit seiner Masse, es läßt die Verdauungssäfte leicht eindringen und ist daher leichter verdaulich.

Neben den ortsüblichen Brotsorten unterscheidet man folgende **Spezialbrote:**

Klopferbrot: Getreide wird in einer Schleudermühle zerkleinert, wodurch die Kleie besonders fein verteilt wird und die Zellwände eröffnet werden.

Beim *Finklerbrot* wird zuerst die Kleie vom Mehl getrennt und, nachdem sie nochmals zermahlen ist, dem Mehl wieder zugesetzt.

Zur Bereitung des *Schlüterbrotes* trennt man Kleie und Mehl, rührt die Kleie mit Wasser an, erhitzt sie im Autoklaven, trocknet und mahlt sie und fügt dann sie dem Mehl wieder zu.

Beim *Steinmetzbrot* werden die äußeren Bestandteile entfernt, das Getreide wird in Wasser gequollen und zermahlen.

Pumpernickel ist ein Brot, das früher bis zu 1 Zentner Gewicht gebacken wurde. Dieses Brot bleibt unter Gegenwart von Wasserdampf 24 Stunden im Ofen. Deshalb sind die Vorgänge, die bei seiner Herstellung ablaufen, etwas anders als beim gewöhnlichen Brot. Es entsteht mehr Zucker (dem Teig wird außerdem Syrup zugesetzt). Unter Karamelbildung bräunt sich die Krume, und das Brot erhält ein dunkles Aussehen. Außerdem wird der Geschmack würziger. Es ist üblich, das fertige Brot in Scheiben zu schneiden, in Pergamentpapier zu wickeln und in Dosen zur Erhöhung der Haltbarkeit nochmals zu erhitzen.

Kommißbrot besteht aus 80% Roggenmehl, enthält einerseits mehr Vitamine und Mineralien, aber nicht den hohen Gehalt an Ballaststoffen wie das *Vollkornbrot*. Für die Güte ist eine hinreichende Ablagerung des Mehles entscheidend.

Grahambrot ist Weizenschrotbrot, das seinen Namen nach dem amerikanischen Arzt GRAHAM führt. Vegetarier bevorzugen das Brot mit natürlicher Lockerung. Viele Bäcker arbeiten jedoch mit Hefegärung, die sicherer ist.

Knäckebrot ist ein nach schwedischem Vorbild hergestelltes Vollkornflachbrot. Es wird aus Roggenschrot mittels Hefegärung gewonnen. Auf Grund seiner Wasserarmut nimmt es den Magensaft gut auf, zerfällt leicht und wird daher auch vom empfindlichen Magen gut vertragen.

VII. Grillen und Rösten.

Grillen und Rösten sind Zubereitungsarten, bei denen Fett und Luft in Anwendung gelangen. Ihr Vorzug beruht auf einer Bildung besonders reichlicher Geschmacksstoffe.

18. Nutzen der Hitzeanwendung.

Der Gebrauch des Feuers zur Nahrungsmittelzubereitung ist uralt, wenn auch nicht bei allen Völkern der Erde gleich lange bekannt. Im Laufe der Zeit haben sich bei allen Kulturvölkern bestimmte Ernährungsregeln und Ernährungssitten herausgebildet, ohne daß man sich Rechenschaft über Sinn und Zweck dieser Maßnahmen zu geben für nötig hielt. So ist denn die Hitzezubereitung zu einer Selbstverständlichkeit geworden. In letzter Zeit wurde man bedenklicher. Wir sind auf Grund neuerer Forschungsergebnisse nicht mehr wie früher von der ausschließlich günstigen Wirkung hoher Temperaturen auf unser Nahrungsgut überzeugt. Um aber richtig und mit Kritik zu urteilen, ist es notwendig, sich die Vor- und Nachteile der Hitzezubereitung klarzumachen. Zunächst soll vornehmlich von den günstigen Wirkungen der Hitze die Rede sein. Später wird dann noch auf die Schäden, die Hitze am Nahrungsgut hervorrufen kann, eingegangen werden.
Dreierlei wollen wir durch die Wärme erreichen. Wir wenden Hitze an:

1. um unsere Nahrung aufzuschließen und verdaulicher zu machen,
2. um sie schmackhafter zu machen,
3. um Schädlinge an und auf den Nahrungsmitteln abzutöten und zu entfernen.

I. Einwirkung der Hitze auf die Aufschließung und die Verdaulichkeit.
a) Die Zellulose. Hitze dient in erster Linie zur Aufschließung der Pflanzenzellen. Bekanntlich sind diese im Gegensatz zu den tierischen Zellen, die ein dichtes Protoplasmaklümpchen darstellen, im ausgewachsenen Zustand mit einer festen Zellulosemembran umgeben, die den Zellinhalt einschließt und die Einwirkung äußerer Faktoren abwehrt. Diese wertvollen Zellinhaltsstoffe wären für unsere Verdauungssäfte nahezu unbrauchbar, wenn nicht zuvor durch mechanische und chemische Einwirkungen die Zellwand gesprengt würde. Wo Natur und Beschaffenheit der betreffenden Rohstoffe die Anwendung moderner mechanischer

Zerkleinerungs- und Aufschließungsapparate nicht gestatten, wird diese Arbeit im wesentlichen durch den Einfluß hoher Temperaturen erreicht werden müssen. Durch ihre mechanisch wirkenden und auflösenden Kräfte werden die Zellgewebe in ihrem inneren Gefüge gelockert und auseinandergesprengt. Gleichzeitig quellen die Zellinhaltsstoffe und drängen von innen her die Zellwände auseinander. Durch Hitze so veränderte Zellulose ist leichter verdaulich. Versuche mit gekochten pflanzlichen Nahrungsmitteln ergaben daher immer eine bessere Ausnutzbarkeit. Das gilt auch für Konserven.

Bei *Pflanzenfressern* aus dem Tierreich ist die Zelluloseverwertung viel besser als beim Menschen. Sie verfügen über bestimmte Vorrichtungen zur Zellulosespaltung, die der Mensch nicht besitzt. Im Pansen der Wiederkäuer wird durch Bakterien und Infusorien die Zellulose gespalten und im Pferdedarm durch ein im Blinddarm gebildetes Ferment aufgeschlossen. Der Darm des Pflanzenfressers ist zudem länger als der des *Fleischfressers*, und zwar etwa 24 mal so lang wie Kopf und Rumpf, während der Raubtierdarm nur 4 mal so lang ist. Der Darm des Menschen, der von gemischter Kost lebt, ist etwa 9 mal so lang. Auch beim *Menschen* können Quellungen und Aufschließungen der Zellulose bis zu einem gewissen Grade von den Verdauungssäften selbst besorgt werden, andernfalls wäre ja eine pflanzliche Rohkostnahrung eine Angelegenheit von sehr zweifelhaftem Wert. Verdauungsversuche machen es wahrscheinlich, daß Fermente auch in uneröffnete Zellen eindringen und daraus die Nährstoffe herauslösen, ohne daß die Zellulosehüllen zertrümmert zu werden brauchen. In gewissem Umfang also ist Zellulose auch ohne Hitzezubereitung verdaulich.

Hitze fördert ferner die Verdaulichkeit

b) der Stärke. Rohe Stärke ist nur schwer und langsam verdaulich, gequollene und gekleisterte um so leichter. Durch Wasseraufnahme nimmt das Volumen der Stärke bis auf das 125-fache zu. Durch diese Verkleisterung wird die Oberfläche der Stärke gewaltig vergrößert und der Angriff der Fermente entsprechend erleichtert. 100 g Stärke brauchen durchschnittlich etwa 40 g Wasser zur Verkleisterung. Kaltes Wasser jedoch ist nicht imstande, diese Wasserbindung hervorzurufen. Dazu bedarf es der Hitze. Das Temperaturoptimum schwankt bei den einzelnen Stärkearten. Kartoffelstärke benötigt eine Temperatur von 65° C, Weizenstärke, Reisstärke und Trockenstärke eine solche von 80°.

Ebenso schwankt das Wasserbindungsvermögen. Die größte Wassermenge vermag Kartoffelstärke zu binden. Dann folgen Arrowrot, Weizenstärke und Mondamin. Weizenstärke quillt stärker als Weizenmehl.

Neben der Hitze haben Salze, Säuren und Basen Einfluß auf die Quellung und Verkleisterung. Erdalkalien und hartes Wasser hemmen,

Kohlensäure und Milchsäure steigern sie und heben damit zugleich die Backfähigkeit der Mehle.

Geröstete Stärke quillt nicht mehr. *Überhitzte Stärke* oder solche, die in große Mengen Wasser gebracht oder zu stark gerührt wird, zerfällt (in Amylose und Amylopektin). Damit büßt die Stärke ihre Quellfähigkeit ein. In kochendem Wasser erfolgt die Verkleisterung nur an den Außenschichten. Die noch im Innern harten Körner ballen sich zu festen Klumpen. Deshalb muß Stärke, ehe sie der Hitze ausgesetzt wird, in kalter Flüssigkeit mechanisch gut verteilt werden. Manche stärkehaltigen Vegetabilien quellen stark im Verdauungskanal. Die Brotkruste erreicht nach 40 Minuten ein 3faches Gewicht, und ihr Volumen nimmt um etwa 25% zu. Stark quillt ferner Knäckebrot. Es saugt sich mit den Verdauungssäften voll und ist deshalb besonders leicht verdaulich. Auch Weißbrot quillt rasch, Graubrot dagegen kaum. Seine Gewichtszunahme in Wasser beruht nur auf Adsorption. Die geringste Quellfähigkeit hat Pumpernickel. Grieß quillt nach etwa 30 Minuten auf über 50% seines Anfangsgewichtes. Gekochter Reis wechselt in der Quellung je nach dem Grade des Garseins.

Rohe Stärke (und rohes Eiweiß), zur Teigbereitung verwandt, bindet, gekochte Stärke (und Eiweiß) lockert. Von alter Stärkegallerte scheidet sich von selbst wieder Wasser ab, wie man das an Puddings z. B. beobachten kann. Auch

c) Pektine quellen unter der Einwirkung der Hitze. Wegen dieses Wasserbindungsvermögens sind Pektine in der Nahrungsmittelzubereitung sehr geschätzt. Pektine finden sich neben Zellulose und Hemizellulose im Zellgerüst der Pflanzen. In großer Menge sind sie besonders in fleischigen Früchten und Wurzeln enthalten, aber auch in Blättern und grünen Stengeln, nicht dagegen in der Holzsubstanz. Pektinreich sind besonders die Schalen und Kerngehäuse des Obstes. Johannisbeeren, Äpfel, Zitronen und Orangen haben einen besonders hohen Pektingehalt, unreife Früchte mehr als reife.

Pektine werden auch fabrikmäßig aus Obstabfällen gewonnen und zur Herstellung von Gelee, Marmelade, Fruchtsäften und dergl. verwandt. Mit diesen Zusätzen lassen sich auch pektinarme Früchte gelatinieren. Bei der **Geleebereitung** dürfen also Schalen und Kerngehäuse nicht entfernt werden. Unreifes Obst muß zum mindesten als Zusatz gebraucht werden. Zuckerbeigabe fördert die Gelierung, muß jedoch portionsweise erfolgen. Intensive Hitzeanwendung ist meist unentbehrlich. Zu langes Kochen setzt jedoch die Gelierfähigkeit herab und beseitigt die Aromastoffe.

Johannisbeeren lassen sich nach einem neueren Verfahren auch „*kalt*" *gelieren:*

Nicht zu reife, nach dem Waschen gut abgetropfte Beeren gibt man in einen trockenen Kessel und erwärmt sie auf ungefähr 60—70°. Die erwärmten Trauben schüttet man in ein Tuch, in den noch warmen Saft wird sofort Zucker gerührt, und zwar auf 1 Kilo Saft 1 Kilo Zucker. Die Masse wird ausgefüllt.

Am zweckmäßigsten ist natürlich, bei der Geleebereitung immer die eben notwendigen *Hitzegrade* anzuwenden. Je länger die Einwirkung der Hitze dauert, um so mehr Vitamine werden zerstört. Man soll daher keine allzu großen Mengen auf einmal zubereiten. Am zweckmäßigsten ist, jeweils etwa 8 Pfund zu nehmen. Diese benötigen im Durchschnitt etwa 8—10 Minuten bis zum Steifwerden. Größere Mengen brauchen entsprechend längere Kochzeit. Demgemäß größer ist auch die Einbuße an Vitaminen und Aromastoffen. Während des Kochens muß der Saft gerührt werden. Längeres Rühren nach einer Seite läßt bei manchen Obstsorten den Saft auch ohne Kochen steif werden. Dieses Verfahren wird mitunter fabrikmäßig ausgenutzt und besitzt natürlich bemerkenswerte Vorzüge.

Auf Quellung der Pektinstoffe beruht ferner die Tatsache, daß manches Obst platzt, wenn es gekocht wird. Im Darmkanal dagegen kann **gekochtes Obst** nicht mehr quellen. Wasser, das auf gekochtes Obst getrunken wird, ist also höchstens gefährlich, weil es die Darmbewegungen anregt und Durchfall bewirkt. Anders ist das, wenn Wasser auf rohes Obst, z. B. Kirschen oder Weintrauben, getrunken wird. Durch Quellung der Pektinstoffe werden dann die Därme aufgetrieben, das Zwerchfell gehoben und ein starker Druck auf Herz und Atmungsorgane ausgeübt. Das kann gefährlich werden. Durch saure Milch oder Bier werden diese Vorgänge noch verstärkt. Denn Säuren steigern die Quellungsvorgänge.

Auch Pektine altern. Es kommt dabei zu einer Aufspaltung dieser Substanzen. Dasselbe tritt ein, wenn Früchte beim Lagern reifen; dieses Weich- und Mehligwerden beruht wahrscheinlich auf demselben Alterungsvorgang. Auch

d) die Eiweißkörper haben als Kolloide die Eigenschaft zu quellen und zu entquellen. Das gilt besonders für die Skelettmuskeln. Die Quellfähigkeit des Fleisches ist unmittelbar nach dem Schlachten in noch lebenswarmem Zustand am größten und erreicht etwa 25 Stunden nach dem Absterben ihr Maximum. Diese Tatsache machen sich Hersteller von Brühwürstchen zunutze. Sie verarbeiten gern Fleisch junger Tiere noch warm und unter starkem Wasserzusatz. Die so hervorgerufene Wasserbindung des Fleisches dient mehr der Mehrung des Gewichts als der Erhöhung der Verdaulichkeit. Nicht abgelagertes, frisch geschlachtetes Fleisch dagegen ist zäh, fade und widerlich süß. Aus dem Glykogen der Muskeln bildet sich Milchsäure, die die Eiweißstoffe zum Gerinnen und zum Schrumpfen bringt. Es tritt infolgedessen ein Zustand ein, der als *Totenstarre* bekannt ist. Nach Ansicht anderer Autoren beruht diese Muskelstarre nicht auf der Bildung von Milchsäure, sondern auf einer Verschiebung aktiver Ionen, wie des Kalziums und des Magnesiums. Muß noch nicht ausgereiftes Fleisch zum Genuß verarbeitet werden, so ist eine Lockerung des Bindegewebes durch Klopfen, Einlegen in Essig oder Milch oder Einlegen in heißes Wasser zu erreichen. Unter normalen Umständen muß Fleisch erst genügend lange abhängen, damit es verwendungsfähig ist. Denn erst, wenn die Totenstarre sich unter dem Einfluß der Milchsäure und Fermente wieder löst, wird das Fleisch mürbe und angenehm schmeckend.

Die Quellungs- und Entquellungsfähigkeit des Fleisches ist außer den genannten Faktoren noch abhängig von der Art des Tieres und der Fütterung, seinem Alter und der Temperatur seines Aufbewahrungsortes. Das Fleisch junger, gut genährter Rassen ist saftreich und zart, während alte, unterernährte Tiere oder minderwertige Rassen trockenes und oft zähes Fleisch aufweisen.

Die Quellfähigkeit des Fleisches kann ferner noch durch Kochsalz gefördert werden. Durch Einspritzen dieses Salzes in den Muskel läßt sich die Quellfähigkeit um 27, in der Haut um 17 und in den inneren Organen um 2% steigern.

Das *Muskeleiweiß* selbst quillt nicht unter der Hitzeeinwirkung, sondern gerinnt und wird somit schwerer verdaulich. Wenn von rohem Fleisch 100% verdaut werden, so beträgt das Verhältnis bei gekochtem unter sonst gleichen Bedingungen 85%. Schnelles Ankochen steigert noch die Schrumpfungsvorgänge.

Auch das Eiweiß der Milch wird durch Hitze schwerer verdaulich. Das mag für den Magen des Erwachsenen ohne Bedeutung sein, aber nicht für den empfindlichen des Säuglings. Die Gerinnungstemperatur der *Milch-Eiweißstoffe* liegt bei etwa 60°, weshalb denn auch, selbst bei vorsichtigem Pasteurisieren, ein Unlöslichwerden kaum zu vermeiden ist.

e) **Das Bindegewebe.** Das Bindegewebe des Fleisches hingegen löst sich unter der Hitzeeinwirkung und wird zu Leim. Das Fleisch wird somit gelockert und leichter verdaulich. Die durch Hitzeeinwirkung sich bildenden *Leimsubstanzen* besitzen ihrer chemischen Zusammensetzung nach Ähnlichkeit mit dem Eiweiß, sind aber nicht mit Eiweiß identisch. Leim ist imstande, bei verminderter Eiweißzufuhr den Eiweißbedarf des Organismus im Gleichgewicht zu halten, vermag also als Eiweißsparer zu wirken, ein Umstand, der bei den hohen Fleischpreisen von nicht geringer Bedeutung ist. Leimsubstanzen finden in der Küche vielfach Verwendung zur Bereitung von Sülzen, Gelees, Eiskrem, Pudding u. dgl., zur Erzielung der gewünschten gallertartigen Beschaffenheit dieser Gerichte.

Die **Gelatine** repräsentiert die reinste Form des Leims. Sie wird gewonnen durch Kochen von Knorpel, Knochen und Bindegewebssubstanzen und auch fabrikmäßig hergestellt. Die käufliche Gelatine muß geruch- und geschmacklos sein und darf nur in dichten Schichten einen gelblichen Farbton besitzen. Vielfach wird schweflige Säure zur Bleichung verwandt. Auch Arsen ist in geringen Spuren nachgewiesen worden; aus diesen Gründen muß man darauf bedacht sein, nur beste Sorten von Gelatine zu verwenden.

Außer der Gelatine wird in der Küche als Verdickungs- und Geliermittel auch *Hausenblase* benutzt. Das ist die aus der Schwimmblase gewisser Fischgattungen gewonnene Leimsubstanz. Hausenblase steht hoch im Preis, kommt aber trotzdem infolge ihrer stärkeren Gelierfähigkeit nicht erheblich teurer als Gelatine, der sie in Hinsicht auf Geschmack zumeist überlegen ist.

Ein Ersatzstoff dieser relativ teuren Substanzen ist *Fischleim*, der aus ganzen Fischen bzw. aus der mit Wasser, Bleichkalk und schwefliger Säure gereinigten Fischmasse hergestellt wird. Das schon spricht für seine Minderwertigkeit.

Ein weiteres Ersatzmittel für Gelatine wird unter der Bezeichnung „*französische Hausenblase*" in den Verkehr gebracht. Es ist dies ein aus Schlachttierblut erzeugtes Präparat, das ebenfalls vielseitigen chemischen Einwirkungen unterworfen werden muß.

Schließlich wäre noch ein pflanzliches Geliermittel zu erwähnen: *Agar-Agar*, ein Produkt aus Meeresalgen. Im Gegensatz zu den tierischen Geliermitteln ist Agar-Agar stickstofffrei, also nicht eiweißähnlich und steht in seiner chemischen Zusammensetzung den Pektinstoffen nahe. Mit 1 g Agar-Agar können ungefähr 200—300 ccm Zuckerlösung als Gallerte zum Erstarren gebracht werden, eine Wirkung, zu der die 6—8fache Menge Gelatine erforderlich wäre.

II. Bildung von Geruchs- und Geschmacksstoffen.

Durch Hitzeanwendung werden Geruchs- und Geschmacksstoffe gebildet, die vielfach in der Ernährung hochgeschätzt sind. Der Preis der meisten Nahrungsmittel wird nach dem Geschmacks- bzw. dem Genußwert beurteilt. So werden die gleichen Mengen Eiweiß, wenn es sich um Reh- oder Entenfleisch handelt, höher bezahlt als bei Rindfleisch. Dasselbe gilt auch für alle sog. Leckerbissen. Daraus geht hervor, daß dem Geschmacks- und Genußwert eines Nahrungsmittels fast die gleiche Bedeutung zugemessen werden muß wie dem Nährwert.

Die *chemischen Stoffe*, die Träger dieser Geschmacksstoffe sind, gehören den verschiedensten Stoffgruppen an. In dieser Beziehung ist also ihre Natur und chemische Zusammensetzung vollkommen irrelevant, und über ihre Zugehörigkeit zu den Geschmacksstoffen entscheidet nur die Fähigkeit, auf die Nerven der Verdauungsdrüsen direkt oder indirekt einzuwirken.

Die Geruchs- und Geschmacksstoffe sind ausgesprochene Saftlocker und dienen der Anregung des Appetits. Kaum wie bei einer anderen Speise wird gerade beim *Fleisch* dieser Geschmacksstoff sinnfällig. Schon um 70°, wenn also die blutigrote Farbe des Fleisches in das Kochgrau übergeht, entstehen jene Stoffe, durch welche das gekochte Gericht uns zusagend und bekömmlich wird. Diese Extraktstoffe gehen beim Kochen auch in die *Bouillon* über. Sie bestehen aus stickstoffhaltigen und stickstoffreien Substanzen. Die stickstoffhaltigen sind: Kreatin, Purinkörper und Karnosin. Diese entfalten eine „anregende Wirkung" auf das Nervensystem. Die stickstoffreien sind die eigentlichen Geschmacksstoffe. Jedoch erst bei höheren Temperaturen als beim Kochen kommt die Fähigkeit einer qualitativ wie quantitativ vermehrten Bildung von Geruchs- und Geschmacksstoffen durch Zersetzung verschiedener Inhaltsstoffe und Bestandteile unserer Nahrungs- und Genußmittel zur Geltung. Solche Hitzegrade werden bei der Zubereitung durch Rösten, Braten, Backen erreicht. Die hierbei hauptsächlich aus Eiweißstoffen, ferner aus Kohlehydraten, sowie aus den sog. Extraktstoffen entstehenden verschiedenartigen Zersetzungs- bzw. Röstprodukte wirken einerseits als Geruchsreize und andererseits als stärkste Erreger des Wohlgeschmacks und der Saftsekretion unserer Verdauungsdrüsen. Wenn aber die Temperaturen höhere Grade erreichen als die im vorgehenden Kapitel erwähnten, verfallen die Röst- und Geschmacksstoffe unerwünschten Veränderungen. Die Nahrung schmeckt dann angebrannt und widerlich bitter.

Auch beim **Brote** können wir die gleichen Auswirkungen der Hitze beobachten. Bei 130—150° bildet sich die Kruste, die wohlschmeckende Substanzen enthält. In der Krume dagegen, die in der Regel nur eine Temperatur von 97—99° C erreicht, können die Substanzen sich in diesem Ausmaße nicht entwickeln. Zu starke Hitze des Backofens läßt auch beim Brot unangenehm riechende und widerlich schmeckende Substanzen entstehen. Man spricht vom Röstbitter bzw. Assamar.

Auch in vielen **Genußmitteln** entstehen die Geschmacksstoffe auf Grund der Einwirkung hoher Temperaturen. So entwickeln sich bei der Erhitzung von Kaffee, die in Trommeln bei 200—250° erfolgt, die bekannten Geschmacksstoffe. Die Güte des Geschmacks hängt allerdings nicht nur von der Erhitzung selbst, sondern auch von der Art der Hitzeeinwirkung und vor allen Dingen von dem raschen Abkühlen ab. Koffein ist kein Geschmacksstoff. Koffeinfreier Kaffee kann ebenso schmackhaft sein wie koffeinhaltiger.

Ihrer Geschmacksstoffe wegen sind auch **Fleischpräparate** hochgeschätzt. Das bekannteste ist Liebigs Fleischextrakt. Seine wertbedingenden Bestandteile bilden die sog. Fleischbasen (Kreatin, Kreatinin, Sarkin, Xanthin u. a.) und im Muskelsaft vorhandene stickstoffhaltige Substanzen, welche durch ihre eigenartige Reizwirkung charakterisiert sind. Ein vollwertiges Präparat enthält 55—60% Extraktbestandteile und 20—22% Salz sowie 18—20% Wasser. Fleischextrakte sind leicht ihres hohen Preises wegen Fälschungen ausgesetzt. Häufig werden Leimsubstanzen und verflüssigte Fleischeiweißstoffe zugesetzt.

Aus Hefe hergestellter Extrakt ist sowohl durch Geruch als auch Geschmack dem echten Fleischextrakt sehr ähnlich, doch in seiner chemischen Zusammensetzung selbstverständlich verschieden. Dieser Hefeextrakt wird vielfach als Fleischwürze benutzt.

Es würde zu weit führen, auf andere Speisewürzen und Bouillonwürfel einzugehen. Alle diese Substanzen finden Verwendung, um die anregende, verdauungsfördernde Wirkung von Suppen, Brühen und Soßen zu erhöhen, zumal, wenn durch Dünsten und Braten sich ein Mangel an Suppenfleisch bzw. daraus hergestellter Brühe ergibt.

Die Schmackhaftigkeit von Suppen und Soßen läßt sich erhöhen durch Beigabe von **Mehlschwitze.** Hierbei wird Mehl mit etwas Fett angeröstet und durch das Rösten die Stärke des Mehles aufgeschlossen. Bei schwacher Röstung erhält man weiße Mehlschwitze, die helle Suppen liefert, bei stärkerer Erhitzung kommt es zur braunen Färbung. Die Zahl der Soßen, die zu Fleischspeisen gereicht werden, ist sehr groß. Alle lassen sich auf gewisse Grundsoßen zurückführen. Als dunkle Grundsoße (spanische Soße) wird sie aus braunem Fond und brauner Mehlschwitze bereitet und durch Tomaten, Mohrrüben, Lorbeerblätter und würfelig geschnittenen Speck gewürzt. Die weiße Grundsoße (deutsche Soße) wird mittels eines weißen Fonds, der aus Fleischabfällen (weißes Fleisch, Kalb, Huhn) gewonnen wird, mit weißer Mehlschwitze bereitet. Aus ihr werden Meerrettich-, Petersilien-, Dill-, Schnittlauch-, Kerbelsoße usw. hergestellt.

Hitzeeinwirkung hat bei manchen **Gemüsesorten** den Vorteil, daß sie streng schmeckende Substanzen als Gase austreibt und diese so schmackhafter macht. Man merkt das Entweichen solcher Gase, z. B. des Schwefelwasserstoffs und des Merkaptans, schon am Geruch. Besonders die schwefelhaltigen Nahrungsmittel sind es, die die Grundlagen zu solchen Gasbildungen darstellen, wie Fleisch (1,5% Schwefel), Porree (0,4%), Erbsen, Linsen (0,3—0,18%), Wirsing, Spargel usw. Nicht bei allen Vegetabilien führt Hitzeeinwirkung zur Geschmacksverbesserung. Bei manchen Früchten wird das Aroma zerstört. Gekochte Früchte sind geschmacklich keineswegs mit rohen vergleichbar.

Auch beim Kochen von **Milch** entwickeln sich unangenehme Geschmacksstoffe. Man sucht die Ursache dieses „Kochgeschmacks" in der Gerinnung des Albumins, die gleichzeitig mit der Geschmacksveränderung erfolgt. Die Ausflockung dieses Eiweißkörpers ist um so vollständiger und der Kochgeschmack um so strenger, je höher und länger erhitzt wird. Der Kochgeschmack verliert sich, wenn warme Milch in dünnen Schichten der Luft ausgesetzt wird.

Maßgeblich für den Geschmack ist häufig auch die Beschaffenheit des zur Herrichtung benutzten **Wassers**. Trinkwasser enthält in wechselnder Menge verschiedene Salze, insbesondere doppelkohlensaures Kalzium und Magnesium, ferner schwefelsaures Kalzium (Gips) und schwefelsaures Magnesium (Bittersalz). Diese Salze bedingen den *Härtegrad* des Wassers, der oft für den Geschmack von Getränken und Nahrungsmitteln entscheidend ist. Zur Härtebestimmung des Wassers werden Magnesium und Kalzium gemeinsam ermittelt: 1 mg Kalziumoxyd = 1 deutscher Härtegrad (Gesamthärte).

Weiches Wasser hat 4—8 Gesamthärtegrade, hartes Wasser 18—30. Beim Kochen des Wassers scheidet sich *Kesselstein* in den Gefäßen ab, da die doppelkohlensauren Salze sich zu den einfachen kohlensauren Salzen und Kohlensäure zersetzen. Einfach kohlensaure Salze sind weniger löslich. Es läßt sich so die *Gesamthärte* trennen in die *vorübergehende Härte* (Karbonathärte) und die *bleibende Härte* (*Sulfathärte*). Zu letzterer werden auch die Chloride und salpetersauren Salze (Kalzium und Magnesium) gerechnet. Die Unterschiede zwischen bleibendem und vorübergehendem Härtegrad treten schon dadurch in Erscheinung, daß vorübergehende Härte alkalisierend, bleibende dagegen säuernd wirkt. Geschmacklich und gesundheitlich ist das harte Wasser besser als weiches. Bei der Zubereitung von Nahrungs- und Genußmitteln kann hartes Wasser stören.

So werden Hülsenfrüchte und Fleisch beim Kochen in hartem Wasser schlechter weich, Mehlsuppen (Hafer- und Grünkernmehl) werden bei hartem Wasser auch nach langem Kochen nicht „glatt", sondern bleiben flockig. Ähnlich verhält sich Kakao beim Anrühren mit hartem Wasser. Zugleich scheidet sich das Kakaofett bald in Tropfenform an der Oberfläche ab, während es in weichem Wasser viel länger fein verteilt bleibt. Die Beschaffenheit der verschiedenen Biere, wie Münchener, Pilsner und Dortmunder, hängt ebenfalls mit dem Härtegrad des Wassers zusammen. Auch für die Zubereitung des Kaffees ist der Härtegrad bedeutungsvoll. Je höher der Gehalt des Wassers an doppelkohlensauren Salzen ist, um so mehr Bestandteile lösen sich aus dem Kaffeepulver und desto dunkler ist das Getränk. Destilliertes Wasser bzw. abgekochtes Wasser liefert ein helles Getränk, das aber weit besseren Geschmack und Geruch besitzt. Die Farbe ist also keineswegs ein Kennzeichen für die Güte des Kaffees. Ähnliches gilt für den Tee. Der beste Tee wird von stark kalkhaltigem Wasser verdorben.

Bemerkt werden soll noch, daß auch Apfelmost mit kalkhaltigem Wasser fade schmeckt, weil das Alkali die Säure bindet. Des allgemeinen Interesses wegen sei noch erwähnt, daß Waschen in hartem Wasser unwirtschaftlich ist: 1 cbm Wasser (20 deutsche Härtegrade) vernichtet 2,4 kg Alkaliseife.

III. Desinfektionswirkung der Hitze.

Sie ist ein weiterer, wichtiger Grund zur Wärmeanwendung. Alles, was stirbt, fällt der Zersetzung durch Pilze und Bakterien anheim und wird so dem All wieder nutzbar gemacht. Was sie angreifen — sie greifen eben alles an, was vom Leben kommt und wieder zum Leben werden soll —, wird durch sie in die Urbestandteile aufgelöst. Innerhalb von 24 Stunden vermögen sie Substanzen, die ihr eigenes Gewicht um ein Vielfaches übersteigen, zu zersetzen, was um so erstaunlicher erscheinen muß, als der Mensch im gleichen Zeitraum nur 1—2 Gewichtsprozent verarbeiten kann. Hinzu kommt, daß sich diese Lebewesen in Bruchteilen einer Stunde vermehren und so geeignet sind, jedes ihnen passende Substrat zu befallen und jede Konkurrenz aus dem Felde zu schlagen. Bakterien gibt es überall, in der Luft, im Wasser und in der Erde. Kein Wunder also, daß auch unsere Nahrungsmittel ihnen anheimfallen. Vom engeren Standpunkt des Menschen aus gesehen, erweisen sie sich nicht nur als schädlich, sondern auch vielfach als nützlich und selbst unentbehrlich. Wir werden später darauf zurückkommen.

Allerdings sind sie auch die Konkurrenten des Menschen im Kampfe um die Nahrung. Wenn sinnfällige Merkmale der Verderbnis unserer Nährstoffe fehlen, werden die Bakterien und Pilze die Ursachen selbst tödlicher Erkrankungen. In zweifacher Hinsicht bringen sie Gefahr. Einmal sind es die von ihnen gebildeten Stoffwechselprodukte, die zu schweren Vergiftungserscheinungen, zu Intoxikation, zu führen vermögen. Dann aber können schwere Krankheiten von Mikroorganismen ausgehen, die mit der Nahrung aufgenommen werden. Sie können somit auch die Ursachen von Infektionen werden. Nicht selten wird eine Infektion erst wirksam, wenn die Intoxikation durch die Bakteriengifte den Organismus geschwächt und für sie reif gemacht hat.

Intoxikationen, auf deutsch Vergiftungen, können eintreten durch den Genuß notgeschlachteter Tiere. Oft ist dem toxischen Fleisch nichts Abnormes anzusehen, man findet wohl eine gewisse Verfärbung oder einen faden, süßlichen, widerlichen Geruch und Geschmack. Es kommen aber auch Vergiftungen vor mit Fleisch, Wurst und Milch gesunder Tiere. Zuweilen sind solche Fleischstücke schon im Beginn der Zersetzung, und es können dann die Ptomaine der Fäulnis (Muskarin, Neurin usw.) schwere Krankheitssymptome hervorrufen. Meistens hat man es jedoch mit spezifischen Giften zu tun. So erzeugt z. B. der Bazillus Botulinus ein dem Diphtherie- und Tetanustoxin verwandtes

Gift. Temperaturen von 70° machen diese Gifte im Gegensatz zu den Fäulnistoxinen ungiftig.

Gefährlicher als solche Gifte sind die Keime selbst. Natürlich ist die Möglichkeit einer **Infektion** nur durch gewisse Keime gegeben. Ein großer Teil der Bakterien wird durch die Magensalzsäure abgetötet, andere indessen nicht. Es kann aber auch die Magensäure fehlen oder die entzündete oder geschädigte Schleimhaut besonders leicht für Bakterien durchgängig sein. Manche Mikroben sind unter allen Umständen vom Magen-Darm-Kanal aus infektiös, wie z. B. Typhus-, Cholerabazillen usw.

Der Mensch kann sich auf vielfache Art und Weise schädlicher Mikroorganismen und der durch sie bedingten Infektion erwehren. Einer dieser Wege ist die Anwendung von Hitze. **Wasser von 100°** tötet alle nichtsporenden Mikroben sofort ab. So kann man auf der Oberfläche eines Apfels innerhalb von 5 Sekunden durch Eintauchen in kochendes Wasser Typhus-, Ruhr- und andere Kotbakterien oder Wurmeier abtöten, ohne den Geschmack im Innern zu ändern. Allerdings leiden dabei die Duftstoffe der Schale. Auch muß solches Obst sofort verzehrt werden, da die Schalen durch die Hitze durchlässig geworden sind und das Obst schnell verdirbt.

Selbst die sonst so widerstandsfähigen Tuberkelbazillen unterliegen rasch der Einwirkung des Kochens. Bei niederen Temperaturen muß die Hitzewirkung entsprechend länger dauern. Einer Temperatur von 90—95° z. B. müssen Tuberkelbazillen 1—2 Minuten ausgesetzt werden, einer solchen von 60° 1 Stunde, von 55° 4—6 Stunden, ehe sie abgetötet werden. Bei der Hitzedesinfektion von Nahrungsmitteln ist zu berücksichtigen, daß die Wärme nicht gleichmäßig das Nahrungsmittel durchdringt (vgl. S. 82). Sodazusatz, also alkalische Reaktion, verstärkt die Hitzeeinwirkung gewaltig. Kochen in 2proz. Sodalösung tötet in 30 Minuten sogar alle Erdsporen ab.

Strömender Dampf von 97—100° hat fast die gleiche Desinfizierkraft wie kochendes Wasser. *Gespannter Dampf* hat eine viel stärkere Desinfizierwirkung, deren Intensität abhängig ist vom Druck und der Dauer seiner Einwirkung.

Fette und Öle werden bei 100° nicht keimfrei. Sie benötigen dazu Temperaturen von etwa 160°.

Gegen Austrocknung sind die meisten Bakterien relativ wenig empfindlich. Auch die trockene Hitze wirkt weniger intensiv als die feuchte. Backofentemperaturen von 180—200° allerdings töten selbst die widerstandsfähigsten Bazillensporen ab, denn diese Hitze liegt in der Nähe der Verkohlungstemperatur.

Am sichersten könnte man sich gefährlicher Bakterien entledigen, wenn die Nahrungsmittel hohen Temperaturen unterworfen würden.

Dem aber steht die Tatsache gegenüber, daß hohe Wärmegrade tiefgreifende und nachhaltige Wirkungen im Nahrungsgut hervorrufen. In Erkenntnis der Tatsache, daß Krankheits- und Fäulniserreger unter Umständen auch bei niederen Temperaturen als 100° zerstört werden, sucht man daher mit den eben möglichen niedrigen Hitzegraden auszukommen. So ging man z. B. bei der Milch von den anfänglichen Siedetemperaturen allmählich auf 75° herunter. Ja, heute wird die Säuglingsmilch vielfach sogar nur „relativ **pasteurisiert**" (PASTEUR 1822—1895), d. h. einer Temperatur ausgesetzt, bei der Enzyme, Schutzstoffe und andere biologisch wichtigen Bestandteile größtenteils intakt bleiben, die Bakterien aber, obwohl sie nicht vollständig abgetötet werden, in ihrer Entwicklung gehemmt sind. Bei einer Milch, die von gesunden Tieren und reinlich gewonnen wird, genügt diese Maßnahme durchaus. Nun liegen die Verhältnisse bei der Milch besonders günstig, weil es leicht gelingt, sie in ihrer ganzen Masse rasch auf die gewünschte Temperatur zu bringen und ebenso schnell wieder abzukühlen. Erhitzte Milch muß sofort tiefgekühlt und bei einer Temperatur von mindestens 16° aufbewahrt werden, damit die Bakterienentwicklung gehemmt wird. Denn die beste Entwicklungstemperatur für Bakterien liegt bei 20—40° (Brutschranktemperatur). Durch das Erhitzen werden außerdem in der Milch Stoffe zerstört, die sie gegen das Überwuchern der Bakterien schützen. So kann gekochte Milch verhängnisvoller werden als rohe. Wollte man Milch vollständig sterilisieren, so müßte man sie 6 Stunden auf 100° erhitzen oder $^1/_2$ Stunde auf 120°. Hitzeeinwirkung von 100° für $^1/_2$ Stunde tötet zwar fast alle Sporen ab, nicht aber die Heubazillen, die die Milch peptonisieren und so bei kleinen Kindern Darmkatarrh verursachen können.

Pasteurisieren erfolgt im Wasserbad (Soxhlet-Apparat). Die Flaschen dürfen beim Erhitzen im Wasserbad nicht zu voll gefüllt werden, da sie ohne Luftblasen wegen Ausdehnung ihres Inhalts platzen. 1 kg Wasser beansprucht nämlich bei 100° 1043 ccm. Man unterscheidet Hocherhitzen = 1 Minute auf 85° und Kurzerhitzen = $^1/_4$—2 Minuten auf 71—74°.

Beim **Sterilisieren** (keimfrei machen) zum Zwecke der Konservierung werden in Konservenfabriken Temperaturen von 120° verwandt. Die im Haushalt gebräuchlichen Weck- und Rex-Apparate genügen meist demselben Zweck, obwohl sie nur Temperaturen von 60—70° gestatten. Die *Sporenformen* mancher Bakterien kann dieser Wärmegrad aber nicht abtöten, d. h. bei mit Sporenbildnern verseuchten Lebensmitteln (Spargel, Pilze, Gemüse, Walderdbeeren) kann diese Art der Sterilisation versagen. Erhitzen auf 100° an mehreren Tagen hintereinander (fraktionierte Sterilisation) ist dann der Weg, um der Sporengefahr sicher zu begegnen. Jede erneute Erhitzung tötet die aus hitzeresistenten

Sporen nachwachsenden Keime ab. So läßt sich absolute Keimfreiheit erzielen. Natürlich ist es noch zweckmäßiger und billiger, durch Dung- und Abfallstoffe verseuchte Gemüse nicht zum Einwecken zu verwenden.

Besonders **empfindlich gegen bakteriellen Befall ist** auch **Fleisch.** Das von gesunden Tieren stammende Fleisch ist keimfrei. Von außen her jedoch siedeln sich an der Oberfläche alsbald Mikroorganismen an, die infolge der dem Fleisch eigenen Schutz- und Abwehrstoffe nicht in die Tiefe einzudringen vermögen. Schon $1/2$ cm unterhalb der Oberfläche ist gesundes Fleisch vorhanden. Solch einwandfreies Fleisch bleibt bei Kühllagerung trotz oberflächlicher Bakterienvegetation genußfähig. Zuweilen zeigt Fleisch an der Oberfläche eine eigenartige rote oder blaue Verfärbung und unter Umständen besteht, wie beim Fischfleisch, ein phosphoreszierendes Leuchten. Diese Phänomene sind durch solche Oberflächenbakterien bedingt.

Natürlich kann Fleisch auch in einer für den Menschen gefährlichen Form infiziert sein. Meist handelt es sich dann um Schmutzinfektionen beim Schlachten und Zerlegen. Nicht selten sind Colibakterien, d. h. die normalen Bewohner des menschlichen und tierischen Darms, die Veranlassungen zu Erkrankungen durch Fleischgenuß. Im Sommer vor allen Dingen kommen auch Fäulnisvorgänge in Frage. Meist genügt dann die Entfernung der oberflächlichen Schichten, um solches Fleisch wieder zum menschlichen Genuß tauglich zu machen. Man möge aber schon aus ästhetischen Gründen bei der Beurteilung solcher Fehler nicht zu großzügig sein.

Fleisch abgehetzter Tiere ist leichter infizierbar. Deshalb soll Vieh vor der Schlachtung 48 Stunden ruhen.

Fleisch kranker Tiere ist oft genußunfähig. Zur Verhütung ernsterer Schäden dient die Fleischbeschau. Fleisch, das Fehler zeigt, die in kleinem zerstückeltem Zustand durch Kochen, Dämpfen oder Pökeln sich beheben lassen, wird als „bedingt tauglich" erklärt und im Schlachthof desinfiziert durch die Freibank zu verbilligten Preisen verkauft. (Vgl. S. 28.) Es darf in öffentlichen Küchen ohne Deklaration nicht benutzt werden. In Frage kommen Perlsucht, Bandwurmkrankheiten und Schweinerotlauf. Für die Ernährung „untaugliches Fleisch" dagegen muß restlos vernichtet werden.

In der *Blut- und Lymphflüssigkeit* der erkrankten, besonders der mit infektiösen Darm- und Gebärmutterkrankheiten auch nur leicht behafteten Tiere finden sich oft schon während des Lebens Krankheitserreger. Tierprodukte, die von Notschlachtungen herrühren, sind deshalb immer mit Vorsicht zu bewerten. Man sei auch beim Einkauf von geschlachtetem Geflügel kritisch. (Vgl. S. 25.)

Junges und wasserreiches Fleisch, wie Kalbfleisch, *Fisch* und *Wurst,* fällt leichter der Zersetzung anheim und wird eher die Ursache alimentärer

Darminfektionen als derbe Fleischsorten. Der hohe Flüssigkeitsgehalt begünstigt das Bakterienwachstum. Aus diesem Grunde sollen Nahrungsmittel möglichst auch nicht auf „Natureis" liegend aufbewahrt werden. Man muß das wissen, um sich nicht etwa durch solche Kühlungen in Sicherheit zu wiegen und Vorsichtsmaßnahmen zu unterlassen.

Enteneier sind mitunter durch Paratyphusbazillen infiziert. Sie dürfen deshalb nicht ohne Hitzezubereitung genossen werden.

Neben Bakterien können durch Vermittlung von Lebensmitteln auch tierische **Parasiten** Gesundheitsschädigungen übertragen. Auch sie werden durch Hitze abgetötet; Bandwurm, Finnen und Trichinen z. B. schon bei 70°. Doch ist hier auch wieder zu bedenken, daß diese Temperaturen im Fleischinnern erst nach langer Hitzeeinwirkung erreicht werden. Durch Jauchedünger ferner können **Wurmeier** auf die Pflanzen und von da auf die Menschen übertragen werden. Trockenheit schädigt nicht alle Wurmeier, Hitze dagegen zerstört sie. Die Tatsache, daß ein Spulwurmweibchen täglich etwa 200000 Eier ablegt und jedes Gramm Kot noch 1000—2000 Eier enthalten kann, daß ferner ein Bandwurmglied etwa 124000 Eier enthält, sollte uns bestimmen, es mit der Herrichtung von jauchegedüngtem Gemüse recht ernst zu nehmen.

Auch **Insekten und ihre Maden** können gefährlich werden. Beweisender als viele Worte sind die Beobachtungen von Militärärzten, aus denen hervorgeht, daß Darminfektionen bei berittenen Truppen, die in der Nähe von Pferdeställen untergebracht sind, viel häufiger beobachtet werden als bei unberittenen.

19. Hitzeschäden.

Hitze ist also imstande, viele unserer Nahrungsmittel genußfähig zu machen und vor Verderb zu schützen. Trotzdem ist es nötig, überflüssige und zu intensive Anwendung zu vermeiden, denn Hitze vermag auch unsere Nahrung zu entwerten.

1. Sie entzieht der Nahrung a) Wasser, b) Nährstoffe und c) Nährsalze.
2. sie denaturiert und entwertet Nährstoffe und Nährwert,
3. sie zerstört lebenswichtige Vitamine.

I. Hitzebedingte Verluste.

a) Wasserverluste. Von den nachteiligen Hitzeeinwirkungen sind die Wasserverluste die harmlosesten, denn Wasser läßt sich leicht ersetzen. Immerhin machen Wasserverluste die Nahrungsmittel unansehnlicher. Da viele Menschen nur mit den Augen und nach dem Umfange beurteilen, was sie essen, muß daher auf diese Wasserverluste kurz eingegangen werden.

Wenn das Eiweiß des *Fleisches* durch Hitze gerinnt und schrumpft, wird aktiv aus dem Fleisch wässerige Flüssigkeit ausgepreßt. Der gesamte Gewichtsverlust, den mageres Rindfleisch z. B. erleidet, kann im Durchschnitt zu etwa 40% angenommen werden. Dieser Gewichtsverlust beträgt in aufeinanderfolgenden Stadien bei:

40—45° C etwa   4% vom Gewicht des zugesetzten Fleisches
45—55° C   „   7%   „   „   „   „   „
55—65° C   „   16% „   „   „   „   „
65—75° C   „   11% „   „   „   „   „
75—85° C   „   8%   „   „   „   „   „
85—95° C   „   2%   „   „   „   „   „

Die Gewichtsverluste sind um so kleiner, je rascher sich an der Oberfläche des geronnenen Eiweißes eine schützende Hülle bildet. Darüber und vom Gegenteil war bereits die Rede. Der Wassergehalt des *Fischfleisches* nimmt durch Kochen weniger ab. Als Höchstgrenze sind 9% festgestellt. Beim Braten von Fleisch am Rost oder in der Pfanne ohne Fett sind die Wasserverluste geringer als beim Braten im Fett, im ganzen aber höher als beim Kochen (Rindfleisch 40—60%). Fette Fleischsorten (Hammel, Schwein usw.) verlieren beim Kochen weniger Wasser als magere. An sich ist ihr Wassergehalt auch schon geringer.

Die Verhältnisse bei den *Gemüsen* liegen verschieden. Grüne Erbsen, grüne Bohnen, alte Kohlrabi und trockene Hülsenfrüchte zeigen Wasseraufnahme und Gewichtszunahme. Spinat, Blumenkohl, Grünkohl u. a. geben Wasser ab.

b) Nährstoffverluste. Wichtiger als Wasserverlust ist die Einbuße an *Nährstoffen*. Sofern diese Substanzen zu Soßen und Suppen wieder benutzt werden, sind die Verluste nicht endgültig. Es erübrigt sich daher hier, breiter darauf einzugehen. Andeutungshalber sei folgendes gesagt: In Prozenten des rohen *Fleisches* verliert Rindfleich durch:

	N %	F %	Mineralbestandteile %
Kochen	3—22	0,6—37	20—67
Braten in Fett . .	2	0% (Fettanteil erhöht)	3
Rösten.	0,2—5	5—57	2—27

Gekochtes Fleisch erleidet also mehr als $^{1}/_{3}$ an Gesamtverlusten und büßt fast $^{1}/_{3}$ an Fett, Eiweiß und Mineralstoffen ein.

Fischfleisch verliert beim Kochen bis zu 4% des ursprünglichen Gehaltes an Stickstoffsubstanzen, bis 15% an Fett. Über die Kohlehydratverluste der Pflanzen gibt Tabelle S. 109 einen Anhalt.

c) Nährsalzverluste. Die Verluste pflanzlicher Produkte durch Hitze- und Wasseranwendung beziehen sich in erster Linie auf die Mineralien, zum geringen Teil auch auf Kohlehydrate (vgl. Tabelle, S. 109).

Bedeutung der Mineralstoffe: Die Mineralstoffe wurden früher in ihrer Bedeutung für den Organismus wesentlich unterschätzt. Man glaubte, daß sie lediglich das Knochengerüst des tierischen Körpers errichten helfen. Das ist nur ihr kleinster Zweck. Wenn aber jetzt erst ihre Bedeutung ins rechte Licht rückt, so beruht das zum Teil auf einer einseitigen Überschätzung des Eiweißes, zum Teil aber auch auf den Schwierigkeiten, die sich einem Studium dieser Stoffe entgegenstellen. Obwohl die Mineralstoffe außerhalb der Knochen und Zähne nur in kaum meßbaren Spuren in unserem Körper vorhanden sind, bilden sie doch ein festes und zusammenhängendes Gefüge. Erhitzt man feinste mikroskopische Schnitte von Organen bis auf 500° C, so bleibt nur dieses Mineralgerüst zurück. An ihm aber kann man trotz der geringen Masse erkennen, ob das Präparat von der Niere, der Milz oder sonst einem Organ stammt.

7 Mineralstoffe sind direkt am Aufbau der Substanz beteiligt. Man begegnet diesen Mineralien in irgendeiner Form in jeder Zelle. Es handelt sich um Natrium, Kalzium, Kalium, Magnesium, also 4 Metalle, ferner 2 Metalloide: Phosphor und Schwefel und 1 Halogen: Chlor. Daneben gibt es noch weitere, die für die Organverrichtungen des Körpers unentbehrlich sind. Von ihnen sind 6 in relativ größeren Mengen vorhanden und in ihrer Bedeutung gut bekannt: Silizium, Fluor, Arsenik, Eisen, Jod und Nickel.

Zahlreiche Elemente sind ferner nur in Spuren in unserem Körper vorhanden, was keineswegs aber bedeutet, daß sie zu entbehren wären.

Auf die Rolle der Mineralien im einzelnen kann hier nicht eingegangen werden. Jeder dieser Stoffe besitzt seine besondere Bedeutung und ist unentbehrlich für das Leben. Man hört aber oft die Ansicht, daß der Mineralgehalt der Nahrung völlig belanglos sei. Der Organismus nehme sich aus der Nahrung elektiv die Salze heraus, die er gerade benötige. Der Bedarf werde durch die Zelle selbst bestimmt und sei nicht vom Angebot abhängig. Dem ist folgendes entgegenzuhalten: Gewiß verfügt der Organismus über *Mineraldepots*, die ihm gestatten, ein Mißverhältnis zwischen Angebot und Verbrauch vorübergehend auszugleichen. Das besagt aber nicht, daß auf die Dauer durch ein Minderangebot dennoch schädliche Folgen ausbleiben. Daß trotz fehlerhafter Küchenzubereitung bei vielen Menschen manifeste Krankheitssymptome nicht sofort festzustellen sind, bedeutet nicht, daß solche nicht auftreten. Wenn z. B. beim Tier im Ernährungsexperiment eine Versuchszeit mit einer bestimmten Mangelnahrung durchgeführt wird, so dauert es erfahrungsgemäß immer eine mehr oder weniger lange Zeit, bis die ersten Krankheitssymptome nachgewiesen werden. Auch beim Menschen gibt es solche „Dämmerungszonen".

Besonders groß sind die Mineralsalzverluste beim **Kochen**. Je weicher das Wasser ist, desto mehr laugen die Salze aus, während beim Kochen mit hartem Wasser Kalk in die pflanzlichen Nahrungsmittel einzieht. Geringere Auslaugung erfolgt auch, wenn unter *Kochsalzzusatz* gekocht wird. Das ist ein Vorteil, dem aber ein gewichtiger Nachteil gegenübersteht; denn Kochsalz dringt zugleich in die Nahrungsmittel ein. Die so erfolgte Anreicherung mit dem Natrium des Kochsalzes, ist bei vielen Erkrankungen, besonders bei allen Arten von Wassersucht, höchst unerwünscht.

Basische Substanzen können bis zu 70 % des ursprünglichen Gehalts auslaugen. Die Verluste an Säurebildnern dagegen sind durchweg geringer, weil sie schwerer im Wasser löslich sind. So kommt es, daß viele Nahrungsmittel durch das Kochen säureüberschüssig werden, ein Vorgang, der bei der Entstehung und Behandlung vieler Erkrankungen höchste Beachtung verdient. Will man diese Entwertung vermeiden, dann darf das Kochwasser nicht fortgegossen werden, sondern muß bei der Nahrungszubereitung weiter verwendet werden.

Wenn gegenüber solchen Feststellungen hervorgehoben wird, daß Gemüse, speziell aber die Kohlarten, durch Abbrühen den *strengen Geschmack* verlieren und eigentlich erst dadurch genußfähig werden, so muß darauf gesagt werden, daß die Strenge des Geschmacks auch auf andere Weise zu beseitigen ist, z. B. durch Dämpfen im anfangs offenen Kochtopf, ferner dadurch, daß das auf der Unterseite des Deckels sich niederschlagende Wasser von Zeit zu Zeit entfernt wird. Anders liegen die Dinge, wenn Gemüse mit frischem Abortdünger oder frischer Jauche behandelt wurde. Dann sind die scharfen Geschmacksstoffe oft nur noch durch Brühen zu beseitigen.

Wie selbst kurzes Kochen auf den Mineralsalzgehalt einiger der gebräuchlichsten pflanzlichen Nahrungsmittel sich auswirkt, möge die folgende Tabelle zum Ausdruck bringen. Sie zeigt zugleich das Verhältnis der Verluste zur Tageszufuhr.

| | 100 g frisches Gemüse verlieren beim haushaltüblichen Kochen | | | | | | | |
	Na mg	K mg	Ca mg	Mg mg	Fe mg	Cu mg	P mg	Cl mg	Kohle-hydr. mg
Geschälte Kartoffeln, 25 Min. gek.	—	95	0,66	3,8	0,18	—	3,0	13	92
Kartoffeln, gebraten	0	0	0	0	0	0	0	0	0
Karotten, 1 Stunde gekocht . .	59	80	6,80	2,7	0,21	0,08	4,0	25	1900
Spinat, 15 Min. gekocht. . . .	82	220	0	2,30	0,60	—	20,0	30	—
Gr. Erbsen, 20 Min. gekocht . .	—	152	1,50	6,1	0,40	0,12	21	21	2300
Feuerbohnen	4	180	6	11	0,16	0,06	15	14	2200
Die Tageszufuhr an diesen Stoffen beträgt etwa									
	4600	3400	700	340	14	3	1400	7100	300000
(nach McCance-Widdowson-Shackleton)									

Dörrobst und Dörrgemüse geben mehr Mineralstoffe ab als frische. Daher soll auch das Einweichwasser möglichst wieder mitverwendet werden.

Die Mineralverluste beim *Dämpfen* und *Dünsten* sind deshalb schon geringer, weil in wenig Flüssigkeit gar gemacht wird und diese meist wieder mitgenossen wird. Ähnliches gilt auch für alle Zubereitungsarten im *Fett*.

Auch bei tierischen Produkten sind die Mineralverluste durch Hitzezubereitung nicht belanglos (vgl. Tabelle, S. 107), wenn auch nicht von der Bedeutung wie bei pflanzlichen.

II. Denaturierung und Entwertung von Nährstoffen und Nährwerten.

Durch Hitze können ferner Nährstoffe entwertet und denaturiert werden. Das gilt in erster Linie für die **Eiweißkörper**. Wenn auch chemisch Eiweiß = Eiweiß ist, so bestehen doch biologisch erhebliche Unterschiede zwischen nativem Eiweiß, d. h. einem solchen, bei dem die ursprüngliche und eigenartig strukturelle Beschaffenheit erhalten ist, und totem Eiweiß. Durch Hitze koaguliertes Eiweiß verliert seine Artspezifität und ist z. B. nicht mehr imstande, bei dazu disponierten Menschen Überempfindlichkeitsreaktionen auszulösen, wie die gleiche Eiweißart in rohem Zustande es tut. Das ist zwar kein Nachteil für die Ernährung, zeigt aber doch, daß Eiweiß durch Hitze denaturiert wird. Vielsagend ist auch, daß Hunde, die nur von gekochtem Fleisch ernährt werden, rasch erkranken und im Laufe weniger Wochen eingehen, daß Tiere mit rohem Fleisch dagegen ausgezeichnet gedeihen. Möglich ist es, daß es sich bei dieser Tatsache um Hitzeeinflüsse auf Vitamine und Hormone handelt, aber der Vitamingehalt des Fleisches ist relativ gering, und über die Bedeutung der Hormone wissen wir nur wenig. Ratten ferner, die nur mit Zwieback gefüttert werden, bleiben in ihrem Wachstum zurück, entwickeln sich aber weiter, wenn sie Einback erhalten. Der Grund hierfür liegt darin, daß die wachstumsfördernden spezifischen Broteiweißkörper durch zu starkes Backen und noch mehr durch wiederholtes Erhitzen (Rösten) zerstört werden.

Auch **Kohlehydrate** können durch Überhitzen verändert werden. Karamelisierter Zucker (200—220° C) und karamelisiertes Mehl vermögen bei Zuckerharnruhr eine Zuckerausscheidung nicht mehr hervorzurufen. Das ist eine Eigenschaft, die den Zuckerkranken zustatten kommt, aber andererseits von der Möglichkeit einer tiefgreifenden Umwandlung dieser Kohlehydrate durch Überhitze zeugt.

Schließlich können auch **Fette** durch Überhitze entwertet werden. Fett erfährt durch zu starke Hitze eine hydrolytische Spaltung. Dies tritt ein, wenn Nahrungsfett aus Frischknochen bei 135° und 3 bis $3^1/_2$ Atm. gewonnen wird, wie das aus wirtschaftlichen Gründen in Großmetzgereien geschieht. Derartiges Fett ist wohl noch zu sofortiger Weiterverarbeitung in Wurst, aber nicht mehr zur Vorratshaltung brauchbar; auch sein Geschmack hat gelitten.

Auch Milchfett und die Lipoide der Milch können durch Erhitzen leiden, so daß die Verdaulichkeit für den Säugling erschwert wird. Durch Kochen werden in der Milch flüchtige Phosphorverbindungen und Ammoniak gebildet; die Mengen der Phosphorsäure und des Kalkes, die unlöslich werden, nehmen zu, und die Fermente werden vernichtet.

Daß weiterhin der **Energiegehalt** der Nahrung bei ihrem Abbau durch Hitze einen starken Verlust erleidet, steht außer Zweifel; der Kalorienschwund muß selbstverständlich beim Genuß roher Nährstoffe kleiner sein als bei den durch Hitze bereits veränderten. Dieser mehr oder weniger große Abbau setzt aber bereits vor der Aufspaltung der Nahrung in ihre einzelnen Bausteine durch die Verdauungsstoffe und vor ihrer Resorption ein. Er kann daher dem Stoffwechsel selbst nicht mehr nutzbar gemacht werden. Vielleicht könnte allerdings die beim Abbau nicht erhitzter Nahrung in Verlust geratende Energie dem Magen-Darminhalt oder der Schleimhautoberfläche irgendwie wieder zugute kommen. Gesicherte Erkenntnisse hierüber gibt es jedoch nicht. Man wird guttun, gegenüber solchen Behauptungen Kritik und Zurückhaltung zu wahren und Einzelbeobachtungen nicht zu verallgemeinern. Dies kann man aus Veröffentlichungen lernen, die vor Jahren größtes Aufsehen erregten. Danach sollte festgestellt sein, daß Fett und Eier durch Hitzeeinwirkung auf den 6. Teil ihres Nährwertes zurückgehen. Spätere Nachprüfungen ergaben dann die völlige Haltlosigkeit dieser Annahme.

Die Frage der Denaturierung unserer Nährstoffe ist in den letzten Jahren durch *die Lehre Bircher-Benners* erneut in den Vordergrund getreten. Nach B.-B. werden Pflanzen durch die Strahlung des Sonnenlichtes mit erheblichen Vorräten an chemischer Energie beladen. Die meiste Energie erhalten daher die Nahrungsmittel, die direkt in der Sonne entstanden sind. „Nur im Bereiche der Sonne werden die Federn gespannt, die die Uhr des Lebens treiben", lehrte B.-B. Je mehr Umwandlung ein Nahrungsmittel durchgemacht hat — Überführung in Fleisch und tierische Produkte — oder je mehr Zubereitung — Kochen, Trocknen usw. — es erfahren hat, desto stärker hat die in ihm gespeicherte Sonnenlichtenergie sich verflüchtigt. Diese Ansicht wird heftig angegriffen.

„Die Behauptung B.-B.s, daß die in der Pflanze unter Einwirkung des Sonnenlichtes gebildeten Substanzen besonders viel freie Energie enthalten, ist bestimmt unbewiesen und wahrscheinlich falsch. Eine Bestimmung des Gehalts an freier Energie (im Gegensatz zur Kalorienbestimmung) ist mit heutigen Mitteln undurchführbar." Das ist die Stellungnahme der modernen Physik zu der von B.-B. stets mit Überzeugung vertretenen Theorie, über die das letzte Wort meines Erachtens noch nicht gesprochen ist.

III. Zerstörung der Vitamine.

Die schädigenden Folgen der Hitzeeinwirkung auf die Vitamine sind nicht minder wichtig.

Über **die Bedeutung der Vitamine** wird heute soviel geschrieben und gesprochen, daß wir uns hier nur mit kurzen Hinweisen begnügen wollen. Echte Vitaminmangelkrankheiten, sog. *Avitaminosen*, gehören hierzulande zu den Seltenheiten. Weit größer dagegen ist die Bedeutung der sog. *Sub- oder Hypovitaminosen*, d. h. der Zustände, bei denen ein relativer Vitaminmangel besteht.

Bei manchen Menschen machen sich infolge eines solchen relativen Vitaminmangels statt schwererer Krankheitssymptome Nervosität, Reizbarkeit und Nachlassen der Arbeitsfähigkeit bemerkbar, oder aber es stellt sich eine Anfälligkeit gegen Infektionen und Erkältungskrankheiten ein. Bei anderen wieder wird er Teilursache eines Rheumatismus, einer Nervenentzündung usw. Bei der Zuckerkrankheit und vielen Infektionskrankheiten, wie bei der Tuberkulose, sind solche Mangelzustände nachgewiesen worden. Die Art der Krankheitserscheinungen hängt ab von dem Vitamin, das dem betreffenden Organismus gerade fehlt. Vitamin A hat gewisse Beziehungen zum Wachstum, zur Haut und zu den Schleimhäuten der Atmungs-, Verdauungs- und Geschlechtsorgane, Vitamin B zum Kohlehydratstoffwechsel und Nervensystem, Vitamin C zum Blut und zu den Blutgefäßen, Vitamin D zur Knochenbildung und zu Knochenerkrankungen. Vielfach überschneiden sich die Wirkungen der einzelnen Vitamine, so daß eine bestimmte Erkrankung beim Menschen so gut wie nie auf dem Mangel eines einzigen Vitamins beruht. Das schränkt natürlich den Wert einer künstlichen Vitaminzufuhr wesentlich ein, stellt aber andererseits die natürliche Zusammensetzung der Spendersubstanz um so mehr in den Vordergrund.

Man hat versucht, den *Bedarf des gesunden Menschen* an jedem einzelnen Vitamin experimentell zu ermitteln. Für die Küche sind solche Vitamintabellen praktisch bedeutungslos. Eine gemischte Kost mit regelmäßiger Rohbeilage, die keineswegs nur etwa aus Obst, sondern auch aus rohen Gemüsen, Wurzeln, Knollen und Vollkornbrot bestehen kann, enthält ausreichend von diesen Wirkstoffen. Der Vitaminbedarf des Menschen ist zudem nicht immer gleich. Er ist höher im Wachstum, der Schwangerschaft, bei Erkältungen und im Fieber. Der Vitaminbedarf hängt ferner ab von der Zusammensetzung der Grundkost. Wenn reichlich Zucker oder Weißmehl genossen wird, ist auch der B_1-Bedarf erhöht. Zucker und Weißmehl sind Vitamin B_1-Räuber. In vitaminarmen Jahreszeiten, z. B. im Frühjahr, ist die allgemeine Sterblichkeit besonders hoch. Das Volk wußte das schon lange, denn eine alte Regel sagt: wen der März nicht will, den holt der April.

Unsere Kenntnisse von den Vitaminen wachsen von Tag zu Tag. Unumstößlich aber bleibt die Erkenntnis, daß frische, in ihrer natürlichen Zusammensetzung durch die Küche und Konservierung möglichst wenig veränderte Nahrungsmittel uns vor Vitaminmangel bewahren.

Vitaminmangel kann auf verschiedenen *Ursachen* beruhen. Er kann dadurch entstehen, daß infolge von Erkrankungen des Magen-Darmkanals trotz ausreichender Zufuhr zu wenig Vitamine aufgenommen werden. Er kann natürlich auch darauf beruhen, daß dem Organismus zu wenig Vitamine angeboten werden. Nicht selten aber wird er verursacht durch unzweckmäßige Zubereitung der Nahrung. Das letztere interessiert uns hier besonders.

Nicht alle Vitamine sind hitzeempfindlich. Die Vitamine A, D und E sind thermostabil, d. h. also, sie können auch solche Wärmegrade, wie sie beim Sterilisieren benötigt werden, vertragen, ohne dadurch in schädigendem Sinne beeinflußt zu werden. Über das Vorkommen der Vitamine A, D, E in der Nahrung (vgl. I. Teil des Buches) ist folgendes zu bemerken:

Vitamin A findet sich in seiner Vorstufe, dem Karotin, in allen grünen Blatteilen, Gemüsen und Früchten. Hauptquellen sind Karotten, Spinat, Grünkohl, Salat, Sellerie, ferner Obst. Weintrauben sind A-frei. Vitamin A selbst findet sich bei tierischen Produkten in der Leber, im Fett vom Schwein und Rind, in Butter, Käse, Eigelb, Hering, Bücking, Vollmilch, Lebertran.

Vitamin D ist das für den Säugling und das wachsende Kind bedeutendste Vitamin. Es findet sich im Eigelb, Butter, Heringen, Sardinen, Sprotten, Lebertran. Milch enthält wenig D.

Vitamin E, das sog. Fortpflanzungsvitamin, ist weitverbreitet. Seine Bedeutung für den menschlichen Organismus ist noch nicht hinreichend bekannt.

Auch der **Vitaminkomplex B$_2$** ist in seinen Hauptfaktoren ziemlich hitzebeständig. Er wird erst durch längeres Erhitzen von 120° zerstört, ist also gegen haushaltübliches Kochen praktisch unempfindlich. Da das Vitamin wasserlöslich ist, ist zu beachten, daß ein großer Teil während des Kochens in die Brühe übergeht. In alkalischer Lösung wird B$_2$ zerstört.

B$_2$ findet sich in den meisten tierischen Organen, vor allem in der Leber, ferner in Hefe, Malz, Mais, Spinat, Erbsen usw. Durch den Bleichprozeß des Mehles soll der B$_2$-Gehalt um 15—20% abnehmen.

Die Vitamine B$_1$ und C sind im Gegensatz zu den vorhergenannten *thermolabil*. Dementsprechend wird der Vitamin B$_1$- und C-Gehalt der durch Hitzeeinwirkung hergestellten Speisen abhängig sein einmal von der Höhe der bei der Zubereitung angewandten Wärmegrade, zum andern von der Dauer der Hitzeeinwirkung.

Wie die **Dauer der Hitzeeinwirkung** sich geltend macht, zeigt folgendes Beispiel:

10 g Kartoffeln enthalten etwa 1,0 mg Askorbinsäure, nach 20 Minuten Kochen 0,59 mg, nach 20 Minuten Kochen und 2 stündigem Warmhalten nur noch 0,27 mg.

Garkochen in der *Kochkiste* und Aufbewahren im *Wärmeschrank* ist demnach besonders nachteilig. Welche Bedeutung dies für die Ernährung in Gasthäusern, Fabriken usw. besitzt, liegt auf der Hand. Speisen, die am Tage vorher gekocht worden sind, enthalten am Tage darauf nur noch geringe Vitamin C-Mengen.

Um Vitamine zu sparen, ist es zweckmäßiger, lieber etwas schneller anzukochen, wenn es auch teurer ist (vgl. S. 125). Am günstigsten ist Dämpfen. Kochen im Dampftopf unter Druck und sehr lang währendes scharfes Kochen wirken sich besonders ungünstig auf den Vitamingehalt der Speisen aus. Die Verluste an Vitamin C bewegen sich bei der haushaltüblichen Zubereitung zwischen 15 % (kurz gekocht mit Kochwasser) und 85 % (lange gekocht ohne Kochwasser). Durch das Überbrühen geht ein beträchtlicher Teil des Vitamin C in das Brühwasser über, und zwar 20—80 %, je nach der Art des Gemüses. Da das Brühwasser in der Regel nicht mit verarbeitet wird, liegen die Vitaminverluste noch einige Prozent höher, als nur auf Grund der Hitzeeinwirkung zu erwarten ist.

Über die unterschiedliche Beeinflussung der Vitamine durch Zubereitung der Nahrungsmittel mittels Gas oder Elektrizität vgl. S. 130.

Auch die **Sterilisation** bedingt Einbußen an Vitamin C, die 30—80 % betragen können. Nur in wenigen Nahrungsmitteln sind diese geringer. Trockenkonserven weisen Vitamin C-Verluste zwischen 50—95 % auf. Am niedrigsten sind diese bei Kohlarten, wo sie etwa 15—20 % betragen. Welche Vorgänge bei der Trocknung dafür verantwortlich zu machen sind, kann nicht gesagt werden, da die technischen Einzelheiten des Trockenvorganges Betriebsgeheimnis der Herstellerfirmen sind. Auch ist bei solchen Untersuchungen der unterschiedliche Vitamingehalt des Ausgangsmaterials nicht berücksichtigt.

Der Luftsauerstoff ist für den Vitamingehalt einer Speise mindestens ebenso verderblich (nach einigen Autoren sogar verderblicher) wie die bei der Zubereitung verwandten Wärmegrade. Nach Zerkleinern, Zerreiben, Zerstampfen und Schälen der Früchte wird das Vitamin C durch den Luftsauerstoff schnell und weitgehend zerstört. Das Erhitzen der Rohstoffe wirkt sich auf den C-Gehalt um so nachteiliger aus, je freier der Luftzutritt hierbei ist. Kochen in Töpfen, die unten schmäler sind als oben, ferner in Gefäßen ohne Deckel schädigt das Vitamin C besonders, da stärkere Berührung mit der Luft erfolgt. Stehenlassen der

Gemüse in Wasser und unter Luftzutritt, vor allem dort, wo durch die Zerkleinerung eine große Angriffsfläche gegeben ist, bewirken wechselnde Verluste, die größer sind als diejenigen beim Kochvorgang. Kartoffelpüree ist vitaminfrei.

Auch Vitamin A ist gegen Sauerstoff ziemlich empfindlich.

Besonders gefährlich für Vitamin C sind **Metalle.** Kleinste Kupfermengen, wie sie z. B. zum Grünen der Gemüse verwendet werden, vernichten das Vitamin und zwar, wenn auch langsamer, sogar bei Zimmertemperaturen. Berücksichtigt man, daß viele Früchte und Gemüsekonserven in verzinnten Metallgefäßen in den Handel kommen, so ergibt sich hieraus, daß ihr Vitamin C-Gehalt praktisch gleich Null ist. Merkwürdig ist, daß der Verlust an Ascorbinsäure bei Glaskonserven zum Teil größer ist als bei Blechkonserven. Die Ursache könnte darin liegen, daß infolge der bei Glaskonserven üblichen niedrigeren Sterilisationstemperatur keine so weitgehende Zerstörung der Oxydasefermente einsetzt, so daß diese auch während der folgenden Lagerung weiter wirken und die Verluste der Ascorbinsäure veranlassen können. Auch eine Mitbeteiligung der aus dem Glas stammenden Alkalien ist zu berücksichtigen.

Schweflige Säure zerstört Vitamin C. Das ist zu berücksichtigen bei Obstsaft, getrocknetem Obst und getrockneten Kartoffeln, zu deren Bleichung bzw. Konservierung diese Säure verwandt wird. **Benzoesäure** soll für Vitamin C unschädlich sein. Ob die zur Färbung von Obstkonserven verwendeten Farbstoffe das Vitamin C zerstören, ist insofern gleichgültig, als durch die Konservierung der Gehalt an Vitamin C bereits praktisch verlorengeht. Alkalizusatz zu Nahrungsmitteln zerstört ebenfalls das Vitamin.

Auch bloßes **Lagern** vermindert den Gehalt an Wirkstoffen. Spinat büßt allein beim Lagern schon am 4. Tag etwa $^1/_3$, am 5. Tag sogar $^2/_3$ seines Vitamingehaltes ein und ist am 9. Tag praktisch vitaminfrei. Sauerkraut verliert gegen das Frühjahr seinen C-Reichtum. Sehr stabil dagegen ist Zitronensaft. Vitamin C im Apfelsinensaft hält sich viel schlechter. Selbst Kartoffeln haben im Frühjahr die Hälfte ihres Vitamin C-Gehaltes verloren, in keimenden Erbsen und Kartoffeln steigt er wieder an.

Der Vitamin A-Gehalt geht bei der Lagerung etwas zurück; B_1 und D werden nicht verändert.

Beim *Wässern* von Gemüsen und Früchten kann Vitamin C ausgelaugt werden und so zu Verlust kommen. Das ist vorwiegend der Fall, wenn zerkleinerte Produkte lange Zeit dem Wasser ausgesetzt werden. In unzerkleinertem Zustand aber ist das bis zu 12 Stunden für den Vitamin C-Gehalt praktisch belanglos, wie eigene Untersuchungen zeigen.

Tabelle A.

10 ccm Preßsaft von	Ascorbinsäure in mg vor dem Wässern	Ascorbinsäure in mg nach Wässern 12 Stunden	Ascorbinsäureverlust in % bei 12 Stunden Wässern unzerkleinerter Gemüse
Kartoffel . . .	1,0	0,90	10
Kopfsalat . . .	0,10	0,06	40
Kohlrabi . . .	2,10	1,80	14,3
Grünkohl . . .	1,46	1,20	17,7
Weißkohl . . .	2,10	1,80	14,2
Sellerie	0,50	0,50	0
Wirsing	3,0	2,60	13,3

Wenn hingegen die zerschnittenen Gemüse über Nacht im Wasser verbleiben, ist mit einem etwa 50proz. Vitaminverlust zu rechnen.

Tabelle B.

10 ccm Preßsaft von	Ascorbinsäure in mg vor dem Wässern	Ascorbinsäure in mg nach Wässern 15 Minuten	Ascorbinsäure in mg nach Wässern 1 Stunde	Ascorbinsäure in mg nach Wässern 12 Stunden	Ascorbinsäureverlust in % bei 12 Std. Wässern zerkleinerter Gemüse
Kartoffel (Würfel)	0,9—1,2	1,0	0,9—1,0	0,60	50
Salat	0,07	0,07	0,05	—	—
Möhren	0,40	0,40	—	0,20	50
Kohlrabi	2,30	2,10	—	1,70	26
Grünkohl	1,56	1,40	1,50	0,54	65,3
Weißkohl	2,0	2,0	—	1,40	30
Sellerie	0,60	—	0,50	0,35	41
Wirsing	3,2—3,5	3,2	3,0	2,20	37

Zur Kennzeichnung des **Vitamin C-Gehaltes gekochter und ungekochter Nahrungsmittel** seien vergleichshalber noch folgende Zahlen aufgeführt:

Pro 100 g Substanz beträgt der Vitamin C-Gehalt: Beim Spinat 2 mg (roh 60 mg), Blumenkohl 8 mg (roh 50 mg), Kohlrabi 16 mg (roh 100 mg), Spargel 0 mg (roh 25 mg), Rosenkohl 50 mg (roh 50 mg), Schwarzwurzel 5 mg (roh 5 mg), grüne Bohnen 1—4 mg (roh 10 mg), grüne Erbsen 8 mg. Der C-Gehalt des Sauerkrauts beträgt 5—10% des Apfelsinensaftes (5—10 mg Ascorbinsäure). Beim Büchsensauerkraut liegt er $^2/_3$ tiefer, Trockensauerkraut hat nur den 15. Teil des Gehaltes von Frischsauerkraut.

Alle diese Zahlen setzen eine zweckmäßige Zubereitungsart, wie sie oben näher gekennzeichnet wurde, voraus und gelten nur für das Frischgericht.

Honig ist C-frei.

Wird die *Kartoffel* in der Schale gekocht, so gehen nennenswerte Mengen von Vitamin C nicht verloren. Die Salzkartoffel dagegen, die in geschältem Zustand gekocht wird, weist nur noch die Hälfte ihres Vitamingehaltes auf. Vielfach wird die Meinung vertreten, als ob die äußeren Teile der Kartoffel vitaminreicher wären als die inneren. Das trifft nicht zu, sondern richtig ist, daß außen die Hitzeeinwirkung wirksamer ist als im Inneren.

Was nun den Vitamin C-Gehalt der *Milch* angeht, so muß zunächst darauf hingewiesen werden, daß dieser keine konstante Größe ist, sondern weitgehend bestimmt wird von der Art des Futters. Er ist am größten im Frühjahr und im Sommer bei Weide- und Grünfütterung, am geringfügigsten während der Herbst- und Wintermonate bei Stallaufenthalt und Trockenfütterung. Der jeweils vorhandene Vitamin C-Gehalt ist dann noch in erheblichem Maße abhängig von der Art der Behandlung, die die Milch erfährt. Je länger die Milch steht, desto mehr nimmt der Vitamin C-Gehalt ab. Nach 6—8 stündigem Stehen muß mit einem Verlust von ungefähr 50% gerechnet werden. Bei Erhitzen auf 60° für 30 Minuten (Dauerpasteurisieren) beträgt der Vitaminverlust ungefähr 20—40%, wenn das Erhitzen in einem Kupfer- oder Aluminiumgefäß geschieht 80—100%. Beim Sterilisieren der Milch durch Erhitzen auf 120° für eine Stunde werden die Vitamine völlig zerstört. Wird die Milch luftfrei erhitzt, dann erweist sich das Erhitzen allein als nicht so sehr schädlich für den Vitamingehalt.

Vitamin B_1 und Einfluß des Backens, Bratens und Kochens: Fast ebenso empfindlich wie Vitamin C ist das Vitamin B_1.

Hauptquellen sind Hefe, Kartoffeln, Linsen, Bohnen, Erbsen, ferner Leber, Nieren, Muskel, Eigelb. Roggen enthält weniger als Weizen, Vollkornbrot am meisten. Der B_1-Gehalt des Weizenfeinmehls beträgt gegenüber dem des Ganz-Weizenmehls derselben Sorte etwa 30%. Zucker und Feinmehl sind vitaminfrei.

Was das *Backen* angeht, so ist der Verlust an Vitamin B_1 bei diesem Vorgang nur geringfügig. Der Gärvorgang zerstört B_1 nicht nennenswert, um so mehr aber das Ausmahlen. Schon ein bis zu 75% ausgemahlenes Graubrot ist ungenügend. In 60% ausgemahlenem Brot ist kein B_1 mehr vorhanden. Vollkornbrot enthält ausreichend Vitamin B_1. Bei Verwendung von Backpulver an Stelle von Hefe wird B_1 vollkommen zerstört.

Beim *Braten* ist mit einem Verlust von ungefähr der Hälfte zu rechnen.

Da das Vitamin B_1 ebenso wie C wasserlöslich ist, so geht beim *Kochen* ein mehr oder weniger großer Teil in das Kochwasser über, und zwar bei tierischen Nahrungsstoffen (Schweine- und Rindfleisch) 12 bis 20%, bei pflanzlichen Rohstoffen, insbesondere bei Kartoffeln und Blattgemüsen, mehr als 50% des Vitaminbestandes. Um einen größeren Vitaminverlust zu vermeiden, soll deswegen das Kochwasser bei der Zubereitung der Gerichte mit verwertet werden.

Wohl nirgends kann die Küche mehr Schaden stiften als bei der Zerstörung der Vitamine durch unzweckmäßige Zubereitung. In der Literatur ist berichtet, daß 2 Lehrlingsheime von der gleichen staatlichen Forschungsanstalt mit Rohstoffen beliefert wurden; in dem einen war der Gesundheitszustand seiner Insassen einwandfrei, in dem zweiten traten gehäufte Krankheitsfälle auf, weil zu lange gekocht und das Kochwasser weggegossen wurde. Derartige Nachlässigkeiten sind heute kaum noch zu entschuldigen, sondern geradezu als fahrlässig anzusehen.

20. Von den Wärmequellen und ihrer Beurteilung.

Nachdem wir uns seither mit den Wirkungen der Hitzeanwendung befaßt hatten, muß nunmehr zu den einzelnen Energiequellen Stellung genommen werden. In Frage kommen:

1. feste Brennstoffe,
2. Gas,
3. Elektrizität.

Von dreierlei Gesichtspunkten müssen die Probleme beleuchtet werden. Welche Wärmequelle ist die *wirtschaftlichste,* welche die *hygienisch einwandfreieste* und schließlich welche die für die Speisen *zuträglichste?*

Über die letzte Frage besteht die geringste Klarheit, weil experimentelle Ergebnisse so gut wie ganz fehlen. Soweit greifbare Resultate sich aus der unterschiedlichen Ankoch- und Garzeit ergeben, wird im folgenden darauf hingewiesen werden. Was die Höhe der Temperatur anbelangt, die bei den einzelnen Wärmequellen verschieden ist, so werden wir sehen, daß bei allen Arten der Brennstoffanwendung die Möglichkeit besteht, sie zu regulieren. Die größte Variationsbreite dürfte die Herdfeuerung bieten, und zwar die Holzkohlenfeuerung mehr als die Steinkohle. Aus wirtschaftspolitischen Gründen kommt für uns Holzfeuerung nicht in Frage. Der Küchenmeister eines der bekanntesten Kölner Hotels aber, der bis vor Jahresfrist nur mit Kohlenfeuerung heizte und nunmehr zum Gasherd übergegangen ist, versicherte mir, daß er, von der geschmacklichen Seite aus betrachtet, immer noch dem alten Herd den Vorzug gäbe. Ich glaube nicht, daß sein Urteil auf einer mangelhaften Fähigkeit sich umzustellen, beruht. Mehr über den differenten Einfluß der Energiequellen auf die Zubereitung unserer Nahrung hier zu sagen, hieße sich in Vermutungen verlieren.

Einfacher liegt die Frage nach der hygienischen Beurteilung der Feuerungsarten. Schmutz, Staub, Ruß, Abgase, die Notwendigkeit, die Feuerung dauernd zu beaufsichtigen, rücken hier, zumal in Großküchen, die Kohlenfeuerung in den Hintergrund. Auch die Gasfeuerung kann gegen elektrische Heizung nicht konkurrieren.

Schwierig ist auch die Beurteilung nach der wirtschaftlichen Seite. Immerhin liegt gerade darüber das meiste Material vor, weil die konkurrierenden Fachgruppen daran interessiert sind, die Vor- und Nachteile dieser oder jener Wärmequellen in den Vordergrund zu rücken. Es werden deshalb notgedrungen bei unserer nun folgenden Stellungnahme die rein wirtschaftlichen Belange im Vordergrund stehen.

Ganz allgemein gesagt, ist die Wärmewirtschaft die Kunst, mit Wärme und damit mit Brennstoffen hauszuhalten. Diese Aufgabe lösen, heißt nicht etwa karger wirtschaften, sondern besser wirtschaften. Das gilt für jede Art von Brennstoff. Beginnen wir mit der Wärmewirtschaft von festen Brennstoffen.

I. Rationelles Wirtschaften mit festen Brennstoffen.

ist in hohem Maße abhängig:
- a) von der Konstruktion der Kochanlage,
- b) von der Anordnung der Frischluftzuführung,
- c) von der richtigen Bedienung,
- d) von der zweckmäßigsten Anwendung von Brennstoffen.

a) **Konstruktion der Kochanlage.** Wenn es auch die Aufgabe der Technik ist, Herde richtig zu konstruieren, so ist es doch zu beachten, daß auch alte Herde heute noch Verwendung finden. Man sollte daher über die wichtigsten Prinzipien Bescheid wissen. Grundsätzlich ist zu sagen, daß Kochgeräte nur dann ihre volle Wirtschaftlichkeit entfalten können, wenn sie nicht auf „Zuwachs" bestellt werden und voll ausgenutzt, d. h. möglichst alle Kochstellen zugleich gebraucht werden

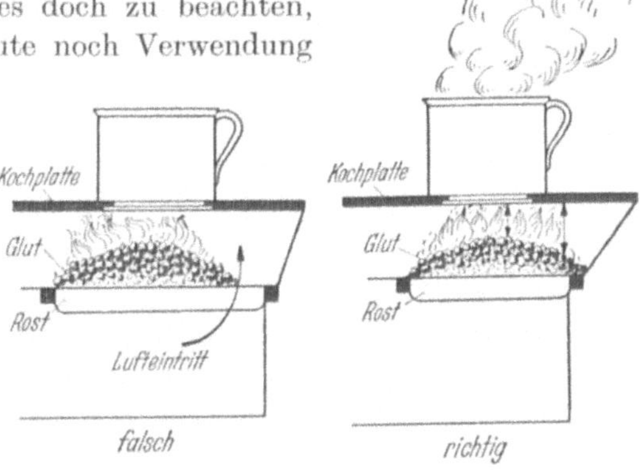

Abb. 7.   Abb. 8.

Zu große Rostfläche (unvollständige Bedeckung mit Brennstoff) verursacht Wärmeverlust.

können. Es ist hier genau so wie beim Kraftwagen, der im Brennstoffverbrauch bei voller Belastung ebenfalls billiger pro Person ist als nur bei halber oder noch geringerer Ausnutzung. Diese Erwägung hat besondere Bedeutung beim Herdfeuer: Ist die *Rostfläche* zu groß, so besteht die Gefahr, daß sie nicht vollständig mit Brennstoff bedeckt werden kann, ein Teil also frei bleibt (Abb. 7 und 8). Durch diese freien Teile treten nun große Luftmengen in den Feuerungsraum und die Züge des Herdes ein, wirken abkühlend und entführen große Wärmemengen

mit in den Schornstein. Die vollständige dauernde Überdeckung zu
großer Rostflächen bei zu kleinem Herde verursacht andererseits
verhältnismäßig erheblichen Brennstoffverbrauch.

Noch andere Faktoren sind zu beachten: Ist die *Feuerung* zu hoch,
liegt also der Rost zu tief, so kühlen sich die Heizgase in der Höhe der

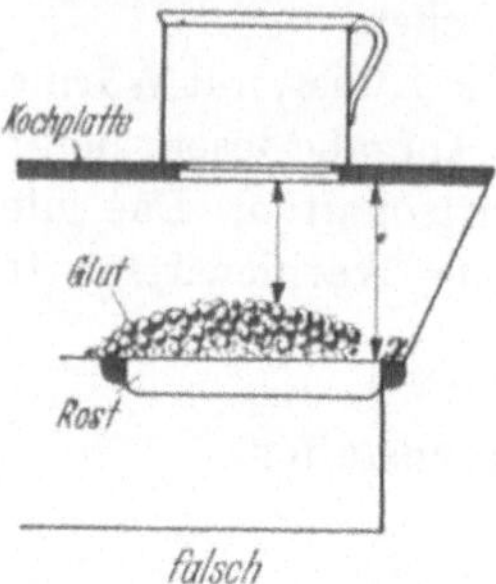

Abb. 9. Zu hohe Feuerung
(Rost zu tief) erfordert gesteigerten Brennstoffbedarf.

Feuerung zu sehr ab, ihre Einwirkung und die
der Glutstrahlen auf die Erhitzung der Kochplatte ist viel zu gering. Größerer Brennstoffbedarf ist die Folge. (Abb. 8 und 9.)

Die richtige Feuerungshöhe — von der Rost-
oberfläche bis zur Kochplattenunterfläche gemessen — ist bei kleinen Herden 14—16 cm,
bei mittleren Herden 16—18 cm, bei größeren
Herden. 20—22 cm.

Ein anderer Fehler kann der sein, daß die
Feuerungsbrücken zu niedrig, dabei die *Ober-
züge* zu hoch sind (Abb. 10 und 11).

Ein Blick auf die untenstehenden Abbildungen vermag das
Gesagte zu erläutern. Die Folgen solcher Mängel sind die gleichen
wie bei zu tief stehendem Rost:
schlechte Erwärmung der Kochplatte und ungenügende Bratofen-

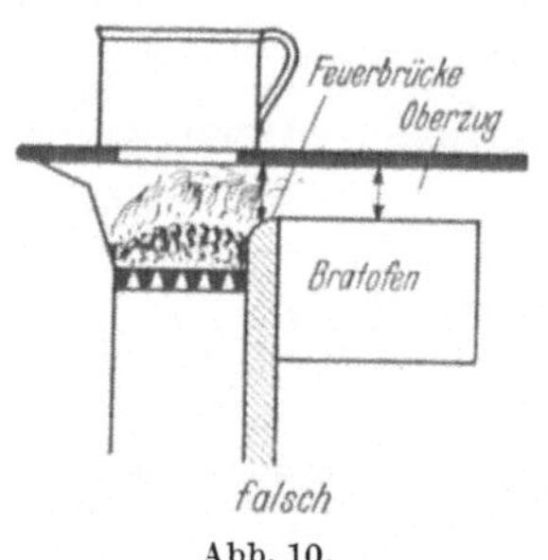

Abb. 10.

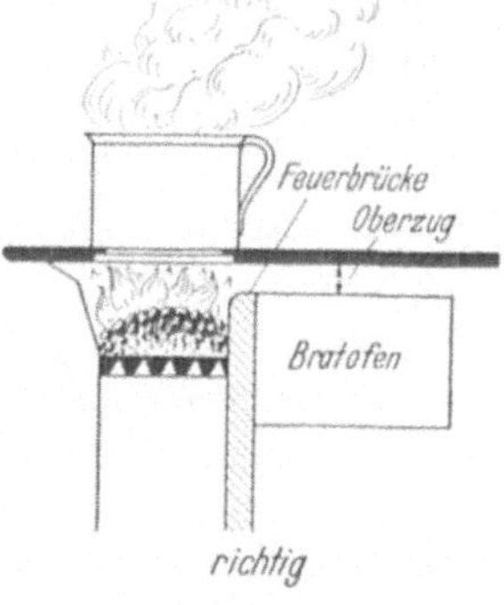

Abb. 11.

Zu hoher Oberzug (Feuerbrücke zu niedrig) bedingt schlechte Erwärmung der Kochplatte
und des Bratofens.

(Abb. 7—11 nach Literaturangabe Nr. 20.)

hitze. Die richtige Höhe des Zuges ist 6—7 cm bei größeren und
5—6 cm bei kleineren Herden.

Mitunter sind die Herde absichtlich so konstruiert, um den Gebrauch
von **Einhängetöpfen** zu ermöglichen. Durch das Hineinragen solcher
Töpfe in den Feuerraum werden die Mängel zu hoher Feuerung zum
Teil ausgeglichen. Ein zweckmäßiger Ausgleich kann aber nur dann eintreten, wenn auf allen Heizöffnungen Einhängetöpfe benutzt werden.

Andererseits hat die rasche Erwärmung nur eines Topfes den Nachteil einer ungenügenden Erhitzung der übrigen Kochplattenfläche im Gefolge. Nebenbei sei bemerkt, daß das Reinigen der angerußten Einhängetöpfe nicht gerade zu den Annehmlichkeiten gehört. Den gleichen Nachteil nimmt man mit in Kauf, wenn auf Herdplatten mit herausgenommenen Ringen gekocht wird, wenn auch diese Anordnung wärmetechnisch am zweckmäßigsten ist. Sucht man das Berußen zu vermeiden, indem man die Töpfe direkt auf die Herdplatte stellt, so bedeutet dies den Nachteil einer verlängerten Ankochzeit. Dies wiederum läßt sich umgehen durch Anwendung der sog. **Sparplatten,** nämlich eiserner Platten, die an Stelle der Herdringe eingesetzt werden und die an der dem Feuer zugekehrten Unterseite erhabene Ringe, Spiralen oder Wülste haben. Infolge der vergrößerten Oberfläche nehmen sie mehr Wärme auf als die einfachen Ringe. Damit ist zugleich eine Abkürzung der Kochdauer verbunden. Die zu erzielenden Ersparnisse sind so, daß die gleiche Kochleistung, z. B. das Sieden von 3 l Wasser mit Sparplatte in 18 Minuten, ohne in 25 Minuten erfolgt, d. h. daß statt 4 Briketts 3 ausreichen.

Eine zweite Möglichkeit sind die sog. Topfschoner, die zwar die Berußung vermeiden, aber die Ankochzeiten beträchtlich verlängern.

Ein Rückgang von Energien erfolgt auch, wenn Herd, Bratraum, Rauchrohre usw. undicht werden. Dadurch wird die Zugwirkung beeinträchtigt, die Verbrennung verschlechtert und die Heizgase abgekühlt. Zu ähnlichen Nachteilen führen ungereinigte und verlegte Züge.

b) Frischluftzufuhr: Neben einer zweckmäßigen Konstruktion der Kochanlage ist es zur rationellen Wärmeausnutzung wichtig, den Luftzug zu regulieren. Der Luftzug ist zu stark, wenn eine an die Aschentüre gehaltene Kerzenflamme erlischt. Die Verbrennung geht dann zu rasch vor sich, und große Wärmemengen verfliegen in den Schornstein. Der Zug ist zu schwach, wenn die vor die Aschentürspalte gehaltene Kerzenflamme kaum einbiegt. Es bilden sich dann Rauch und Ruß, da die Verbrennung unter Luftmangel erfolgt, und die Ausnutzung des Brennstoffs ist schlecht. Die zuzuführende Luftmenge kann geregelt werden durch Öffnen der Aschentüre und gleichzeitige Regulierung der Drosselklappe am Abzug. Letztere ist polizeilich gestattet, wenn $^1/_4$ des Abzugsquerschnitts frei bleibt. Gesundheitsschädigungen durch abströmende Gase sind bei dieser Vorsichtsmaßnahme nicht zu befürchten.

Die Herdwärme läßt sich weiter regeln durch Verlegung des Weges der Verbrennungsgase. Indirekte Zuführung um die Bratröhre herum und am Wasserschiff vorbei steigert selbstverständlich die Leistung der Platte mehr als die direkte. Man bedenke, daß im allgemeinen nur 20% der vom Herdfeuer erzeugten Wärme für den Kochzweck ausgenutzt werden. Von dem Rest müssen etwa 15% zur Erzeugung des Zuges dem Schornstein überlassen werden. Von den übrigen 60 bis 65% der Wärme kann ein beträchtlicher Teil für die Raumbeheizung nutzbar gemacht werden. So lassen sich in geringem Umfange Einsparungen erreichen.

c) Richtige Bedienung: Zur Verbesserung der Wirtschaftlichkeit ist der günstige Zeitpunkt der Bedienung des Herdes zu berücksichtigen. Das sind an sich Selbstverständlichkeiten. Wird z. B. die Brennstoffmenge auf einmal aufgelegt, dann ist schon in der ersten Stunde fast die Hälfte der Gesamtleistung erreicht, während bei 3 maligem Auflegen in der ersten Stunde nur $^1/_4$ erzielt und alles übrige auf die nächsten Kochstunden verteilt wird. Im ersten Falle ist also die Hitze plötzlich stark und wird dann schwächer, im 2. Falle wird für mehrere Stunden eine gleichmäßige Hitze abgegeben. Welche Form angewandt werden muß, hängt von dem ab, was erreicht werden soll.

d) Der natürlichste Weg zur Wärmeregulierung ist die Zufuhr verschiedener Mengen von **Brennstoffen.** Form, Größe und Art sind zu berücksichtigen. Bei reiner Holzfeuerung z. B. ist die Ankochzeit kürzer, bei Kohle und Brikett dagegen die Kochzeit länger. Außerdem steigert die durch Zerkleinerung des Brennstoffes vergrößerte Oberfläche die Verbrennung. Das hat allerdings seine Grenzen, denn Grus brennt schlecht.

Als Schwindel sind die sog. **Kohlenstreckmittel** anzusprechen, in Wasser aufzulösende Pillen, mit deren Lösung man die Kohle befeuchtet. Das damit erzielte hellere Brennen der Flamme hat mit einer besseren Verbrennung nichts zu tun, sondern ist darauf zurückzuführen, daß die in den Tabletten enthaltenen Salze bei der Verbrennung Sauerstoff entwickeln. Das gleiche gilt von den sog. Kohlensparmitteln aller Art. Auch das Befeuchten der Kohle kann nicht, wie oft behauptet wird, brennstoffsparend wirken. Nur wenn die Kohle viele staubähnliche Bestandteile enthält und starker Schornsteinzug vorhanden ist, kann durch leichtes Befeuchten eine Bindung des Kohlenstaubs erreicht werden, durch die das Entführen des unverbrannten Staubes aus der Feuerung verhindert wird. Auch das Verbrennen von Küchen-, besonders Gemüseabfällen bedeutet keine Ersparnis. Diese Abfälle enthalten wenig Brennbares, sie bestehen in der Hauptsache aus Wasser, und ihre Verbrennung kostet mehr Energie als sie selbst enthalten.

II. Heizen mit Gas.

Kohlenfeuer findet in mittleren und großen Küchen nur selten noch Verwendung. An seine Stelle tritt der Gebrauch von Gas und Elektrizität.

Bei einem **Gaskocher-Brenner** strömt das Gas über den verstellbaren Gashahn durch eine Düse hindurch, deren Breite und Form neben dem

Gasdruck vor der Düse ausschlaggebend für die hindurch strömende Gasmenge ist. Das Gas tritt dann in ein Mischrohr ein, in dem es etwa $1/_3$ der erforderlichen Verbrennungsluft ansaugt und sich mit ihr mischt. Das Gasluftgemisch kommt dann zu dem kreisförmigen Brennerkopf, an dem es entzündet werden muß und der die Aufgabe hat, eine für die Erhitzung des Topfes besonders günstige Flammenform zu erzeugen. Die *Heizflamme* soll mit blaugrünem Kern ruhig brennen und darf nicht über den Topfboden hinausschlagen. Es sind daher möglichst Töpfe zu verwenden, deren Durchmesser größer ist als der Durchmesser der Heizflamme bei Vollbrand. Wenn bei einem Gaskocher die Flamme zurückschlägt und an der Düse brennt, so ist dies ein Zeichen, daß entweder zuwenig Gas oder zuviel Luft in dem im Mischrohr sich bildenden Gasgemisch vorhanden ist. Zur Abhilfe ist entweder die Gaszufuhr zu verstärken oder die Luftzufuhr zu verringern. Beim Aufsetzen des Kochtopfes auf die Flamme muß er so weit von ihr entfernt bleiben, daß er den grünen Kern der Flamme nicht berührt: in diesem Fall hat man die größtmöglichste Ausnutzung des Gases. Erreichen die Flammenspitzen den Topfboden nicht, dann wird viel Gas verschwendet. Das geschieht oft, wenn der Kocher einen sehr kleinen Ausschnitt mit breiten Ringen hat. Dann wird statt des Topfes die Platte erhitzt. Manche Kocher besitzen zur Abdeckung der Kochplatte Ringe, die auf der Unterseite Rippen tragen. Diese Rippen sind stets nach oben zu stellen, damit die heißen Abgase auch noch die Wände des Topfes bespülen können.

Das **Heizgas** selbst ist ein Gemisch verschiedener Gase und besteht vorwiegend aus Wasserstoff (H_2), Kohlenoxyd (CO) und Methan (CH_4). Die eigentlichen Wärmeträger sind ferner das Äthylen (C_2H_4) und Benzol (C_6H_6), die vor allem als Lichtträger in Betracht kommen, schließlich das Kohlendioxyd (CO_2) und Stickstoff (N_2), die inerte, d. h. für die Wärmeerzeugung unnütze Bestandteile sind. Der Heizwert eines Gases ist von seiner Zusammensetzung abhängig. Es liegt in der Hand jedes Gaswerkes, ein Gas von bestimmtem Heizwert zu geben. Um eine gewisse Einheitlichkeit zu erzielen, sind von den Gasverbänden Normalrichtlinien aufgestellt worden.

Verbrennt der Wasserstoff, d. h. verbindet er sich mit dem Sauerstoff der Luft, so entsteht Wasserdampf. Dadurch, daß bei der Gasverwendung im Haushalt die Verdampfungswärme nicht ausgenützt wird, sondern Wasserdampf mit den Abgasen entweicht, kommt eine gewisse Verminderung des Heizwertes zustande. In größeren Betrieben müssen die leicht brennbaren Abgase durch besondere Vorrichtungen aus der Küche abgeleitet werden. Bei Verbrennung von 1 cbm Mischgas entstehen 760 g Wasserdampf, und ferner 0,5 cbm Kohlensäure. Erfolgt die Verbrennung nicht vollständig, so ist in den *Abgasen* auch noch Kohlenoxyd vorhanden. Bei der Gasverbrennung wird ferner, wie angedeutet, der heißen Luft Sauerstoff entnommen. 1 cbm Gas braucht zur vollständigen Verbrennung praktisch 4,5 cbm Luft. Das sind Vorgänge, die unter Umständen für die Küche besondere Bedeutung besitzen können.

Kohlensäure ist bei verhältnismäßig geringen Mengen nicht schädlich, kann aber belästigend und gesundheitsschädlich wirken, wenn sie sich im Raum stark entwickelt. Gegen die Verwendung der üblichen abzugslosen Gasgeräte in normalgroßen Küchen bestehen deshalb keine Bedenken, wohl aber in sehr kleinen Räumen, in denen daher stets besondere Lüftungsvorrichtungen angebracht werden müssen. *Kohlenoxyd*, ein sehr giftiges Gas, kann nur bei unvollständiger Verbrennung infolge nicht genügender Luftzufuhr in den Abgasen enthalten sein. Infolgedessen wird bei der Konstruktion von Gasbrennern ganz besonders darauf geachtet, daß eine ungenügende Luftzufuhr nach bester Möglichkeit ausgeschlossen ist. Es wird daher auch bei der Berechnung des Verbrennungsluftbedarfs mit etwa 20% Luftabzug gerechnet. Weiter ist zur Vermeidung von Kohlenoxydbildung darauf zu achten, daß die Gasbrenner in regelmäßigen Zeitabständen gereinigt und ab und zu reguliert werden. Der bei der Gasverbrennung entstehende *Wasserdampf* wird bis zum Erreichen des Sättigungsgrades von der heißen Luft aufgenommen. Darüber hinaus wird er als Wasser niedergeschlagen, was bei ungenügender Lüftung zu feuchten Wänden und zu leichterem Rosten von Metallteilen führen kann.

Der stündliche **Gasverbrauch** normaler Kocherbrenner beträgt etwa 400—500 l und kann durch Drosselung des Ventils beliebig verkleinert werden und zwar bis zu $^1/_6$ oder $^1/_7$ des Vollverbrauches, also ungefähr 60—80 l pro Stunde. Der günstigste *Wirkungsgrad* eines Gasbrenners bei Verwendung üblicher Haushalttöpfe von 20—22 cm Durchmesser wird nicht bei dem schon erwähnten Vollstundenverbrauch, sondern bei einer geringeren Gasmenge erreicht. Da dann aber eine längere Ankochzeit erforderlich wäre und ein Hauptvorteil des Gasherdes gegenüber dem Kohlenherd oder der Elektrizität in der kurzen Ankochzeit liegt, ist der angegebene Normalverbrauch von 400—500 l gewählt worden, so daß hier gewissermaßen ein Kompromiß zwischen Wirkungsgrad und kürzester Ankochzeit gegeben ist.

In Großbetrieben wird der Herd meist mit **Preßluftgasen** versorgt. Das hat den Vorteil, daß diese Mischungsart stark belastet werden kann und hervorragend wirtschaftlich ist. Es wird dabei am besten ein Herd mit geschlossener Platte gewählt, bei dem die ganze Oberfläche mit Töpfen besetzt werden kann. Zur Herstellung von einzelnen Gerichten bei ruhigeren Betriebszeiten dient dann eine offene Kochstelle, die meist in größeren Herden eingebaut ist. Zum Kochen größerer Mengen haben sich *Beikocher* oder *Kochkessel*, die den Herd von größeren unhandlichen Töpfen entlasten, bewährt. Die Kochkessel werden heute ausschließlich mit indirekter Beheizung geliefert. Als Kippkessel sind sie mit einem Fassungsvermögen von 10—60 l Inhalt, als feste Kessel von 50—600 l in Gebrauch. Bratöfen, Bratpfannen, Wasserbad u. a. werden in größeren Küchen heute ebenfalls vom Herd gesondert aufgestellt. Dadurch wird die Wirtschaftlichkeit der Küche erhöht.

Beachtlich ist, daß in Deutschland in den mit Gas versorgten Haushaltsküchen weit mehr Kocher (Tischherde) als Herde installiert sind, und zwar etwa im Verhältnis 75—80% : 20—25%. Dieses Überwiegen des Gaskochers ist, von Raumersparnis abgesehen, vor allem durch den niedrigeren Anschaffungspreis zu erklären. Herde sind meist 2—3 mal so teuer.

Die beste **Gasausnutzung** erfolgt, wenn die Flamme halb so groß ist wie der Topfdurchmesser. Ein breiter und niedriger Topf bedingt unter diesen Voraussetzungen eine gute Gasausnutzung und kurze Ankochzeit. Die Schonung der Vitamine ist eine optimale, der breite und niedrige Topf daher zur Hitzeanwendung bei Gemüse, Obst, Kartoffeln und Milch geeignet. Ein hoher und schmaler Topf ermöglicht bei einer Flammengröße, die dem halben Topfdurchmesser entspricht, eine noch etwas vorteilhaftere Gasausnutzung, die Ankochzeit aber ist länger und damit die Beeinträchtigung der Vitamine größer. Diese Topfform eignet sich daher mehr für Fleisch und alle langkochenden Speisen.

Bei Metallen aller Art wird Gas am besten ausgenutzt. Ob es sich um Aluminium, Kupfer, Eisen, Email usw. handelt, spielt für die Frage der Gasausnutzung keine Rolle, ist dafür aber um so bedeutender für die Erhaltung der Vitamine (vgl. S. 115).

III. Heizen mit Elektrizität.

Bei Verbrennung auf offenem Feuer handelt es sich um chemische Vorgänge. Die Temperaturen, die dabei erzeugt werden, sind abhängig von dem Luftgasgemisch und liegen zwischen 1000 und 1500° C. Direkte Regulierung des Wärmegrades ist nicht möglich, wohl aber kann die Wärmemenge, die in einer gewissen Zeit entsteht, geändert werden. Das geschieht einerseits durch Verminderung der Brennstoffmenge, andererseits durch Drosselung der Sauerstoffzufuhr.

Bei der **Wärmeerzeugung** mittels elektrischen Stromes handelt es sich dagegen um einen physikalischen Erwärmungsvorgang; ein neuer Stoffverbrauch findet dabei nicht statt. Die entstehenden Temperaturen sind abhängig:

1. von der Größe und
2. von der Beschaffenheit der Heizkörperoberfläche,
3. von der zugeführten Leistung.

Sie liegen bei Hochleistungsplatten etwa zwischen 200 und 480°.

Zur Herrichtung von Nahrungsmitteln sind, wie ausgeführt, beim Kochen *Temperaturen* bis 100°, beim Backen und Braten bis zu 200° ausreichend. Höhere Temperaturen sind unerwünscht und überflüssig. Beim Kohlen- und Gasfeuer sucht man daher die zu hohen Wärmegrade zu vermindern, indem man das Kochgut in einem entsprechenden Abstand von der Flamme hält. Bei der Elektrizität ist das nicht nötig. Heizdrähte, die auf der Unterseite einer meistens gußeisernen Platte elektrisch isoliert eingepreßt sind, erwärmen den Gußkörper und übertragen die Hitze in erster Linie durch unmittelbare Leitung. Ohne Zwischenschaltung von Luft ist so eine direkte Temperaturregulierung möglich. Der Konstrukteur hat es also in der Hand, durch richtige Bemessung der Heizkörper jede gewünschte Temperatur zu erreichen, wählt aber gewöhnlich Temperaturen, die höher liegen als die, welche zur Nahrungsmittelzubereitung benötigt werden, weil ein Teil der Wärme durch Strahlung verlorengeht. Die Kochplatten, deren Größe mit den Kochtöpfen übereinstimmen soll, werden in Normalausführungen mit 14,5, 18 und 22 cm Durchmesser und einer Nennaufnahme von 800, 1200 und 1800 Watt bei Vollzuleitung geliefert. Höhere Temperaturen als die genannten lassen sich bei den gegebenen Voraussetzungen nicht erzielen, weil die Temperaturen der Heizspirale nicht viel höher liegen; wohl aber können bei entsprechender Umschaltung niedrigere Wärmegrade erzielt werden. Es liegt z. B. die „Fortkochstelle" je nach der Größe der Kochplatte zwischen 200 und 300 Watt. Tatsächlich werden zum Fortkochen geringere Leistungen benötigt, z. B. zum Sieden 1 l Wassers mit aufgelegtem Deckel 120 Watt, beim Topf ohne Deckel 170 Watt. Aus Sicherheitsgründen hat man aber auch hier etwas höhere als die theoretischen Werte gewählt.

Man erkennt übrigens aus diesem Beispiel, daß jedes Abnehmen des Deckels stets einen höheren Energieverbrauch nach sich zieht.

Dadurch, daß vom Heizdraht aus zunächst die Heizplatte, die eine gewisse Eigenwärme hat, und erst von dieser aus das Kochgefäß erhitzt wird, *verzögert sich die Erwärmung des Kochgutes.* Darin liegt ein weiteres charakteristisches Merkmal dieser Wärmeanwendung, das berücksichtigt werden muß. Weiter tritt auch bei der Umschaltung der Platte auf eine andere Leistungsstufe die Auswirkung nicht sofort, sondern erst allmählich ein. Die in der Kochplatte gespeicherte Wärmemenge kann niemals in vollem Umfange nutzbar gemacht werden, geht also zum Teil verloren. Wohl kann teilweise diese *Speicherwärme* ausgenutzt werden, indem vor dem Garkochen noch umgeschaltet wird oder bei Beendigung des Kochprozesses auf die noch warme Platte ein Topf mit Wasser oder dergleichen gestellt wird.

Zur Erzielung einer möglichst verlustarmen Wärmeübertragung sind **Spezialtöpfe** mit ganz ebenen, und zur Erhaltung dieser Ebenheit noch verstärkten Topfböden, die wiederum eine nicht unbeträchtliche Wärmekapazität besitzen, erforderlich. Der Wirkungsgrad bei guter Berührung zwischen Heizplatte und Kochtopf beträgt z. B. 85°, bei einem Luftspalt von 0,5 mm reduziert sich dieser Effekt auf 68°.

Eigenart der elektrischen Zubereitung. Infolge der verzögerten Erwärmung bei Anwendung von Elektrizität verlängert sich im Vergleich zur offenen Flamme die Ankochzeit, d. h. die Zeit, die nötig ist, um ein Kochgut von der Raumtemperatur auf die für den Garprozeß nötige Temperatur zu bringen, ist entsprechend größer. Dieser Umstand wirkt sich bei Gerichten mit kurzer Koch- und Bratdauer — z. B. bei Spiegeleiern, Eierkuchen, Mehlsuppen usw. — als Nachteil aus. Bei Gerichten mit längerer Koch- und Bratdauer dagegen, die bei weitem den Hauptteil der üblichen Speisen darstellen, gleicht sich der Zeitunterschied wieder weitgehend aus.

21. Vergleich von Gas und Elektrizität.

Die Frage, ob Gas oder Elektrizität im Küchenbetrieb den Vorzug verdient, kann in einer allgemeingültigen Form nicht beantwortet werden, denn zu viele Gesichtspunkte sind bei einem Vergleich zu berücksichtigen. Eine Entscheidung kann jeweils nur unter bestimmten Gesichtspunkten und Annahmen getroffen werden. Auf einiges Grundsätzliche sei im folgenden hingewiesen.:

Der Verbraucher, der sich für die Verwendung von Gas oder Elektrizität entscheiden soll, wird sich, da er von den Einheiten Kilowattstunde (kWh) und Kubikmeter Gas (cbm) meistens nur unklare Vorstellungen hat, mit solchen Angaben nicht begnügen. Er will vielmehr wissen, welche **Energiekosten** ihm bei der Abnahme von Gas oder Strom entstehen.

Bei einer allgemeinen Beantwortung dieser Frage aber ist zu berücksichtigen, daß die Energiepreise meist recht verschieden sind. Die Kleinabnehmer-Lichtstrompreise liegen meist bei 35—45 Pf. je kWh. Oft sind jedoch besondere Haushaltstromtarife eingeführt, die erst ein wirtschaftliches elektrisches Kochen ermöglichen. Sie liegen meist bei 8—12 Pf. je kWh. Weiter haben die Werke besondere Nachtstrompreise geschaffen in den Größenordnungen von 5—8 Pf. je kWh, die im Haushalt besonders für Heißwasserzubereitung in Speichern, die zur Nachtzeit elektrisch geheizt werden, in Frage kommen. Der Preis pro cbm deutsches Normalgas liegt ungefähr bei 20—35 Pfg., je nach der Entfernung, über die das Gas geleitet wird.

Bei dieser erheblichen Streuung der Preise ist es schwierig, zu einem die allgemeinen Verhältnisse berücksichtigenden Vergleich zu kommen. Es ist deshalb nützlich, zu wissen, wie sich der **Nutzeffekt 1 kWh** Elektrizität zu dem 1 cbm Gas verhält, oder wieviel kWh nötig sind, um 1 cbm Gas zu ersetzen. Ist hier eine Klärung erzielt, dann ergibt sich im speziellen Fall das Verhältnis der Energiekosten durch Einsetzen der jeweiligen Preise zur Verbrauchseinheit unter Beachtung der Unterschiede für Tag- und Nachtstrom.

Die Größe der „Äquivalenzzahl" (Gleichwertigkeitszahl) von Elektrizität zu Gas ist wieder abhängig von dem Heizwert der aufgewandten Maßeinheiten kWh und cbm Gas: Letzterer liegt bei Elektrizität fest und beträgt je kWh = 860 Kilogrammkalorien (kcal). Der Heizwert des Gases dagegen schwankt. Für deutsches Normalmischgas kann es bei 760 mm Hg und 15° C pro 1 cbm ungefähr mit 3500 kcal angenommen werden. Unter Berücksichtigung dieser vollen Heizwerte ergibt sich theoretisch eine Äquivalenzziffer von 4,07.

3500 kcal (Gas) : 860 kcal (kWh) = 4,07, d. h. also, der Heizwert 1 cbm Gas ist theoretisch etwa 4 mal so hoch wie der 1 kWh. Eine niedrige Äquivalenzzahl spricht demnach zugunsten von Strom, eine hohe zugunsten von Gas.

Die so ermittelte Äquivalenzzahl berücksichtigt zwar nur den Heizwert, nicht aber den *Nutzeffekt* der beiden Energieeinheiten. Der Nutzeffekt ergibt sich aus dem Verhältnis:

$$\frac{\text{gewonnene Wärmemenge (kcal)}}{\text{aufgewendete Wärmemenge (kcal)}} \cdot 100.$$

Der Nutzeffekt, der selbst wieder je nach der Art der verwendeten Geräte von vielen Faktoren abhängig sein kann, ist für siedendes Wasser leicht zu bestimmen. Beim Fort- und Garkochen ist er nur sehr schwer bzw. überhaupt nicht zu ermitteln, da wohl die angewandte Energie, nicht aber die gewonnene gemessen werden kann. Es bleibt daher nur übrig, die in praktischen Kochversuchen mit gleichem Endergebnis gemessenen Strom- und Gasverbrauchszahlen gegenüberzustellen, also die Äquivalenzzahlen zu ermitteln.

Wirtschaftlichkeit und Zubereitungsart. Bei solchem Vergleichskochen mit Gas und Elektrizität ergaben sich Äquivalenzziffern, die in weiten Grenzen schwanken. Es wurden Zahlen von unter 2 bis über 4 gefunden. Vor allen Dingen weichen die Ergebnisse, je nachdem sie von Gas- oder Elektrizitätswerken stammen, außerordentlich voneinander ab. Es ergaben sich auch unterschiedliche Vergleichszahlen, je nachdem, ob Wasser oder Speisen zubereitet wurden. Im großen und ganzen gesehen, dürften für die Speisenzubereitung im mittelgroßen Haushalt ungefähr 3 kWh nötig sein, um 1 cbm Gas zu ersetzen. Diese Zahlen sind das Ergebnis zahlreicher praktischer, mit der erforderlichen Kritik und Objektivität durchgeführten Untersuchungen. Das Resultat darf allerdings nicht ohne weiteres verallgemeinert werden.

Im großen und ganzen kann man — ungeachtet aller Differenzen im kleinen — sagen, daß sich die Wirtschaftlichkeit günstig für Strom

und ungünstig für Gas gestaltet, wenn Speisen vorwiegend in der Brat-
und Backröhre zubereitet werden, daß aber, wenn auf Kocherbrennern
oder Heizplatten gekocht wird, sich dieses Verhältnis umkehrt, also Gas
vorteilhafter ist. Der Grund liegt einmal darin, daß in elektrischen
Bratöfen die Wärmeisolation in weitgehenderem Ausmaße erreicht
werden kann als in Gasbratöfen: allein durch die Abgabe und die Zuführung der Verbrennungsluft gehen etwa 20—25% der zugeführten
Wärme verloren. Andererseits kann, wie erwähnt, die in elektrischen
Heizplatten gespeicherte Wärme niemals wieder voll ausgenutzt werden,
so daß sich bei dieser Anordnung das Verhältnis zuungunsten der Elektrizität verändert. Werden oft Braten, Schmarren, Kuchen u. ä zubereitet, kurz, wird der Bratofen häufig benutzt, dann wird das Gleich-
gewichtsverhältnis von Strom und Gas niedriger sein, als wenn das
nicht der Fall ist. Auf diesem Vorteil fußt die Einführung der „Hauben-
kochgeräte", die sich, obwohl einem richtigen Prinzip entspringend,
in der Praxis bisher noch nicht durchsetzen konnten, weil man sich
nur schwer an das „Kochen in geschlossenen Räumen" gewöhnen kann
und die unwirtschaftlichen Hochleistungsplatten vorzieht, auf denen
wie auf Kohlen- oder Gasherden gekocht wird.

Erwägungen vorstehender Art können aber allein nicht über die
Zweckmäßigkeit von Gas oder Elektrizität entscheiden. Es kommt
noch mancherlei hinzu. Von seiten der Elektrizitätswerke wird behauptet,
daß beim elektrischen Kochen geringere Mengen Wasser und Fett verdampfen als beim Kochen mit Gas. Die Vermutung liegt auch deshalb
nahe, weil, wie ausgeführt, bei den Gasgeräten höhere Temperaturen auftreten als bei den elektrischen Geräten. Will man dieser Frage-
stellung nähertreten, dann ist zu berücksichtigen, daß eine Verdampfung hauptsächlich beim Fortkochen eintritt und die *Verdampfungs-
menge* weniger von der Temperatur als der zugeführten Wärmemenge
abhängt. Bei Kochplatten beträgt die stündliche Wärmeleistung der
zum Fortkochen benötigten kleinsten Stufen je nach Plattengröße
175—260 kcal, bei der Sparflamme des Gasbrenners 210—270 kcal.
Die niedrigsten Wärmemengen sind somit beim Gasherd nur wenig
größer als beim elektrischen, so daß auch die Verdampfungsverluste
beim Fortkochen nicht sehr verschieden sein dürften. Es kommt weiter
hinzu, daß beim Umschalten der Elektrizität auf die niederen Fort-
kochstufen die Wärmemenge erst allmählich heruntergeht, dies bedingt
wieder eine erhöhte Verdampfung. Es dürften demnach also keine
Unterschiede in den Verdampfungsverlusten zwischen Elektrizität und
Gas entstehen.

Neben solch rein energetischen Gesichtspunkten, die bei der Wasser-
verdampfung bereits durch die ermittelte Äquivalenzziffer erfaßt werden,
ist bei der Fettverdampfung der weit wichtigere *Nahrungsmittelverlust*

in Betracht zu ziehen. Fett verdampft vorwiegend beim Braten und Backen, nicht aber bei gleichzeitigem Zusatz von Wasser, das, wie ausgeführt, als Temperaturbegrenzer wirkt. Die verhältnismäßig hohen Temperaturen an der Gasflamme wirken sich hierbei ungünstiger aus als die niedrigen Temperaturen der Kochplatte, selbst wenn man die nach Einschalten einer kleineren Leistung anfangs noch hohe Plattenspeicherwärme mit berücksichtigt.

Trotz reichlichen Wasserzusatzes können verhältnismäßig trockene Speiseteile direkt auf dem Topfboden ohne eine wärmeschützende Wasserschicht aufliegen und bei den hohen Hitzegraden der offenen Flamme leichter anbrennen als bei der Elektrowärme. Will man das vermeiden, so muß man umrühren. Infolge des Umrührens jedoch kommt das Kochgut intensiver mit dem Luftsauerstoff in Berührung, so daß auf Grund dieser Oxydationen *Verluste an Vitamin C* eintreten können. In diesem Punkte bietet die Elektrizität einen Vorteil vor Gas. Dem steht aber auf der anderen Seite entgegen, daß infolge der verlängerten Ankochzeit die Hitzeeinwirkung bei der Elektrizität länger ist, wodurch die Vitamine wieder ungünstig beeinflußt werden.

Unterschiedliche Beeinflussung des *Geschmacks* von mittels Strom oder Gas zubereiteten Speisen scheint nicht zu bestehen.

Ohne Zweifel aber erfüllt die elektrische Küche *hygienische Anforderungen* in einem höheren Maße als die Gasküche. Zusätzliche Entlüftungs- und Abzugsvorrichtungen für die Abgase und Wasserdämpfe sind nötig, wenn die Gasküche konkurrieren soll.

Dafür aber ist der *Anschaffungspreis* für elektrische Kocher und Herde und für Kochtöpfe höher. Elektrische Geräte sind komplizierter und in der Herstellung kostspieliger. Wer sich mit billigeren Kochgarnituren begnügen will, nimmt damit gewöhnlich einen höheren Stromverzehr mit in Kauf.

Was nun schließlich die *Bequemlichkeit* und die *Einsparung an Zubereitungs- und Bedienungszeit* anbelangt, auf die die Vertreter der Elektrizität hinzuweisen pflegen, so ist dazu zu sagen, daß auch hier sich die Vor- und Nachteile vielfach aufheben und bei Berücksichtigung des gesamten Küchenbetriebes unwesentlich sein dürften. An sich ist schließlich auch größere Bequemlichkeit nicht mit größerer Wirtschaftlichkeit identisch.

Zusammenfassend kann gesagt werden: Neben den Strompreisen, die zur Zeit vielleicht höher liegen, als dem Äquivalenzverhältnis entspricht, bestehen in der Gas- und Elektroküche vor allem Unterschiede in der Hygiene und den Beschaffungskosten. Wer den hygienischen Vorteil höher schätzt — und dieser Gesichtspunkt fällt vor allem für größere Küchen in die Waage —, wird der elektrischen Küche den Vorzug geben. Wer aber den wirtschaftlichen mehr berücksichtigt, wird sich bei den heute noch relativ höheren Stromkosten zugunsten der Gasküche entscheiden. Der mit festen Brennstoffen erzielte Wärmegrad gestattet wahrscheinlich, der individuellen Eigenart jedes Nahrungsmittels am besten gerecht zu werden.

B. Kälteanwendung.

22. Bedeutung der Kaltlagerung.

In Deutschland gehen nach Schätzungen 10—13% aller leicht verderblichen Lebensmittel verloren. Dies bedeutet eine jährliche Minderung des Volksvermögens von mehr als einer Milliarde. Der Verlust beginnt bei der Produktion und erstreckt sich vom Großhändler über den Kleinhändler bis zum Verbraucher. Beim Verbraucher selbst geht ebensoviel verloren wie auf dem Wege vom Erzeuger zum Verbraucher. Bei den hohen Werten, die die jährlich dem Verderb anheimfallenden Lebensmittel darstellen, können sich selbst kleine Verbesserungen in großem Maßstabe auswirken. Auch die Küche hat die Pflicht, ihren Teil zum „Kampf dem Verderb" beizutragen.

Zur Erreichung der Haltbarmachung gibt es eine Reihe von Verfahren, wie Sterilisieren, Kühlen, Räuchern, Pökeln, Trocknen. Die Konservierung durch Sterilisierung ist, sofern Lebensmittel ohne sie in ungekochtem Zustande nicht genossen werden können, eine nicht zu entbehrende Maßnahme. Die Haltbarmachung durch chemische Zusätze ist zwar häufig die billigste Methode, aber oft ein unerwünschter Weg. Die Kaltlagerung ist zweifellos die idealste Art der Speicherung, da sie am wenigsten den natürlichen Zustand der Lebensmittel, d. h. den gesamten Genuß- und Nährwert, verändert.

Durch den Einsatz der Kältetechnik in die Lebensmittelbewirtschaftung läßt sich aber nur dann ein beschränkter Erfolg erwarten, wenn auf dem Wege von der Produktion bis zum Verbrauch keine Lücken bestehen. Notwendig ist, daß die Kühlung in einer geschlossenen Form vor sich geht, die man als **Kühlkette** bezeichnet. Diese Kühlkette darf auch unmittelbar vor dem Verbraucher nicht durchbrochen werden. Das aber ist für die Küche nur möglich, wenn ihr eine Kühlmöglichkeit zur Verfügung steht und wenn sie die ihr gelieferten empfindlichen Nahrungsgüter sofort und gleichmäßig kühlt.

I. Ziel und Grenzen der Kälteanwendung.

Man kann allerdings von der Kälteanwendung zu Konservierungszwecken nichts Unmögliches erwarten. Eine *Entkeimung durch Kälte* ist niemals zu erreichen. Tote Fische und Seetiere fallen selbst im Polarmeer der Fäulnis anheim. Die pilzlichen Kleinlebewesen sind durch Kälte überhaupt nicht abzutöten. Selbst manche der empfindlichsten

Krankheitserreger, die alle bei der Bluttemperatur der Menschen gedeihen und sich dieser angepaßt haben, vertragen oft eine tage- und wochenlange Abkühlung weit unter dem Gefrierpunkt. Cholerabazillen vermögen z. B. bei −10° bis −12° C zu überwintern, Diphtheriebazillen bleiben nach wochenlangem Aufenthalt bei einer Kälte von −30° noch am Leben, und die Keimfähigkeit der Fäulnisbakterien kann selbst bei Kältegraden von unter 100° nicht aufgehoben werden.

Von dem Einfluß der Kälte auf *tierische Schädlinge*, die auf Lebensmitteln leben, ist wenig bekannt. Bei Finnen ist durch Kälte eine Abtötung möglich. Um Trichinen aber sofort zu töten, braucht man Temperaturen von −35°, bei −15° sterben sie erst nach 2—3 Tagen ab.

Was wir durch Kälte bezüglich der Mikroorganismen erreichen können, ist nur ein Stillstand der bakteriellen und pilzlichen Vegetation, solange es gelingt, die Temperatur gleichmäßig und ständig bei null oder nahe bei null Grad zu erhalten. Aber schon wenig oberhalb des Gefrierpunktes beginnt, wenn infolge häufiger, selbst nur ganz geringer Temperaturschwankungen Anlaß zur Kondensation der Luftfeuchtigkeit gegeben ist, die Vegetation gewisser pilzlicher und bakterieller Kleinlebewesen auf und in den gekühlten Nahrungsmitteln. In dem Maße, wie die Temperatur ansteigt, kommt es auch zu größerer Mannigfaltigkeit der Lebensäußerungen, erst Wachstum, dann Vermehrung, weiterhin Erzeugung giftiger Stoffwechsel- und Zersetzungsprodukte. Eine 12stündige Lagerung bei +16° hat beim Fleisch etwa dasselbe Wachstum von Mikroorganismen zur Folge wie eine 6tägige bei +0°.

Für die Zwecke der Konservierung ist ein bloßes *Kühlhalten* der Nahrungs- und Genußmittel um 0° herum (zwischen +1—4° C), also bei einer die Kondensation von Wasserdämpfen gestattenden Temperatur, dem vollständigen Durchfrierenlassen vorzuziehen. Solche Temperaturen erzeugen wir daher in unseren Kühlschränken. Dabei werden die zur Erhöhung der Schmackhaftigkeit und Verdaulichkeit notwendigen fermentativen Vorgänge nicht unterdrückt, sondern nur in erwünschter Weise verlangsamt.

II. Volkswirtschaftliche und volksgesundheitliche Bedeutung.

Frischhalteverfahren durch Kälte sind heute überhaupt nicht mehr wegzudenken. Ihre Bedeutung liegt sowohl auf volkswirtschaftlichem als auch auf volksgesundheitlichem Gebiete. Mittels der Frischhaltungstechnik ist es möglich, den Überfluß der Erntezeit einzulagern und gleichmäßig über das Jahr verteilt dem Markt zuzuführen. Ohne sie müßten viele Obst- und Gemüsesorten ihrer beschränkten Haltbarkeit wegen ohne Rücksicht auf die Nachfrage in den Handel gebracht werden. Der Erzeuger würde durch starke Preisschwankungen geschädigt, der Anbau wäre weniger lohnend, die Allgemeinheit durch den Verderb und damit die Einbuße an Nährwerten und Volksvermögen erheblich geschädigt und durch den Genuß nicht ganz einwandfreier Lebensmittel erheblichen Gesundheitsschädigungen ausgesetzt. Angesichts unserer Nährstoffknappheit und der großzügigen Entwicklung, die das Gefrieren von Lebensmitteln in anderen Ländern genommen hat, steht es außer Zweifel, daß die deutsche Kältetechnik bei der Konservierung von Lebensmitteln in den kommenden Jahren eine immer größere Rolle spielen wird.

23. Arten der Kälteerzeugung und ihre Beurteilung.
I. Einfache Verfahren.

Kälte und Wärme sind im physikalischen Sinne keine Gegensätzlichkeiten, sondern lediglich verschiedene Ausdrucksformen derselben Energie. Wir pflegen die Temperatur bekanntlich nach Celsius zu messen. Diese Temperaturskala ist dadurch entstanden, daß der Gefrierpunkt von Wasser $= 0°$ und der Siedepunkt von Wasser bei normalem Atmosphärendruck $= 100°$ gesetzt wird. Der Nullpunkt ist also auf Wasser bezogen. Der absolute Nullpunkt dagegen, d. h. der Punkt, dessen Temperatur mit keinem Mittel unterschritten werden kann und bei dem alle Stoffe, auch Luft und Gase, fest werden, liegt bei $-273°$. Geht man von diesem Nullpunkt aus, dann liegt der Gefrierpunkt von Wasser bei $273°$, sein Siedepunkt bei $373°$.

Wärme läßt sich entziehen, d. h. binden durch das Verdampfen von Flüssigkeit. Statt von Wärmeentziehung kann man auch von Kälteerzeugung sprechen. Wenn ein heißer Körper sich auf die Temperatur der Umgebung abkühlt, so ist das jedoch keine Kälteerzeugung. Denn dieser Vorgang tritt ja von selbst auf. Unter Kälteerzeugung versteht man die Entziehung von Wärme bis zu einer Temperatur, die tiefer ist als die der Umgebung.

Wasserverdunstung. Die einfachste Kälteerzeugung ist die, daß man Wasser verdunsten läßt. Bekannt ist, daß Wasser sich in porösen Tonkrügen besonders kühl hält. Das kommt daher, daß das Wasser durch die Wand hindurch den Tonkrug durchsetzt und an der Außenfläche verdunstet. Nach diesem System läßt sich z. B. Butter kühlen. Man kann auch ein Gefäß dadurch kühlen, daß man es mit nassen Tüchern umhüllt und dann der Zugluft aussetzt. Auch der menschliche Organismus empfindet bekanntlich ein intensives Kältegefühl, wenn er naß ist. Besonders stark ist das Kältegefühl, wenn man statt Wasser den leichter verdunstenden Äther nimmt.

Die Ausnutzung der Wasserverdunstung ist aber zur Kühlhaltung nicht ausreichend. Bei feuchter Luft versagt sie ganz. „Frischhaltungsschränke" (Abb. 12, 13, 14, 15), die auf dieser Basis fundieren, sind nicht zu empfehlen, einerlei, ob die Kühlhaltung durch Vorbeistreichen von

Luft an wasserbenetzten, mit Stoff bezogenen Abstellplatten oder durch mit Leitungs- oder Brunnenwasser gespeisten „Durchkühlläufern" verursacht wird. Die Kühltemperaturen, die mit solchen Methoden erreicht werden, dürften bei einer Außentemperatur von 25° und einer Luftfeuchtigkeit von etwa 50% mit etwa 17—20° viel zu hoch liegen, um eine wirksame Frischhaltung ermöglichen zu können.

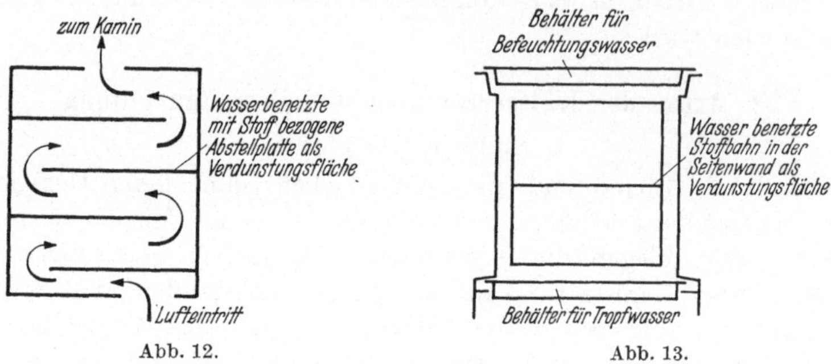

Abb. 12.　　　　Abb. 13.

Unbrauchbare Frischhaltungsschränke.

Um bessere Kühlung zu erhalten, nimmt man meistens Eis. Mit dem „Eisschrank" lassen sich ziemlich kräftige, wenn auch nicht so niedrige Temperaturen erzeugen, wie im elektrischen Kühlschrank. Die Innentemperatur im gut isolierten Eisschrank liegt bei $+8$—10°.

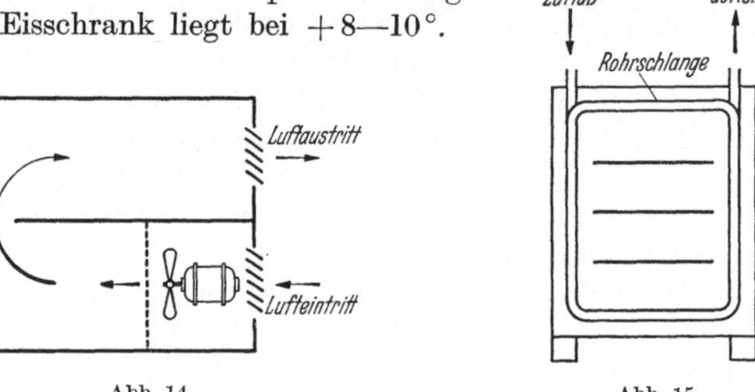

Abb. 14.　　　　Abb. 15.

Unbrauchbare Frischhaltungsschränke.

(Abb. 12—15 nach Literaturangabe Nr. 8.)

Stärkeren Intensitätsgrad als das Eis besitzt das **Kohlensäureeis**, d. h. gefrorene Kohlensäure. Sie hat eine Temperatur von $-80°$. Kohlensäure schmilzt nicht, sondern verflüchtigt sich. Deshalb bietet Kohlensäureeis besondere Vorteile beim Transport leicht verderblicher Lebensmittel. Ihr Preis ist allerdings erheblich höher als der des Wassereises.

Eine weitere Art der Kälteerzeugung stellen die sog. **Kältemischungen** dar. Läßt man Eis mit Kochsalz gemischt schmelzen, so sind

Temperaturen bis —20° zu erreichen. Kältemischungen finden meist Verwendung zur Bereitung von Speiseeis. Zur Kühlung von Schränken ist das Verfahren zu teuer und zu umständlich. Dasselbe gilt für die Verdampfung alkoholähnlicher Flüssigkeiten unter leichtem Unterdruck (Wasserstrahlpumpe), der die Verdampfung beschleunigt.

Im Prinzip kann man jede Flüssigkeit unter richtiger Bemessung des Druckes zum Verdampfen bringen und so Kälte erzeugen.

Bei der Besprechung des Siedepunktes des Wassers hatten wir bereits kurz auf die Bedeutung des atmosphärischen Druckes hingewiesen. Wenn der Druck entsprechend geändert wird, kann Wasser nicht nur bei 100°, sondern bei jeder beliebigen Temperatur verdampft werden. Im Dampfkessel verdampft es bei einem Druck von 10—40 Atm. bei 200—300°, auf hohen Bergen schon unter Umständen bei 90°, weil dort ein geringerer Druck als 1 Atm. herrscht. Auch bei 20° ist es möglich, Wasser zum Verdampfen zu bringen und somit Kälte zu erzeugen. Voraussetzung ist nur, daß der Druck bis auf 0,02 Atm. heruntergesetzt wird.

II. Kältemaschinen.

Für Kältemaschinen verwendet man aber nicht Wasser, sondern Stoffe, bei denen der Siedepunkt niedriger liegt. So liegt z. B. bei 1 Atm. der Siedepunkt von Ammoniak bei —33, von Methylchlorid bei —24, von Äthylchlorid bei +12, bei Schwefeldioxyd bei —10. Diese *Flüssigkeiten* bieten technisch größere Vorteile als Wasser. Vom Standpunkt der Wirtschaftlichkeit ist es ziemlich gleichgültig, welches Kältemittel verwendet wird.

In den meisten Kältemaschinen wird Ammoniak benutzt. Um die Betriebskosten von Kälteanlagen gering zu halten, pflegt man das verdampfte Kältemittel wieder zurückzugewinnen. Voraussetzung hierfür ist, daß es an einer anderen Stelle wieder kondensiert, d. h. verdichtet wird. Die Verdampfung selbst erfolgt im „*Verdampfer*", die Verdichtung im „*Kondensator*". Das bei niedrigem Druck im Verdampfer vergaste Kältemittel wird durch den Kompressor auf den hohen Druck gebracht, bei dem es im Kondensator wieder kondensieren kann. Es durchläuft dabei, ohne verbraucht zu werden, einen geschlossenen Kreislauf. Die nötige *Energie* wird entweder *mechanisch oder elektrisch* dem Kompressor zugeführt.

Der Verdampfer muß selbstverständlich im Kühlraum liegen oder mit ihm in wärmeleitender Verbindung stehen. Er ist entweder unmittelbar in den Kühlraum hineingehängt oder er liegt in Sole. Im ersteren Falle spricht man von direkter, im letzteren von indirekter Verdampfung. Unter *Sole* versteht man eine Salzlösung, die erst bei tiefen Temperaturen gefriert. Bei Verwendung von Sole fällt die Temperatur im Kühlschrank verhältnismäßig langsam ab, steigt aber andererseits auch nur langsam an. Die Temperaturen sind gleichmäßiger als ohne Sole. Die Folge dieser Anordnung ist, daß der Motor sich nur selten an- und ausschaltet, durchschnittlich alle 4—6 Stunden. Ohne Sole ist die Kältespeicherung nur sehr gering. Der Regler muß sich öfters an- und ausschalten, wobei die Möglichkeit zu Betriebsstörungen natürlich entsprechend größer ist. Mit Sole allerdings ist infolge der Kälteübertragung der Energieverbrauch des Kühlschrankes etwas höher. Da nun — umgekehrt wie bei der Verdampfung — bei der Kondensation des Kühlmittels größere Wärmemengen frei werden, muß der Kondensator außerhalb des Kühlschrankes angebracht sein. Die sich entwickelnde Wärme wird entweder durch bewegte Luft oder durch fließendes Wasser abgekühlt. Kälteanlagen, die nach diesem Prinzip konstruiert sind, sind die „Kompressor-Kühlschränke".

Eine weitere Möglichkeit, eine Kältemaschine zu betreiben, ist die **Absorptions-Kältemaschine.** Die notwendige Energie wird dabei nicht als mechanische wie beim Kompressionsschrank, sondern als Wärmeenergie (*Gas, Kohlen, Öl, Elektrizität*) zugeführt. Der Betrieb geht dabei so vor sich, daß die verdampfte Kältemischung, statt von einem Kompressor angesaugt zu werden, in den Absorber, d. i. ein mit Wasser gefülltes Zwischengefäß (statt durch Wasser wird in anderen Modellen Ammoniak auch trocken absorbiert, z. B. durch Chlorcalcium), geführt wird. Dort wird es — meist verwendet man Ammoniak dabei — von dem Wasser gierig angesogen und die Wasserammoniaklösung wird dann durch eine Pumpe in einen Kocher befördert, der geheizt wird und so das Ammoniak aus dem Wasser wieder austreibt. Das dampfförmige NH_3 zieht in den Kondensator und führt den Kreislauf zu Ende. Ist aus dem Kocher genug NH_3 ausgedampft, dann stellt man den Zugang ab und läßt den Kocher abkühlen. Wenn derselbe genügend kalt und damit der Druck wieder entsprechend niedrig geworden ist, vermag der Kocher von neuem Ammoniakdampf zu absorbieren.

Unter diesen *„periodischen" Kältemaschinen* gibt es auch *„kontinuierliche",* die allerdings in der Küche seltener Verwendung finden. Im Gegensatz zu den periodischen, bei denen eine kurze Heizperiode mit einer längeren Kühlperiode abwechselt, müssen die kontinuierlichen dauernd geheizt werden. Daher ist bei den meisten Stromtarifen bisher eine elektrische Heizung nicht billig genug. Vielfach wird deshalb als Heizquelle Gas verwandt.

Es muß also bei diesem Absorptionsprinzip gewöhnlich eine Heiz- und Kühlperiode ständig abwechseln. Die Heizperiode dauert im allgemeinen 2—4 Stunden — wobei der billigere Nachtstrom unter Umständen ausgenutzt wird —, die Kühlperiode dagegen währt etwa 20 Stunden.

Einen Überblick über die *Gesamtkosten* bei den verschiedensten Kühlschränken gibt die folgende Tabelle:

	Wassereis Eiskosten Mk. 0.10 für 10 kg	Kontinuierl. Absorptionskältemaschine mit Gasbeheizung Gaspreis Mk. 0.10 m³	Kompressionskältemaschine Strompreis Mk. 0.10 je kWh	Periodische Absorptionskältemaschine Mk. 0.04 je kWh	Trockeneis Eiskosten Mk. 0.30 für 1 kg
Anschaffungspreis	109.—	440.—	400.—	360.—	200.—
Feste Kosten im Monat .	1.25	5.75	6.60	4.50	2.50
Betriebskosten im Monat (mittl. Außentemp. 20°)	6.—	3.—	2.40	4.50	17.80
Gesamtkosten im Monat .	7.25	8.75	9.—	9.—	20.30

Gesamtkosten im Monat für einen Kühlschrank mit einem Nutzraum von etwa 90 l.

Bei den gewöhnlichen Eisschränken bilden die Betriebskosten, bei Kühlschränken mit Kompressionskältemaschinen die Kapitalkosten die Hauptrolle; bei den periodischen Absorptionsmaschinen sind feste und bewegliche Kosten von etwa gleicher Bedeutung. Ein mittelgroßer Kühlschrank braucht pro Tag 4—6 kWh oder 1,2—2 m³ Gas.

Die Betriebskosten für Kühlschränke lassen sich fabrikationsmäßig vermindern durch eine geeignete *Isolation*. Da der Absorptionsschrank einen höheren Energieverbrauch hat als der Kompressionsschrank, müssen bei ersterem alle Verluste möglichst kleingehalten werden. Das wird ermöglicht durch stärkere Isolation. Sie beträgt etwa 10 bis 14 cm (meist wird Kork verwandt), während sie beim Kompressionsschrank nur 5—8 cm auszumachen braucht. Eine stärkere Isolation erhöht wieder den Anschaffungspreis. Eine ausreichende Isolierung ist deshalb so wichtig, weil bis zu 80% der Gesamtkälteleistung nötig sind, um die durch die Wand hindurchtretende Wärme zu konzentrieren. Der Anteil der nicht nutzbaren Kalorien ist um so größer, je kleiner der Schrank ist. Das hat seinen Grund darin, daß kleine Kühlschränke prozentual eine größere Oberfläche und damit prozentual größere Kälteverluste haben als große.

Zweckmäßige Handhabung: Wichtig für den *Kältegrad* ist auch die Anordnung des Verdampfers. Die am Verdampfer abgekühlte Luft sinkt nach unten, erwärmt sich an den Wänden und Speisen und steigt dann wieder nach oben. Bei seitlicher Anordnung des Verdampfers gerät die Luft in einen ziemlich kräftigen Umlauf (Abb. 16). Ist der Verdampfer oben in der Mitte installiert, dann ist die *Luftzirkulation* schwächer, weil eben der Antrieb für die Luft nicht einseitig liegt (Abb. 17). Ein kräftiger Luftumlauf kühlt die Speisen stärker herunter als ein schwacher und macht die Temperaturunterschiede innerhalb des Schrankes größer. Das führt zu praktischen Konsequenzen. Die

Temperaturunterschiede innerhalb eines Schrankes können nämlich erwünscht sein und ausgenutzt werden. Es gibt eine Reihe von Lebensmitteln, die man tief kühlen muß, z. B. Milch und Fisch und andere, die man

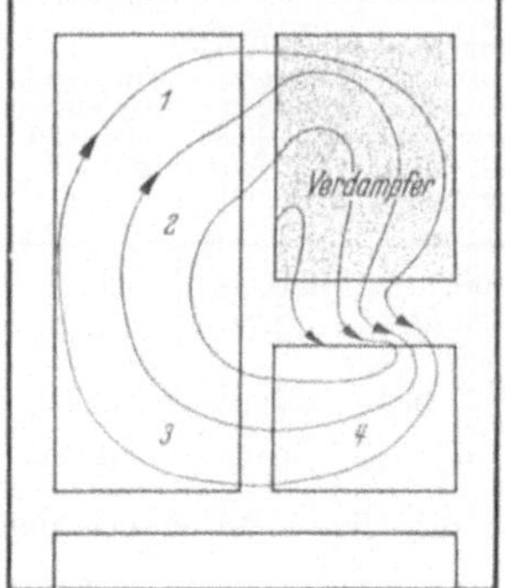

Meßstelle (Verdampfer seitlich)	Temperatur im Kühlschrank bei einer Außentemperatur von:		
	21°	27°	32°
1	7,5	7,5	7,5
2	6,3	5,5	5,0
3	6,0	5,0	4,2
4	5,3	4,5	3,5
Größte Temperaturdifferenz	2,2	3,0	4,0

Abb. 16. Luftumlauf und Temperaturverteilung. Verdampfer seitlich.

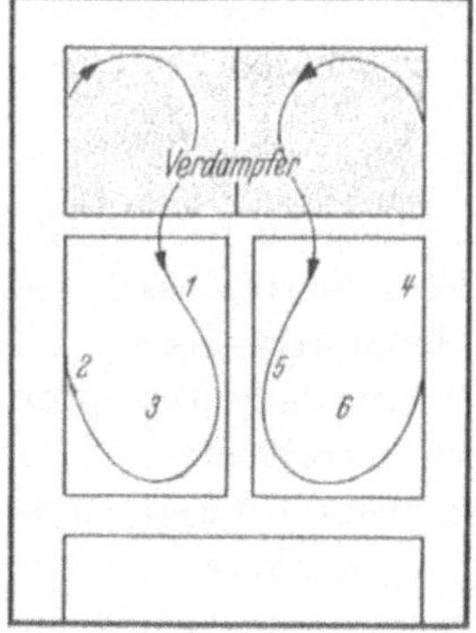

Meßstelle (Verdampfer mitten)	Temperatur im Kühlschrank bei einer Außentemperatur von:		
	21°	27°	12°
1	7,5	7,5	7,5
2	7,3	7,0	6,5
3	7,2	7,0	6,5
4	7,5	7,5	7,5
5	7,1	7,0	6,4
6	7,1	7,0	6,4
Größte Temperaturdifferenz	0,45	0,5	1,1

Abb. 17. Luftumlauf und Temperaturverteilung. Verdampfer oben mitten.

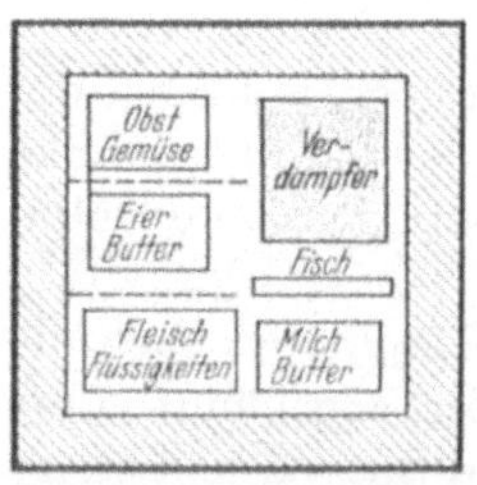

Abb. 18. Zweckmäßigste Lagerung im Kühlschrank.

nicht so tief zu kühlen braucht, wie Gemüse und Butter für den täglichen Gebrauch. Durch zweckmäßige *Lagerung* der Lebensmittel lassen sich dann die Temperaturdifferenzen nutzbringend ausnutzen (Abb. 18).

Ein kräftiger Luftumlauf ist auch im Interesse einer möglichst geringen *Geruchsübertragung* von einem Lebensmittel zum anderen vorteilhaft. Gerüche werden vom Schnee des Verdampfers absorbiert. Da die Luft bei ihrer Zirkulation durch den Schrank unmittelbar an den Verdampfer gelangt, sind stark riechende Lebensmittel am besten im obersten Fach des Kühlschrankes aufzubewahren. Bei längerer Lagerung ist besonders die Geruchsabgabe von Zitronen durch die Flüchtigkeit ihrer ätherischen Öle bekannt und gefürchtet.

Weit stärkere *Temperaturschwankungen* als die Kompressionskälte-maschinen bringen die periodischen Absorptionsschränke mit sich. Während der Heizperiode vermag die Temperatur bis $+12°$ anzusteigen, was selbstverständlich einen erheblichen Nachteil bedeutet. Das An-steigen der Temperatur kann etwas gemildert werden, wenn Sole benutzt wird. Im Trockenabsorptionskühlschrank dagegen sind die Temperaturschwankungen praktisch nicht größer als bei Kompressor-schränken. Kräftige Luftzirkulation trocknet andererseits aber die Speisen stärker aus als schwache. Auch das ist wichtig! Denn der *Feuchtigkeitsgehalt der Luft* ist für die Aufbewahrung von Lebensmitteln von größter Bedeutung.

III. Bedeutung der Luftfeuchtigkeit.

Es ist bekannt, daß Luft gewisse Mengen von Feuchtigkeit auf-nehmen kann; je wärmer sie ist, um so mehr. Diese Tatsache ist aus dem täglichen Leben bekannt; denn in warmer Luft trocknen alle feuchten Sachen viel schneller als in kalter. Die maximale Luftfeuchtigkeit der jeweiligen Lufttemperatur läßt sich aus folgender Kurve ablesen (Abb. 19).

Im allgemeinen enthält die Luft je-doch weniger Feuchtigkeit, als sie ent-halten könnte. Man drückt dies so aus, daß man die tatsächliche *Feuchtigkeit in Prozenten* von der maximalen Feuchtig-keit wieder gibt. Hat z. B. die Luft von $20°$ nur eine Feuchtigkeit von 8,6 g pro Kubikmeter, so sagt man, sie ist zu 50 % mit Feuchtigkeit gesättigt oder ihre rela-tive Luftfeuchtigkeit beträgt 50 %, d. h. mit anderen Worten, die Luft könnte bei

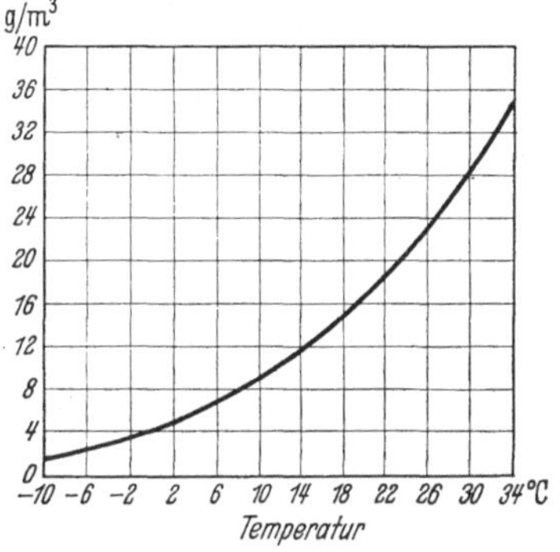

Abb. 19. Maximale Luftfeuchtigkeit. g Wasserdampf pro Kubikmeter Luft (m³) in Abhängigkeit von der Lufttemperatur.

dieser Temperatur noch die doppelte Menge Feuchtigkeit aufnehmen. Die Feuchtigkeit in Kühlschränken sollte möglichst 75 % nicht über-steigen, zumal durch das Türöffnen die Luftfeuchtigkeit sowieso stark erhöht wird.

Kühlt sich nun warme Luft immer mehr ab, so bleibt zwar ihre *absolute Feuchtigkeit* konstant, aber ihre *relative* erhöht sich, bis schließ-lich die Luft mit Feuchtigkeit gesättigt und der Taupunkt erreicht ist. Wird die Luft dann noch weiter heruntergekühlt, so scheidet sich schließlich der überflüssige Wasserdampf ab, es taut. Dieser Vorgang ist von der Natur her bekannt. Die überflüssige Luftfeuchtigkeit setzt sich immer an den kältesten Stellen ab. Tritt man im Winter von draußen mit einer Brille in ein warmes Zimmer, so beschlagen die kalten Brillengläser sofort mit Feuchtigkeit. Das hat seinen Grund darin, daß die Luft in der Nähe der Brillengläser stark abgekühlt wird, und zwar unter ihren Taupunkt. Genau dasselbe tritt im Kühlschrank ein. Der Kälteverdampfer entzieht der Kühlluft Feuchtigkeit, und die Luft wird um so trockener, je größer die Temperaturdifferenz zwischen Verdampfer und Kühlschrankluft ist und umgekehrt.

Beim Öffnen des **Kühlschrankes** kommt eine große Menge warmer Luft hinein. Diese muß heruntergekühlt und ihre überflüssige Feuchtigkeit am Verdampfer niedergeschlagen werden. Das nimmt eine gewisse Zeit in Anspruch, deshalb ist ein Kühlschrank, der oft geöffnet wird, feuchter als ein Kühlschrank, der nur selten geöffnet wird.

Auch die *Lebensmittel*, die in den Schrank gestellt werden, geben Feuchtigkeit ab und *trocknen aus*. Gemüse und Obst welken daher. Man muß sie, wenn man das verhüten will, in Schalen mit lose schließendem Deckel aufbewahren oder in Öl- oder Wachspapier einschlagen. Im Prinzip ist es dieselbe Methode, die in jedem Haushalt zum Frischhalten des Brotes in einer Blechbüchse bekannt ist. Es stellt sich durch das Ausdünsten ein höherer Feuchtigkeitsgrad ein, der für das Frischhalten von Bedeutung ist.

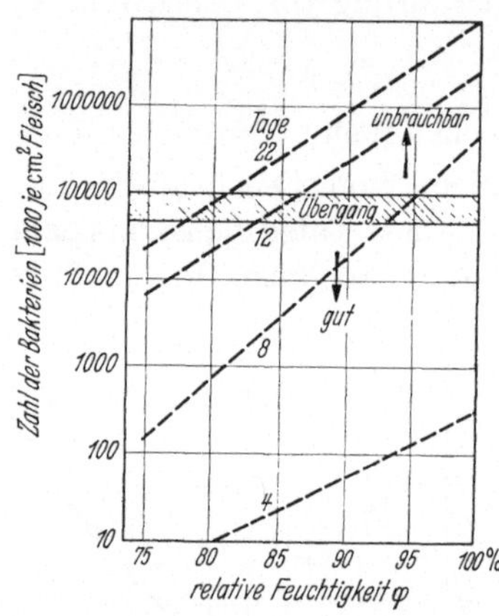

Abb. 20. Wachstum von Bakterien auf Fleisch bei einer Lagertemperatur von +2° in Abhängigkeit von der relativen Luftfeuchtigkeit bei verschiedener Lagerdauer.

(Abb. 16—20 nach Literaturangabe Nr. 16.)

Auf diese Weise läßt sich beispielsweise Kopfsalat eine Woche im Kühlschrank frischhalten.

Auch für die *Fleischkühlung* ist der Feuchtigkeitsgehalt der Luft wesentlich. Je höher die Feuchtigkeit im Kühlschrank, um so geringer sind die Gewichtsverluste durch das Austrocknen. Andererseits darf aber auch der Feuchtigkeitsgehalt nicht zu hoch sein, damit das *Wachstum von Bakterien und Schimmelpilzen* gehemmt wird (Abb. 20).

Es ist daher stets zu empfehlen, Fleisch aus dem Verpackungspapier herauszunehmen, auf einen Teller zu legen und mit einem sauberen Tuch sorgfältig abzutrocknen. Bewahrt man es so auf, dann bildet sich eine dünne, trockene Außenschicht.

In ungewöhnlichem Maße wird die Feuchtigkeit des Fleisches erhöht, wenn es *direkt auf Eis* gelegt wird. Verhängnisvoll wird das, wenn das Eis noch Keime enthält. Kunsteis ist frei von Krankheitserregern, ebenso das aus dem hohen Norden stammende Natureis. Deshalb können

Fische in Eis konserviert werden. Entgrätete und gehäutete Fische dagegen sollen ebensowenig wie Fleisch auf Eis aufbewahrt werden, weil die ungeschützten Muskelschnittflächen stark ausgelaugt, unansehnlich und Keimen aller Art zugänglich gemacht werden.

Es ist verständlich, daß im *Eisschrank* die Luftfeuchtigkeit größer ist als im elektrischen Kühlschrank. Das ist schon deshalb der Fall, weil die Temperaturen im Eisschrank höher liegen.

24. Veränderungen der Lebensmittel durch Kälte.

I. Kühllagerung.

Temperatur und Leistung: Kühllagerung und Gefrieren sind, obwohl graduell nur geringe Temperaturunterschiede zu bestehen brauchen, grundverschiedene Vorgänge. Gefrieren bedeutet Gewebstod, bedeutet Absterben. Das ist namentlich wichtig bei pflanzlichen Produkten.

Beim Kühlhalten sucht man den Gewebstod zu vermeiden. Man muß dabei allerdings an Temperaturen herangehen, die nahe am Gefrierpunkt liegen. Denn je tiefer die Temperatur ist, um so geringer ist das Wachstum von Kleinlebewesen und um so langsamer verlaufen die Reifungsvorgänge; um so besser ist auch die Frischhaltung. Der Gefrierpunkt für Obst und Gemüse liegt etwa von -1 bis $-2°$, je nach dem Salzgehalt ihrer Gewebsflüssigkeit. In Kühlschränken und -räumen verwendet man Temperaturen von $+1$ bis $+4°$. Bei solchen Kühlgraden ist es möglich, selbst empfindliche Gemüse- und Obstsorten längere Zeit vor dem Verderb zu schützen. Bohnen z. B. lassen sich etwa 10 Tage lagern, Erbsen etwa 4 Wochen, Gurken 3—5 Wochen, Kopfsalat etwa 3 Monate, Spargel 4 Wochen, Spinat 2 Wochen, Tomaten 4—6 Wochen, Weintrauben mehrere Wochen bis zu 3 Monaten, Pfirsiche und Aprikosen 4 Wochen, Zwetschgen 2 Wochen, Himbeeren bis zu 2 Wochen. Eine gewisse Menge geht selbstverständlich auch trotz Kühllagerung zugrunde.

Der überwiegende Teil kaltgelagerten Obstes und Gemüses verdirbt unter dem Einfluß von Fäulniserregern. In der Regel vermögen aber Parasiten nicht durch die unverletzte Fruchthaut einzudringen. Es darf daher nur einwandfreies und schonend behandeltes Obst eingelagert werden. Große Früchte neigen mehr zu Fäulnis und Krankheiten als kleine und mittelgroße.

Unsachgemäße Behandlung des Kühlgutes bei und nach der Anlagerung führt zu nicht unerheblichen Verlusten bei der Gemüse- und Obstlagerung. Auch krasser Temperaturwechsel ist, besonders in wärmeren Jahreszeiten, schädlich. Das Beschlagen mit Wasser, Schwitzen genannt, schafft guten Nährboden für Pilzwachstum.

Kaltlagerkrankheiten: Die günstigsten Temperaturen bei den einzelnen Obst- und Gemüsesorten liegen nicht alle gleich. Wird die optimale Temperatur bei einer Frucht unterschritten, dann treten die sog.

Kaltlagerkrankheiten auf. So färben sich z. B. bei zu niedriger Temperatur in Äpfeln einige scharf begrenzte Gewebsstreifen braun (*Fleischbräune* = Internal breakdown) und zeigen damit an, daß sie abgestorben sind. Ein anderer Kälteschaden bei Orangen, Äpfeln, Zitronen ist die sog. *Rindenbräune* (scald), bei der auf der Schale braune Flecken auftreten. Solche Erkältungskrankheiten sind nicht nur von der Temperatur, sondern von der Düngung, dem Boden, dem Reifegrad, von klimatischen Einflüssen u. a. abhängig. Die Küche muß solche Veränderungen kennen. Denn derartiges Obst ist zum Verderben besonders geneigt und schlecht im Geschmack. Manche Früchte sind außerordentlich empfindlich gegen tiefe Temperaturen. Kirschen z. B. pflegen schon bei $+2°$ ihre Geschmacksstoffe erheblich abzubauen und nach etwa 14 Tagen fade zu schmecken.

Bei vielen Produkten aber treten qualitative Veränderungen nicht auf. Doch ist im allgemeinen Kühlhausware bezüglich ihrer *Haltbarkeit* anders zu bewerten als frische Ware, da Kühlung eine konstitutionelle Schwächung mit sich bringt. Ein gewisser Vitaminschwund dürfte mehr auf Folgen des Lagerns als auf Einflüsse der Kühltemperatur zurückzuführen sein. Bei Spinat sinkt bei $1°$ der Vitamingehalt in 17 Tagen um 50%, bei Raumtemperaturen in 3 Tagen; beim Kohl in 42 Tagen bei $+1,3°$ um 25%, bei Äpfeln in 6—9 Monaten um 18% und bei Kartoffeln bei $4°$ in 6—9 Monaten um etwa 50%. Bei sauren Lebensmitteln, wie z. B. bei Tomaten, Rhabarber, geht der Vitaminverlust langsamer vor sich und ist auch weniger von der Temperatur abhängig. Grüne Bohnen verlieren nach 24 stündigem Lagern bei $10°$ 25% ihres Vitamin C-Gehaltes.

Neben der Temperatur ist die Haltbarkeit eingelagerter pflanzlicher Produkte natürlich auch von der relativen Luftfeuchtigkeit abhängig. Bei Besprechung des Kühlschrankes wurde ausführlicher darauf hingewiesen (S. 139). Die optimale Luftfeuchtigkeit liegt in Kühlräumen im allgemeinen bei 88—90%. In *Felsenkellern* beträgt sie etwa 80%, in den *Hauskellern* kann sie sogar bis 65% absinken. Auch dieser Faktor erklärt die größeren Verluste bei Kellerlagerung. Was so an Betriebsaufwendungen gespart wird, geht häufig auf größere Wertverluste der eingelagerten Ware.

Zusatzverfahren: Da trotz aller Fortschritte die Frischhaltung mancher Obst- und Gemüsesorten durch Kaltlagerung nur verhältnismäßig kurzzeitig ist, sucht man durch Zusatzverfahren Verbesserungen zu erreichen. Meist handelt es sich um die sog. „*Gaslagerungen*". Sie bestehen darin, daß man der Luft der Lagerräume bestimmte Gase, z. B. Ozon, Kohlendioxyd, Stickstoff, Ammoniak, Schwefeldioxyd usw. beimischt. Man bezweckt damit, das Wachstum von Pilzen zu hemmen und die Atmungsvorgänge der Pflanzen zu beeinflussen. Bei vielen

Nahrungsmitteln haben sich diese Gaslagerungsverfahren als brauchbar erwiesen. Was dabei unter geeigneten Bedingungen sich erreichen läßt, mag durch folgendes Beispiel erläutert werden:

Goldreinetten erfuhren nach einem vom Kälteforschungsinstitut in Karlsruhe angestellten Versuch während einer Lagerdauer von rund 160 Tagen folgende Verluste:

1. Bei gewöhnlicher Kellerlagerung: a) Gewichtsverlust 13% (davon Wasserabgabe 10%, Verminderung der Trockensubstanz 3%), b) Verluste durch Fäulnis 97%.

2. Bei Kaltlagerung: a) Gewichtsverlust 11% (Wasserabgabe), b) Fäulnisverluste 67%.

3. Kaltlagerung in Gasgemisch (2,5% O_2, 5% CO_2, 92,5% N_2): a) Gewichtsverlust 4% (davon durch Wasserabgabe 4%), b) Verlust durch Fäulnis 37%.

Noch nicht alle Verfahren sind heute so durchgearbeitet, daß sie für die Praxis in Frage kommen. Die Gefahr liegt darin, daß Stoffe, die für Mikroorganismen ein Zellgift darstellen, auch für die lebenden Zellen des Kühlgutes nicht harmlos sind.

Das Gleiche gilt für die Maßnahmen, die eine bakterizide Wirkung damit erreichen wollen, daß Früchte in *Papier eingewickelt* werden, die mit *Jod, Borax, Kupfersulfat, Mineralöl* usw. getränkt sind. Nicht alle diese Maßnahmen können vom gesundheitlichen Standpunkte aus als einwandfrei bezeichnet werden.

Eine konservierende Wirkung sucht man auch mitunter durch ultraviolette Bestrahlung zu erreichen. Ein Teil der Wirkung ist dabei auf das sich bildende Ozon zurückzuführen. Gelegentlich werden auch emulgierte Öle auf Früchte aufgetragen.

II. Gefrieren.

Durch Gefrieren von Lebensmitteln kommen *im Gegensatz zum Kühlhalten* alle chemischen und fermentativen Prozesse zum Stillstand. Die Bakterientätigkeit wird stark verlangsamt, die meisten Mikroben aber abgetötet. Das Leben der Zellen kommt zum Erlöschen. Letzteres aber ist auch der Fall beim Sterilisieren und vielen chemischen Konservierungsverfahren, vor denen Gefrieren immer noch erhebliche Vorzüge voraushat.

Einfluß auf Fermente und Vitamine: Während *Fermente* durch Wärmegrade von 50—70° erheblich geschädigt werden, haben niedrige Temperaturen keinen nachhaltigen Einfluß auf ihre Lebensfähigkeit. Wohl wird der Verlauf enzymatischer Vorgänge mit sinkender Temperatur träger, ohne aber selbst durch eine Umgebungstemperatur von 0° völlig unterdrückt und gehemmt zu werden. Im festgefrorenen Zustande ist die Fermentwirkung so gut wie aufgehoben. Sobald aber eine Auftauung oder Temperaturerhöhung erfolgt, setzt die Enzymtätigkeit wieder ein. Die verzögerte Wirkung kann meist nur erwünscht sein. Denn durch sie wird die Selbstzersetzung aufgehalten und somit die Frischhaltung gefördert.

Was nun den Einfluß der Kälte auf den *Vitamingehalt* der Nahrungsmittel anlangt, so ist sicher, daß Kälte weit weniger die Vitamine schädigt als Hitze. Je niedriger die angewandten Temperaturen waren, um so geringer scheinen die Verluste an Vitamin C zu sein. Amerikanische Untersuchungen an gefrorenen Erdbeeren, Preisel- und Heidelbeeren ergaben, daß bei einer Lagerdauer von $^1/_2$ Jahr bei $-17°$ der Vitamin C-Gehalt ziemlich konstant bleibt.

Gefrieren läßt sich nicht nur Fleisch, sondern auch Gemüse und Obst. Von den Obstsorten ist es besonders das Weichobst, von den Gemüsearten sind es Erbsen, Bohnen, Spargel, Gurken und Tomaten, die sich dafür eignen. In den Vereinigten Staaten von Nordamerika, wo dieses Verfahren seit Jahren schon angewendet wird, wurden 1935 etwa 30000 t Obst und 8000 t Gemüse gefroren. Man gefriert dort am laufenden Band und verkauft unter Selbstbedienung Fleisch, Obst und Gemüse aus den verglasten Kühltheken. Es spricht für die Güte dieser Konservierungsart, daß sich dort die Gefrierkonserve im großen Umfange einführen konnte, obwohl kein Blechmangel besteht und zu jeder Jahreszeit aus eigenen Anbaugebieten frisches Obst und Gemüse zur Verfügung steht.

Blanchieren: Zur Sicherung des Gefrierverfahrens sind bestimmte Voraussetzungen zu erfüllen, die man kennen muß, um die Gefrierware richtig zu beurteilen. Vor dem Gefrieren müssen die jedem pflanzlichen Nahrungsgut anhaftenden Oxydationsenzyme erst inaktiviert werden. Das geschieht vielfach durch kurzzeitiges Abbrühen in siedendem Wasser oder Dampf (blanching oder scalding). Derart behandelte Gemüse sind gut haltbar, außerdem wird durch das Abbrühen die charakteristische *Farbe fixiert*. Die Vitamine werden allerdings durch die Hitze geschädigt. Bei Bohnen wurde ein Verlust an Vitamin C durch das Abbrühen von etwa 25%, bei Erbsen sogar 50% gefunden. Dann aber hält sich beim Lagern für mehrere Monate in Kältegraden bis 17° der Vitamingehalt sehr konstant, so daß z. B. der Vitaminbestand eßfertiger gefrorener Gemüse nur wenig tiefer liegt als der anderer entsprechender Dosenkonserven. Beim Grünen von Gemüsen mittels Kupfersulfat wird das Vitamin sogar völlig zerstört; bei diesem Verfahren bleibt die natürliche Farbe ebenso erhalten wie beim Abbrühen.

Mehr als bei pflanzlichen Produkten ist das Gefrierverfahren bei Fleisch in Gebrauch. Wir pflegen auch in unseren Schlachthäusern Fleisch bei -8 bis $-15°$ zu gefrieren, weil es sich bei solchen Temperaturen genügend lange frischhalten läßt, ohne daß die Reifungsvorgänge dabei völlig unterbrochen werden. Zur Aufbewahrung des durchgefrorenen Fleisches genügen Temperaturen von −7°.

Vorgänge beim Gefrieren: Unmittelbar vom Gefriervorgang getroffen wird im Fleisch und ebenso in den Pflanzen das Wasser. Alle festweichen Nahrungsmittel enthalten 60—70% Wasser und noch mehr. Neben 20% Eiweiß und 1% Salzen enthält auch Fleisch 70% Wasser. Die anderen Stoffe, z. B. Fette, spielen beim Gefriervorgang nur eine geringe Rolle. Das Wasser des Fleisches ist sehr stark an Eiweiß gebunden, 10% der Eiweißkörper sind sogar in Wasser gelöst, woraus sich ergibt, daß durch das Gefrieren erhebliche strukturelle Änderungen auftreten können. Die Form nun, in der das Wasser beim Gefrieren zu Eis wird, hängt von der Schnelligkeit des Gefriervorganges und des Auftauens ab. Während *langsamen Gefrierens* erstarrt das den Muskelfasern entzogene Wasser in relativ großen Kristallen in den Zwischenzellräumen. Das Maximum der Kristallbildung liegt bei −0,5 bis −4°. Dieses abgeschiedene Wasser wird beim Auftauen vom Gewebe nicht mehr völlig aufgesaugt und fließt ab. Beim *schnellen Gefrieren* dagegen erstarrt das Wasser innerhalb der Muskelfasern. Die Zellhüllen bleiben dabei unverletzt. Beim Auftauen treten nur geringe Saftverluste ein. Diese Erfahrungen gehen auf BIRDSEYE zurück. Dieser, ein amerikanischer Biologe, konstatierte, daß bei −40° aus Löchern im Eis gefangene und sofort auf dem Eis gefrorene Fische sogar wieder lebten, wenn sie aufgetaut wurden. In dem nach ihm benannten Schnellgefrierverfahren des Fleisches werden Temperaturen bis −45° benutzt. In $^1/_4$—1 kg fassenden paraffinierten Pappschachteln wird das Gut durch Anpressen an tiefgekühlte Metallplatten und Bänder innerhalb weniger Stunden eingefroren. In Deutschland ist mehr das von dem Bremer Konditormeister HECKERMANN erfundene Gefrierverfahren gebräuchlich. Das Gefrieren erfolgt dabei unverpackt, das Nahrungsgut wird in dünner Schicht auf Platten zwischen Kühlrohren gelagert und mit Hilfe rasch bewegter Luft zum Gefrieren gebracht.

Auftauen: Weiterhin ist die Art des Auftauens bedeutungsvoll für die Rückbildung der Gefrierveränderungen. Durch langsames Auftauen läßt sich ein Saftverlust wesentlich verringern. Ein Hinterviertel, das bei −10° etwa 7 Tage bis zum Durchfrieren gebraucht, soll daher langsam im Laufe von etwa 5 Tagen aufgetaut werden. Im Gegensatz zum *Fleisch* lohnt langsames Auftauen beim *Fisch* sich nur, wenn die Gefrierung eine kurzzeitige war. Zulässig dagegen ist es, gefrorene Produkte unmittelbar in den Kochtopf oder in die Bratpfanne zu bringen. Das gilt sowohl für gefrorenes Fleisch als auch für Gemüse. Dabei ergibt sich der Vorteil, daß als Folge der Gefrierveränderungen die Kochzeit auf die Hälfte verringert wird. Nur darf dann die Ware nicht zu dick sein, weil sonst die Randpartien leicht zerkochen, ehe der Kern genügend erhitzt ist. Stärkeren Saftverlustes wegen soll Gefriergut ferner nicht in gefrorenem Zustande zerlegt werden, weil aus den gefrorenen Schnittflächen sehr viel Saft abfließt. Richtig ist, Fleisch am ganzen Stück aufzutauen und es möglichst erst nach Ablauf einer längeren Zeit zu zerkleinern. Auch ohnedies entstehen durch das Gefrieren schon Flüssigkeitsverluste, die selbst bei großen Fleischstücken im Laufe von 3 Monaten bis zu 4% ausmachen können. Solche Wasserverluste bedeuten nicht nur eine Einbuße an Verkaufsgewicht, sondern auch an aromatischen Stoffen.

Bei *Obst und Gemüse* dürfte die Auftaugeschwindigkeit aber keinen wesentlichen Einfluß auf die strukturellen Veränderungen haben. Nur wenn man den Inhalt großer Behälter in heißem Wasser rasch auftaut, werden die äußeren Schichten schon zu weich, während das Innere noch gefroren ist. Bei verschiedenen Obst- und Gemüsesorten ist der Saftverlust beim Auftauen sehr unterschiedlich und anscheinend wenig von der Gefriertemperatur abhängig. Bei Erdbeeren kann er 50%, bei Rhabarber und Himbeeren 20% betragen. Bei den meisten Obst- und Gemüsesorten bewegt er sich zwischen 1—10%. Verluste lassen sich vermeiden, wenn die Verwendung sofort stattfindet. Das kann geschehen, wenn man gefrorenes Gemüse direkt in siedendes Wasser wirft oder gefrorene Früchte auf Kuchen und Torten auflegt und sie dann bäckt.

Brauchbarkeit des Verfahrens. „Gefrierkonserven" kommen hauptsächlich für Großverbraucher, wie Krankenhäuser, Arbeitsdienst, Heer, Gaststätten und Schiffe in Frage. Für die Brauchbarkeit der Gefrierware spricht schon die Tatsache, daß die großen Passagierdampfer der Hamburg-Südamerikalinie ausschließlich gefrorenes *Fleisch* mit sich führen. Einwandfrei behandeltes Schweinefleisch ist ohne Einbuße an Nähr- und Genußwert 9 Monate, Rindfleisch bis zu 1 Jahr haltbar. Bei manchen Produkten macht sich ein unangenehmer „Gefrier"geschmack bemerkbar. Hühner-, Fisch-, mitunter auch Schweinefleisch schmecken nach längerer Gefrierlagerung „wollig". *Erdbeeren* können auch ohne Lagerung nur durch Gefrieren einen an saure Gurken erinnernden Geschmack annehmen. *Obst* wird deshalb wohl oft in Zuckerlösung gefroren. Bei manchen *Gemüsearten* ist das Auftreten eines fischigen bzw. eines Heugeschmacks eine unangenehme Veränderung.

Das *Süßwerden der Kartoffel* beruht nicht auf Erfrieren, wie vielfach angenommen wird, sondern auf einer Störung des Fermentstoffwechsels. Unter der Einwirkung niedriger Temperaturen wird die Atemtätigkeit der Knollen vermindert; die durch das Diastaseferment in Zucker umgewandelte Stärke kann so durch die Atmung nicht mehr verbraucht werden. Derartige Kartoffeln verlieren in mäßig warmem Raume ihren süßen Geschmack, weil sie den Zucker wieder veratmen.

Milch, die zum Gefrieren gebracht wird, erleidet eine Qualitätseinbuße. Es treten Entmischungsvorgänge ein und Flockenbildung, so daß die Verwendbarkeit stark leidet.

Eier lassen sich nicht unter dem Gefrierpunkt aufbewahren, dagegen gut bei Temperaturen von 1—2°. Verschmutzte Eier fallen leichter dem Verderb anheim. Waschen von Schmutzeiern ist zwecklos und schädlich. Die Eimasse, die von der Schale befreit ist und gemischt wird, läßt sich durch das Gefrierverfahren konservieren. Sofortige Verwendung nach dem Auftauen ist notwendig.

Gefrieren von Fischen: Ein Fischverzehr, wie er aus volkswirtschaftlichen Gründen propagiert wurde, ist ohne Kältelagerung unmöglich. Denn einmal liegen die Fangplätze sehr weit, und ferner ist der Fang und der Verbrauch starken zeitlichen Schwankungen unterworfen. Die Seefische müssen sofort geschlachtet, ausgeweidet und im Laderaum der Fangschiffe gestapelt werden. Die Frischhaltung durch zermahlenes Eis im Stapelraum hat sich bis jetzt noch am besten bewährt, weil damit die für die Erhaltung des natürlichen Aussehens notwendige Feuchtigkeit gegeben ist. Die notwendige Temperatur von $+0°$ läßt sich unter Umständen durch Zufügen von Salz zum Eis erreichen.

Es ist eine Selbstverständlichkeit, daß der Fisch auch auf dem Wege bis zum Verbraucher pfleglich behandelt werden muß. Die Kühlung darf auf keinen Fall aufhören. Zur besonderen Gefahr kann das Schmelzwasser werden, das wegen seines Eiweißgehaltes einen guten Nährboden für Keime darstellt. Die Fische sollten daher möglichst mit dem Rücken nach oben liegen, damit sich zwischen den aufgeschlagenen Bauchlappen das Wasser nicht staut.

Interessant ist, daß Fische, die bei einer Tiefe von 20—40 m gefischt werden, nach einer bei englischen Fischdampferkapitänen weitverbreiteten Ansicht fester und haltbarer sein sollen. Deutsche und Isländer fischen im Gegensatz zu den Engländern in größerer Entfernung von den Küsten bei Tiefen um 150—180 m, wo erheblich größere Fischmengen vorhanden sind, der Fisch jedoch nach englischer Ansicht in der Haltbarkeit schlechter sein soll.

Um Fische für längere Zeit so zu erhalten, daß sie wie frischer Fisch küchenmäßig verwendet werden können, müssen sie durch unmittelbare Berührung mit Sole möglichst schnell gefroren werden. Die Lagerungsfähigkeit der Fische ist jedoch durch Austrocknen und Oxydationsvorgänge begrenzt. Es können daher bei längerem Lagern Braunfärbung des Fleisches, Turgorverluste und mattes Aussehen nach dem Auftauen auftreten. Der frische Seegeruch geht verloren. Der Fisch ist dann ohne Aroma, oder er weist einen „*Kühlhausgeruch*" auf. Besonders unangenehm dabei ist die Rötung entlang der Rückengräte, die bei kalt gelagerten Fischen einen gewissen Grad des Verderbs kennzeichnet,

wobei die Hämolyse durch Bakterien hervorgerufen wird. Das Auftauen erfolgt üblicherweise in Eis oder kaltem Wasser. Aufgetaute Fische
dürfen keinesfalls länger als 2 Tage in Eis aufbewahrt werden. In
Anbetracht der geringen Haltbarkeit ist mehr zu empfehlen, den jeweiligen Bedarf zu sichern, als sich für längere Zeit einzudecken.

C. Verderb.

25. Verderb der Nahrungsmittel und seine Bewertung.

Nahrungsmittel verderben, wenn sie sich selbst überlassen bleiben.
Wegen ihrer vorwiegend organischen Herkunft und vielgestaltigen
Zusammensetzung sind sie in biologischer und chemischer Hinsicht
außerordentlich veränderlich. Alle diese notwendigen Abbau- und
Verwesungserscheinungen lassen sich unter dem Begriff „Autolyse"
(Verderb) zusammenfassen. Chemisch handelt es sich um zweierlei
Vorgänge, die charakteristische Kennzeichen bieten:
1. hydrolytische Spaltungen (hier kurz als „Spaltungen" bezeichnet),
2. desmolytische Vorgänge (hier kurz „Zersetzungen" genannt).

I. Hydrolyse (Spaltungsvorgänge).

Unter Hydrolyse versteht man ganz allgemein eine Aufspaltung
höher molekularer Stoffe in einfache Bausteine unter Wasseraufnahme,
wobei die Spaltung das Gefüge lockert und ferner das sinnesphysiologi-
sche Verhalten sowie die Verdaulichkeit und die Umsatzbereitschaft
für weitere Abbaureaktionen wesentlich beeinflußt werden. Die Veränderungen erfolgen unter *Beteiligung von Fermenten* (Hydrolasen:
Carboxydasen, Proteasen und Lipasen). Dabei wird sehr häufig eine
Begünstigung der Entwicklung von Kleinlebewesen beobachtet. Bei
der Hydrolyse von Kohlehydraten entstehen über Dextrin und ähnliche
Zwischenstoffe einfachere Zucker (Hexosen oder auch Pentosen). Auf
solchen hydrolytischen Vorgängen beruht vielfach das Süßwerden einzelner Nahrungsmittel oder Aufschließen der Rohfaser, die Alterung
der Pektine usw. Auch das „Reifen" des Obstes, Fleisches und Fisches,
die Veränderung der Löslichkeit des Eiweißes, die Bildung von Duft-
und Geschmacksstoffen wird auf Hydrolyse bezogen. Solche Vorgänge
können wertverbessernd und daher erwünscht sein, sie können aber auch
wertvermindernd sein, indem sie Aussehen, Geruch, Geschmack und Konsistenz nachteilig beeinflussen und schließlich so weit gehen, daß infolge
Bildung gesundheitsschädlicher Abbauprodukte Genußuntauglichkeit
eintritt.

II. Desmolyse (Zersetzungsvorgänge).

Die Desmolyse ist ein sekundärer Vorgang, der meist der Hydrolyse
folgt. Man versteht darunter die Zersetzung und Veränderung der bei

der Hydrolyse entstandenen Spaltprodukte. Sie erfolgt ebenfalls durch Stoffwechselfermente, die sog. Desmolasen. Die Zersetzung führt bei den Kohlehydraten über verschiedene Zwischenstufen letzten Endes zu Kohlensäure und Wasser. Dieser Vorgang, der bei der Lagerung von Getreide, Kartoffeln, Gemüse usw. stets zu beachten ist, wird *Atmungsstoffwechsel* genannt. Andererseits kann die Zersetzung bei Kohlehydraten unter Mitwirkung von Hefen vornehmlich zu Alkoholen führen, eine Erscheinung, die bei der Gärung auftritt. Man spricht in diesem Falle von *Spaltungsstoffwechsel*. Unerwünscht kann diese Gärung bei lagernden zuckerarmen Fruchtsäften, Marmeladen usw. auftreten.

Auch **Fette** können sich zersetzen, gleichgültig, ob es sich um reine Fette, wie Butter, Schmalz, Margarine, Öl usw., oder um versteckte Fette, wie das in Eiern, Käse, Getreidekeimlingen u. a., handelt. Die dabei vor sich gehenden Reaktionen können vielseitig sein. Sinnesphysiologisch werden die verschiedenen Veränderungen gewöhnlich mit der Bezeichnung sauer, ranzig, fischig, seifig, parfümig, tranig, talgig belegt, je nachdem, ob die eine oder andere Verderbsrichtung überwiegt.

Eine Zersetzung von **Kohlehydraten** und Fett verrät sich meist schon durch den Geschmack und Geruch. Eine Gesundheitsschädigung durch sie läßt sich also leicht vermeiden. Durch desmolytische Vorgänge veränderte **Eiweißsubstanz** kann sich dagegen der subjektiven Beurteilung entziehen und wird so oft schon, ohne daß Bakterien im Spiele sind, Veranlassung zu schwersten Vergiftungen. Hydrolyse bewirkt bei den Eiweißkörpern Spaltung bis zu den Aminosäuren, die ihrerseits durch desmolytische Vorgänge zum Auftreten von Ammoniak, Schwefelwasserstoff und anderen Abbauprodukten führen. Ammoniak tritt vor allem bei verdorbenem Fisch, Fleisch und lagernden Eiern auf. Daneben können aber im Fleisch verschiedene Stoffe entstehen, von denen die sog. Ptomaine harmlos, dagegen die Toxine — wie Neurin, Muskarin, Tetanin, Mygdalein u. a. — gefährlich werden können.

Bei der **Eiweißfäulnis** hat man es mit den verschiedenartigsten Veränderungen zu tun. Wir wissen heute noch nicht, ob Abbauprodukte des Fleischeiweißes allgemein oder außerdem Sekretions- und Stoffwechselprodukte der Bakterien oder Bakterieneiweißstoffe oder alle drei Faktoren dabei in Frage kommen. Stets ist eine ganze Reihe verschiedenartiger Bakterien an der Fäulnis beteiligt. In den ersten Stadien sehen wir die des freien Luftsauerstoffes bedürftigen Bakterien (Aerobier) mit solchen vereinigt, die als die eigentlichen Erreger der Fäulnis auch ohne oder nur bei beschränkter Luftzufuhr leben können (*Anaerobier*). Sie zeigen erst bei Luftmangel zersetzende und zerstörende Tätigkeit. In dem Maße, wie die erstgenannten meist an den luftzugänglichen Stellen der Oberfläche sich ausbreiten und den Luftsauerstoff verbrauchen, schaffen sie für die Entwicklung letzterer in den inneren und tieferen

Partien der sich zersetzenden Substanzen günstige Bedingungen für eine besonders intensive Zersetzung des Nährsubstrates. Die Bildung giftiger Produkte tritt daher vornehmlich dann ein, wenn die Nahrungsmittel unter ungenügendem oder gar gehindertem Luftzutritt aufbewahrt werden. Einem Zersetzungsvorgang ähnlicher Art unterliegt auch das noch unzerlegte und von gesunden Tieren stammende Fleisch, wenn es unvorsichtigerweise noch körperwarm, z. B. mit den Schenkelteilen aufeinanderliegend, aufbewahrt wird. Selbst gekochtes und gebratenes Fleisch, zumal Fleisch- und Wurstwaren, sind unter solchen Umständen rascher Fäulnis unterworfen.

Obwohl unter diesen Umständen die Entstehung gesundheitsschädlicher Produkte wohl kaum ausbleiben kann, so ist es doch niemals im voraus zu erkennen, ob und in welchem Grade ein in fauliger Zersetzung befindliches Nahrungsmittel gesundheitsschädigende oder gar giftige Eigenschaften besitzt. Es wird sogar im Volk zuweilen bezweifelt, daß faulende Nahrungsmittel immer und unbedingt schädlich seien, weil sie gelegentlich ohne erhebliche Gefährdung der Gesundheit verzehrt wurden. Alle diese und ähnliche Fälle sind aber bloße Zufälle, welche die durch vielfache Beobachtungen und Erfahrungen erhärteten Tatsachen nicht widerlegen, daß die bakterielle Zersetzung der eiweißreichen Teile der tierischen Nahrungs- und Genußmittel die allerhäufigste Ursache der *„alimentären Intoxikation"* ist. Bei unzähligen Fällen von Fleischvergiftungen fällt immer wieder auf, daß Menschen, die z. B. rohes Hackfleisch gegessen haben, schwer erkranken, während bei anderen Folgen nach Genuß des gebratenen oder gekochten Fleisches weniger auftreten. Es ist also Vorsicht hier mehr am Platz als Nachsicht.

Klinisch tritt diese Art von *Fleischvergiftung* unter dem Bild eines akuten oder rasch verlaufenden, mit und ohne Fieber einhergehenden Darmkatarrhs auf, und zwar mindestens 4—24 Stunden nach dem Genuß der Fleischspeise. Die ersten Symptome sind Übelkeit und Erbrechen, Kopfschmerzen, häufige, dünnflüssige, übelriechende, auch mit Blut vermischte Stühle, Schwächezustand und Gliederschmerzen. Die Schwere des Krankheitsbildes ist abhängig von der Menge des genossenen Fleisches sowie vom Alter und von der Widerstandsfähigkeit des Erkrankten. Je früher und gründlicher der Darminhalt beseitigt wird, desto schneller folgt die Genesung.

Nichts mit dieser Art der Nahrungsmittelvergiftung hat die eigentliche Fleisch- oder Wurstvergiftung, der sog. **Botulismus**, zu tun. Es handelt sich dabei um die Wirkung eines Toxins, das von Bazillen gebildet wird, die auf toten Substraten besonders gut gedeihen. Botulismus kann nicht nur auftreten bei Genuß von Fleisch- oder Wurstprodukten, sondern auch nach Aufnahme von Konserven, selbst solcher, die im Haushalt hergestellt wurden. Voraussetzung seiner Entstehung ist, daß die betreffenden Lebensmittel vorher nicht aufgekocht wurden; denn Erhitzen über 70° macht dieses Gift, wie wir hörten, im Gegensatz zu den obengenannten Nahrungsmitteltoxinen unschädlich. Zur Entwicklung und Gilftbildung ist Sauerstoffabschluß oder zum mindesten Sauerstoffarmut nötig. Daher kommt es, daß die Randpartien solcher Speisen unter Umständen weniger giftig sind als die zentralen. Auch hier ist es so, daß die schädlichen Speisen, abgesehen von einem eigenartigen ranzigen Geruch, oft keine wahrnehmbaren Veränderungen zeigen, insbesondere die Merkmale vorgeschrittener Fäulnis stets fehlen. Nach meist 12 Stunden setzen ohne Fieber die Magendarmerscheinungen und bei klarem Bewußtsein Kopfschmerzen, Schwindel, Übelkeit und Erbrechen, sodann Lähmungen der Augenmuskelnerven, Schluck- und Sprechstörungen ein. Abgesehen von ganz leichten Fällen, die nach einigen Tagen genesen, führt das Leiden meist nach 8—14 Tagen zum Tode.

26. Faktoren, die den Verderb unserer Nahrung begünstigen und ihre Beurteilung.

Wir führten vorher aus, daß es sich bei den unter dem Begriffe „Autolyse" zusammengefaßten Vorgängen um Veränderungen handelt, die dem naturgegebenen Abbau unserer Nahrungsmittel zugrunde liegen. Dieser natürliche Verlauf kann durch konservierende Maßnahmen aufgehalten werden. Er kann aber auch durch mancherlei Einflüsse beschleunigt und gefördert werden. Das Wissen um diese Vorgänge ist wichtig, um sie hintanhalten zu können.

Beginnen wir mit der Besprechung letzterer Faktoren, zu denen *Zeit, Luft, Wasser, Wärme, Licht, Katalysatoren und Kleinlebewesen* gehören.

I. Zeit.

Alles Irdische altert. Je älter ein Lebensmittel ist, um so mehr wird es unter sonst gleichen Bedingungen dem Vergehen anheimfallen. Das Altern der Lebensmittel muß aber nicht notwendigerweise eine Wertbeeinträchtigung mit sich bringen, sondern kann auch Wertsteigerungen herbeiführen. Immer ist es dann so, daß die Wertsteigerung nach einer gewissen Zeit ihren Höhepunkt überschreitet und dann allmählich in das Gebiet der Wertminderung hinübergleitet. Vorgänge, die als wertsteigernd gelten müssen, sind Reifungsvorgänge beim Fleisch, Fisch, Käse, Mehl, Kakao, Obst usw., Reifung von Wein, Bier, Fermentation von Kaffee, Tee u. a.; Wertverminderungen können zustande kommen durch Ausriechen aromatischer Lebensmittel, Altbackenwerden von Gebäck, Austrocknen, Verfärben, geschmackliche Veränderungen usw.

II. Luft und Gase.

Luft kann als Medium für Staub und pilzliche Kleinlebewesen Ursache von Fäulnis und Zersetzung werden. Das sei nur nebenbei bemerkt. Die wesentlichsten Einflüsse der atmosphärischen Luft gehen vom *Sauerstoff* aus. Sie stellen also Oxydationserscheinungen dar, d. h. Verbrennungen. Allerdings sind die Oxydationen bei den Lebensmitteln nicht sehr intensiv. Nichtsdestoweniger zeigen sie sich zum Teil wenigstens in manchen Erscheinungen, so beim Rotten des Kakaos, beim Trocknen und Abwelkenlassen von Teeblättern u. a. m.

Bei den Oxydationswirkungen des Luftsauerstoffes kann es sich um Erscheinungen im Sinne eines Aufbaues, also einer Bildung von neuen erwünschten Produkten handeln. Das ist der Fall bei alkoholischen Getränken, namentlich beim Wein. Der Reifungsprozeß des Weines muß sich langsam vollziehen. Er benötigt die Vermittlung der den Trauben anhaftenden Oxydationsenzyme. Wollte man durch Ozon den Oxydationsprozeß beschleunigen — und das hat man versucht —, dann ist die Folge ein unharmonisch, fremdartig schmeckendes und minderwertiges Produkt. Umsetzungen mittels Luftsauerstoffs in Verbindung mit Enzymen gehen auch im lagernden Mehl vor sich. Mehl gewinnt dadurch an Wasserbindungs- und Backfähigkeit und wird weißer.

Luft ist aber nicht immer ein geeignetes Medium für die Erhaltung des Frischzustandes. Indessen ist stets eine bestimmte Menge Sauerstoff nötig, um der anaeroben Zersetzung entgegenzuwirken. *Beschränkt man plötzlich den Luftsauerstoff* und behindert damit die Atmungsvorgänge, dann kommt es zu erheblichen Qualitätsverlusten. Diese Erfahrung hat man unter anderem bei der Kühllagerung von empfindlichem Obst machen müssen. Beim Lagern unter Luftabschluß ist keine normale Atmung mehr möglich.

Es bildet sich unter dem Einfluß anaerober Enzyme (Zymasen) aus Glykose Äthylalkohol, Essigsäure u. dgl. mit Azetaldehyd als Zwischenprodukt. Dieser übt auf die Frucht eine toxische Wirkung aus.

Soll Obst also frisch gehalten werden, dann muß für Luftbewegung und Erneuerung gesorgt werden.

Sehr bewährt hat sich in Kühl- und Lagerräumen der Zusatz von *Ozon* zur Luft. Ozon entfaltet zugleich eine keimtötende Wirkung; meist werden die Lebensmittel täglich 2—3 mal begast. Fette dürfen nicht ozonisiert werden.

Um die Atmung von Lebensmitteln hintanhalten zu können, wird der Luftsauerstoff vielfach abgesaugt oder durch andere Gase verdrängt (vgl. S. 142). Zur Frischhaltung von Fleisch und ähnlichen Stoffen wird z. B. **Kohlensäure** verwendet. Sie ist auch zur Frischhaltung von Eiern gebräuchlich, wobei ihre Wirkung vornehmlich darauf beruht, daß sie das Kohlensäuregleichgewicht im Ei gewährleistet. Das Eiklar nämlich enthält 0,45% gelöstes CO_2, das bei der Lagerung aus dem Ei heraus diffundiert. Der Luftsauerstoff vollführt dann eine zerstörende Wirkung, die vermieden werden kann, wenn die Eier in Kohlensäureatmosphäre lagern. Dadurch kann man eine Haltbarkeit bis zu 17 Monaten erreichen.

Atmungsverlangsamend wirkt ferner *Stickstoffzusatz*.

Äthylen- und Propylenbegasung dagegen dienen dazu, die Wirksamkeit der atmungsbeschleunigenden und eiweißlösenden Fermente zu fördern.

Luft macht ihren Einfluß ferner dadurch geltend, daß die verschiedensten **Geruchs- und Geschmacksstoffe** der Raumgasatmosphäre mitgeteilt werden können, was ebenfalls Erzeugnisse unbrauchbar machen kann. Werden Eier neben Obst oder Zitrone gelagert, so nehmen sie deren Geschmack an. Das gleiche gilt für die Lagerung neben Fischen. Hierher gehört auch der „*Luftgeschmack*" von Feingebäck, der dann auftritt, wenn dieses unbedeckt der Luft ausgesetzt wird. Als weiteres Beispiel mag hier noch der „Stallgeschmack" der Milch angeführt werden, der dadurch zustande kommt, daß Fäulnisgase der Luft der Milch zugeführt werden. Bei geringer Intensität wird manchmal dieser Stallgeschmack geschätzt. Doch trägt er keinesfalls zur Steigerung der Qualität und noch weniger zur Haltbarkeit der Milch bei. Milch verdirbt bekanntlich leichter bei Gewittern. Man führt auch dies darauf zurück, daß infolge der Luftdruckminderung Fäulnisgase aus Düngerstätten, dem verunreinigten Boden usw. in die Luft übertragen werden und von da aus in die Milch gelangen. Auch von Wandanstrichen und flüchtigen Desinfektionsmitteln her können gelegentlich die Übertragungen von Geruchs- und Geschmacksstoffen ausgehen. Jedermann ist es auch bekannt, daß ein „Ladengeruch" nicht selten den Nahrungsmitteln anhaftet.

Unter dem Einfluß der Luft kann weiterhin eine **Dunkelfärbung des Saftes** beschädigter oder abgestorbener Pflanzen und Pflanzenteile eintreten, eine Erscheinung, die oft mehr Mißfallen erregt als sie verdient. Sie beruht letzten Endes auf der Gegenwart enzymatischer Substanzen, durch deren Vermittlung gewisse Saftbestandteile unter Dunkelfärbung (Pigmentbildung) sich mit Sauerstoff beladen, um diesen allen bedürftigen Geweben und Zellen zuzuführen. Die Säfte wirken den roten Blutkörperchen höherer Tiere entsprechend als Sauerstoffträger und binden sich locker mit dem Sauerstoff, um diesen weiter an die Gewebszellen und deren Inhaltsstoffe abzugeben und sie zu oxydieren. Dadurch wird der Atmungsprozeß aufrechterhalten. Diese Sauerstoffverbindung geht mit intensiver Dunkelfärbung einher. Nun werden aber die mit den Säften herangebrachten Pigmentstoffe durch die Gewebe immer wieder desoxydiert und damit entfärbt, weshalb die Dunkelfärbung der Säfte im lebendigen Organismus nicht in Erscheinung tritt. Wohl aber erfolgt dies, wenn nach dem Erlöschen des Lebens bzw. der Atmung die Funktion der enzymatischen Vorgänge gestört und zum Stillstand gebracht wird. Daher treten an der Schnittfläche von Obst und Wurzelknollen Dunkelfärbungen auf, die besonders bei Gegenwart der die Oxydation begünstigenden Gerbsäure rasch erscheinen. Das ist z. B. der Fall bei der Kartoffel. Diese Schwarzfärbung ist belanglos, kann aber bei der Herstellung von Kartoffelstärke, der Kartoffeltrocknung und der Kartoffeleiweißgewinnung außerordentlich unerwünscht sein. Diese Dunkelfärbung läßt sich zwar verhindern, wenn die Fermente durch Erhitzen oder durch Verwendung von Säuren und sauren Salzen unwirksam gemacht werden. Solche Maßnahmen haben aber andere Nachteile im Gefolge. Entweder kommt es dann, wie beim Blanchieren, zu Nährstoffverlusten, oder es lassen sich in den Fertigprodukten für die Gesundheit höchst unerwünschte Säurereste noch nachweisen (vgl. S. 173).

III. Wasser.

Feuchtwerden von Lebensmitteln begünstigt die Spaltungsvorgänge. Wasserverlust führt zum Austrocknen, zu Schrumpfung und Entquellung. Vom ersteren war bereits die Rede anläßlich der Besprechung der Kühllagerung (S. 139). Wir werden Gelegenheit finden, auf letzteres bei Erörterung der Trockenkonservierung ausführlicher zurückzukommen (S. 164).

IV. Wärme.

Wärme und Kälte verursachen Hemmung oder Beschleunigung der Reaktionsgeschwindigkeit und damit der natürlichen Reifungsvorgänge oder natürlichen Zersetzung. Die Beeinflussung der Reaktionsgeschwindigkeit findet nach dem VAN'T HOFFschen Zeitgesetz statt, wonach diese bei 10° Temperaturzunahme um das 2—3fache vergrößert wird. Daher müssen die Produkte zur Lagerung und Erhaltung tiefen Temperaturen ausgesetzt und in einen Zustand gebracht werden, bei dem die Wirkung von Fermenten und Kleinlebewesen aufhört. Das erstere ist beim Gefrieren und das zweite beim Sterilisieren der Fall.

Auf die Entwicklung von Schädlingen, mit deren Entwicklung die Zunahme des Verderbs Hand in Hand zu gehen pflegt, findet die **Bluncksche Wärmesummenregel** Anwendung. Jeder Parasit hat seinen optimalen Entwicklungspunkt. So soll beispielsweise bei irgendeinem Schädling eine optimale Vermehrung innerhalb 20 Tagen bei 20° C stattfinden. Es beträgt dann die BLUNCKsche Wärmesumme $20 \times 20 = 400$. Wird nun eine Temperatur von nur 10° angewandt, so läßt sich die Wärmesumme nach der Gleichung $10 \times x = 400$ berechnen. x oder die Entwicklungszahl ist demnach 40, d. h. bei 10° kann die gleiche Anzahl von

Schädlingen sich erst in 40 Tagen entwickeln; bei 0° erst in 400 Tagen. Das geht nun nicht ins Unendliche, da jeder Schädling an einen Entwicklungsnullpunkt gebunden ist, bei dem die Entwicklung seiner Eier nicht mehr erfolgt. Man kann sich auf Grund dieser Gesetzmäßigkeiten gut vorstellen, in welch hohem Maße die Nahrungsmittelzersetzung von der Temperatur bestimmt wird.

V. Licht.

Das Licht wirkt als Energiequelle. Durch die ultravioletten Strahlen tritt Ozonbildung ein. Wirksam sind auch die Strahlen im gelborange Bereich, während insbesondere die grünen Strahlen unwirksam sein sollen.

Wie stark das Licht wirkt, geht aus der Tatsache hervor, daß die Sauerstoffansammlung bei Sonnenlicht 10000 mal schneller vor sich geht als im Dunkeln, und daß durch Sonnenlicht nahezu spontane Umsetzungen ausgelöst werden können.

Unter den Lebensmitteln wird besonders leicht *Fett* zersetzt. Butter kann beim Stehen an der Luft verschiedene, bald schnell, bald langsam eintretende Veränderungen erleiden, während das eine Mal nur Verfärbungen zu vermerken sind, tritt beim anderen Male Talggeschmack, weiterhin säuerlicher oder gar ranziger Geschmack in Erscheinung. Dieses unsichere, zufällige Wechseln der Vorgänge weist auf eine Vielfältigkeit von Ursachen hin. Die Haltbarkeit der *Butter* ist in hohem Maße von der *Art der Verpackung* abhängig. Anfangs hatte man großes Gewicht auf die Holzart von Butterfässern oder -tonnen gelegt. Man kam jedoch bald von einer besonderen Präparierung ab, nachdem man gesehen hatte, daß eine gut ausgearbeitete Butter sich in jedem Gebinde halten kann. Heute bedient man sich einheitlicher Formen und wählt möglichst das hellgefärbte Holz der Rotbuche, deren Dauben mit Reifen aus geschältem Weidenholz zusammengehalten werden.

Stückbutter wird meist in Pergamentpapier verpackt. Echtes *Pergamentpapier* wird aus der Faser des Rohpapiers hergestellt, die durch Behandlung mit Schwefelsäure verhornt. Hierdurch verliert die Faser ihre Saugfähigkeit, sie wird fett- und wasserdicht. Pergamentpapierersatz erfährt im Gegensatz zu echtem Pergament keine chemische Behandlung. Die von ihm geforderte Eigenschaft der Fettdichte wird durch besondere mechanische Behandlung der Faser erzielt. Die Luft-, Wasserund Fettdichte und Transparenz beider Papiere ist fast gleich.

Lichtschutz. In jüngster Zeit hat man besonders der Lichtdurchlässigkeit fettdichter Papiere erhöhte Aufmerksamkeit geschenkt. Man stattet solche Papiere mit einem sog. Lichtschutz aus. Meist handelt es sich dabei um Präparierung mit einem Chemikal, wie z. B. *Ultralin,* das ultraviolette Strahlen absorbiert, ohne die Transparenz zu verändern.

Dasselbe will man durch die Anwendung von Metallfolien erreichen. *Zinnfolien* scheiden aus Gründen, die später (S. 184) zu besprechen sind, vom Verpackungsmaterial aus. Die *Aluminiumfolie* erweist sich als brauchbar. Butter kann damit bei Kühlraum- und Zimmertemperatur 14 Tage aufbewahrt werden, ohne erkennbare Veränderungen zu zeigen. Von einer Einführung der Aluminiumfolie allerdings wird der Verteuerung des Einwickelmaterials wegen vorläufig noch Abstand zu nehmen sein.

Besonders leicht lichtempfindlich erweisen sich auch die *Kokosbutter* und manche *Öle*. Indirektes Sonnenlicht verändert Milch auch bei beschränktem Luftzutritt rasch und oft schon so, daß sie nach einer Stunde schlecht schmeckt. In zerstreutem Licht sind die gleichen Veränderungen erst nach einigen Tagen zu bemerken. Milch im Dunkeln kann bis 14 Tage unverändert bleiben. Eine ganze Reihe von Lebensmitteln wird vor den schädlichen Einflüssen des Lichtes durch *Aufbewahren im Dunkeln*, in Konservendosen oder in *braunem Glas*, das die chemisch wirksamen Strahlen absorbiert, geschützt. Dem gleichen Zweck kann ferner die Färbung des Materials bzw. die Fixation grüner oder anderer natürlicher Farbstoffe dienen.

VI. Katalysatoren.

Als Katalysatoren, d. h. als reaktionslenkende und beschleunigende oder auch reaktionshemmende Stoffe wirken Metallspuren, so *Nickel* bei der Fetthärtung oder *Eisen, Blei, Mangan, Kobalt, Kupfer*. Als weiterer Katalysator sind die *Wasserstoffionen* aufzufassen, die insbesondere Spaltungsvórgänge zu beschleunigen vermögen, und schließlich die organischen Katalysatoren, die *Fermente*, die wir in fast allen Lebensmitteln vorfinden. Jedes im natürlichen Zustand oder in nur wenig veränderter Form eingelagerte Lebensmittel, sei es Getreide, Butter, Obst, Gemüse, Fleisch, Fisch, Eier oder Kartoffel, enthält oft zahlreiche Enzyme, Stoffe, die in der ursprünglichen, naturgebundenen Form ihrer Träger hohe Wirksamkeit entfalten.

Fermentwirkung ist z. B. die Nachreifung des *Obstes*, von der schon die Rede war, oder auch die Reifung der Heringe. *Heringe* sind sofort nach dem Fange ungenießbar und besitzen nicht den typischen Geschmack. Diesen erlangen sie erst, nachdem sie 2—3 Wochen in Tonnen eingelagert sind. Während dieser Zeit vollzieht sich die „Reifung“, d. h. ein Zersetzungs- und Lösungsprozeß auf Grund der in den Gewebs- und Organzellen vorhandenen Enzyme. Auch das *Fleisch* unserer Säugetiere muß einen solchen Reifungsprozeß durchmachen. Wird das frisch geschlachtete Fleisch in heißes Wasser geworfen, dann verlaufen alle Phasen des Reifungsprozesses rasch, ein Umstand, den man im Dringlichkeitsfall sich zunutze machen muß. Auch bei allzu reichlicher Bildung von Milchsäure erfolgt der Reifungsprozeß mitunter so rasch, daß Fäulnis unvermittelt an die Reifung auftritt. Dies trifft besonders beim Fleisch zu Tode gehetzter oder vor dem Tode überanstrengter Tiere zu, das schon nach kurzem Lagern den Geschmack beginnender Fäulnis, den sog. Wildgeschmack, annimmt.

Während Säugetierfleisch durch Ablagerung in seiner Qualität gewinnt, erleidet Fischfleisch stets eine Verschlechterung. Das hängt mit seiner lockeren Struktur zusammen, wodurch zersetzenden Einflüssen jeder Art leichter der Zutritt ermöglicht wird.

VII. Kleinlebewesen.

Bakterien und Pilze sind weitere Faktoren, die maßgebenden Einfluß auf die Zersetzung von Lebensmitteln gewinnen können. Sie werden häufig die Ursache menschlicher Erkrankungen und Infektionen.

Darminfektionen. Die meisten Fleischvergiftungen sind durch Gärtnerbazillus, Typhus- und Paratyphusbazillen bedingt. Diese Bazillen sind sehr widerstandsfähig. Sie halten sich in eisgekühlter Milch bis zu 60 Tagen und bei 37° bis zu $4^1/_2$ Monaten, im gepökelten Fleisch mit 12—19% Kochsalz sterben sie erst nach 75 Tagen ab. Im Wurstbrei vertragen die Paratyphusbazillen 2 Stunden langes Kochen; noch weniger kann ihnen das Räuchern anhaben, ja selbst bei in Essigsäure und Knoblauch eingelegtem Fleisch ist es vorgekommen, daß sich die Paratyphusbazillen hielten und Massenerkrankungen hervorriefen.

Vermittler solcher Infektionen ist oft das **Hackfleisch.** Hackfleischvergiftungen unterscheiden sich von anderen Fleischvergiftungen dadurch, daß sie in der heißen Jahreszeit auftreten und leichter übertragen werden können. Da die ganze Fleischmasse lockerer und lufthaltiger ist, bildet sie einen idealen Nährboden für Bakterien. Bereits im Anfang der Infektion sind in einem Gramm Fleisch viele Millionen Bakterien enthalten, und in einem Tage wachsen sie bei günstigen Bedingungen bis zu Milliarden heran.

Während bei den vorgenannten Fleisch- und Wurstvergiftungen es oft zu Massenerkrankungen kommt, ist das bei den **Fischvergiftungen** weniger der Fall. Die Krankheitserscheinungen sind fast dieselben. Faule Fische sind eher imstande Vergiftungen zu verursachen wie faules Fleisch. Denn Fischfleisch ist leichter zersetzlich, weil es mehr Wasser enthält und weniger Bindegewebe, so daß Bakterien leichter eintreten und günstigeren Nährboden finden. Die giftige Beschaffenheit des Fischfleisches wird aber nie durch die Fäulnisprozesse an sich, sondern nur durch die Durchsetzung mit Bakterien hervorgerufen.

Auch *Räucherfische* können genußunfähig werden dadurch, daß sie von Schimmelpilzen befallen werden. Bei der Beurteilung ist zu berücksichtigen, daß durch den Rauch die Gräten bis zu einem gewissen Teil geschwärzt werden. *Marinierte Erzeugnisse* haben im Gegensatz zu konservierten Fischen nur eine geringe Haltbarkeit und müssen daher möglichst schnell verzehrt werden. Großen Einfluß hat die Witterung. Im Sommer gehen solche Produkte oft schon nach wenigen Wochen in Verderbnis über, während sie sich im Winter einige Monate halten können.

Bakterieller Verderbnis kann ferner auch die **Milch** anheimfallen; allerdings wird die Milch auch durch säurebildende Bakterien verändert. Doch ist diese Säuerung durchaus verschieden von jenen Zersetzungen, durch die die Milch gefährlich und giftig werden könnte. Oft vermag solche saure Milch (Joghurt, Kumyß), sogar einen günstigen regulatorischen Einfluß auf Darm und Darmflora auszuüben. Erst wenn die Säuerung überwunden ist und wenn andere fremde Keime das Übergewicht haben, kann sowohl rohe als auch gekochte Milch eine gesundheitsschädigende Beschaffenheit erlangen. Gekochte, pasteurisierte und sterilisierte Milch verdirbt leichter als rohe Milch; denn Sporen überstehen die Kochhitze und vermehren sich besser, weil ihre natürlichen Gegner, die Milchsäurebakterien, durch die Hitze abgetötet werden. Milch kann auf diese Art faulig zersetzt und peptonisiert werden, ohne daß die eingetretene Veränderung immer wahrnehmbar wäre.

Während Fäulniserreger in der Milch höchst unerwünscht sind und eine Gefahr bedeuten, ist man bei der Herstellung verschiedener *Käsesorten* auf die Mitwirkung der Fäulniserreger geradezu angewiesen. Eine Milch, die keine Fäulniserreger birgt, wäre als Material für die Käsebereitung gänzlich ungeeignet.

27. Nahrungs- und Genußmittelschädlinge und ihre Bekämpfung.
I. Nahrungs- und Genußmittelschädlinge.

5% der Gesamtgetreideernte gehen jährlich in Deutschland durch Schimmel- und Bakterienbefall verloren, weitere 4% = 1 Mill. Tonnen (1 t à 164 RM = 164 Mill. RM) durch Käferfraß. Aus diesem einzelnen Beispiel schon erhellt sich die Bedeutung der hier jetzt zu behandelnden Frage. Die für die gesamte deutsche Wirtschaft entstehenden Verluste lassen sich natürlich sehr schwer abschätzen. Sie sind aber so groß, daß im Vergleich zu ihnen nur noch die durch Ratten und Mäuse bedingten Schäden ins Gewicht fallen.

Wirtschaftliche Bedeutung. Bei der Bewertung des wirtschaftlichen Schadens ist nicht nur das von den Schädlingen gefressene Nahrungsmittelquantum, sondern auch die meistens weit größere Menge zu berücksichtigen, die durch Kot, Larven und Puppenhäute, durch abgestorbene Tiere, durch Spinntätigkeit verunreinigt und unbrauchbar wird. Schließlich muß noch beachtet werden, daß manches an sich gut lagerfähige Lebensmittel durch den Schädlingsbefall eine Änderung seines Wassergehaltes erfährt und dadurch für Schimmelpilze und Fäulnisbakterien anfällig wird, und daß die schädlichen Bakterien und Pilze sich weiter verbreiten.

Die **hygienische Bedeutung** ist bei manchen Nahrungsmittelschädlingen mindestens ebenso hoch wie die wirtschaftliche. Alle Arten können indirekt dadurch gesundheitsschädlich werden, daß sie die Nährmittel mit Krankheitskeimen verunreinigen. Besonders gilt dies für die Insekten, die außer Lebensmitteln auch Abfallstoffe, Fäkalien usw. befallen. Neben solch indirekter Gesundheitsschädigung ist eine direkte noch möglich. Diese kann erfolgen durch Stich und Biß; durch Milben können Darmerkrankungen und Asthma sowie Hautleiden erzeugt werden.

Da die meisten vom Menschen benötigten Nahrungsmittel alle Nährstoffe enthalten, die auch den Tieren zum Leben dienen, und seine Lagerräume und Wohnungen ihnen außerdem noch Schutz gegen ungünstige Witterung und gegen natürliche Feinde bieten, so ist es verständlich, daß alle Lebensmittel von Schädlingen befallen werden können und es leicht zu einer Massenentwicklung kommt, wenn die notwendige Achtsamkeit fehlt. Unter den in Frage kommenden Schädlingen sind am allermeisten die Insekten, insbesondere die *Käfer, Kleinschmetterlinge* und andere vertreten (Kellerasseln, Ohrwurm, Silberfischchen, Hausgrillen, Schaben, Ameisen, Wespen, Speck-, Kartoffel-, Getreide- und Hefekäfer, Brotkäfer, Reismehlkäfer, Getreidemotten, Dörrobst-, Mehlmotten, die verschiedensten Sorten an Fliegen, Milben usw.). Alle diese Tiere sind mehr oder weniger Allesfresser, wenn auch von dieser oder jener Sorte pflanzliche oder tierische Produkte bevorzugt werden.

Die Frage, wie die Tiere von einem Lebensmittellager zum anderen und in die Haushaltungen hineingelangen, ist von großer praktischer Bedeutung. Allgemein läßt sich sagen, daß die Weiterverbreitung in den meisten Fällen durch **Verschleppung** erfolgt. Nicht nur mit den betreffenden Waren, sondern auch mit Säcken, Kisten und sonstigem Verpackungsmaterial können die Schädlinge und ihre Eier in den Speicherraum hineingebracht werden. Zum Teil wandern und fliegen sie auch von draußen zu oder der Lagerraum ist selbst schon verseucht.

Zwischen einer Temperatur von $+ 5$ bis $+ 10°$ sind die meisten Schädlinge nicht mehr zu aktiven Lebensäußerungen befähigt. Mit höheren Temperaturen steigt ihre **Lebensfähigkeit.** Wärmegrade von über $35°$ wirken sich schon ungünstiger aus, obwohl Temperaturen von $50°$ und mehr erst zum Absterben führen. Gegen Kälte sind die meisten Schädlinge widerstandsfähiger als man gewöhnlich annimmt. In feuchten Lagerräumen halten die Tiere sich lieber auf als in trockenen, obwohl ihr Wasserbedürfnis nur gering ist. Manche dieser Schädlinge können sich von Lebensmitteln nähren, deren Wassergehalt oft nur wenig über 10%

liegt. Das ist nur deshalb möglich, weil sie sich das zum Leben notwendige Wasser durch den Abbau von Kohlehydraten verschaffen.

Es wurde hier auf die Lebensbedingungen eingegangen, weil es wichtig ist, diese zu kennen, um den Kampf gegen die Tiere aufzunehmen. Das Hauptgewicht aller Bekämpfungsmaßnahmen liegt in der **Vorbeugung.** Diese ist meist leichter und billiger durchzuführen als die restlose Beseitigung eingedrungener Tiere. Viele dieser Schädlingsarten können in einem Raum nur dann zur Vermehrung kommen, wenn es an Sauberkeit und Ordnung fehlt. Und auch die übrigen vermögen sich weit weniger leicht zu entwickeln, wenn das Lebensmittellager, die Regale usw. gründlich gereinigt, übersichtlich geordnet und die Vorräte oft kontrolliert werden. Bevor ein Raum, eine Kiste oder ein Sack oder ein Gestell nach der Entleerung von neuem mit Lebensmittelvorräten wieder beschickt wird, ist nachzusehen, ob nicht in versteckten Ecken und Ritzen noch lebende Schädlinge oder Eier vorhanden sind. Am aussichtsreichsten ist die Jagd in den Eckenresten, deshalb verdient auch der bauliche Zustand des Lagerraumes höchste Berücksichtigung (vgl. S. 199). Es ist dafür zu sorgen, daß der Fußboden, die Decken und die Wände keine Öffnungen aufweisen, durch die Insekten eindringen können. Kleine Löcher und Ritzen sind durch Zuschmieren mit Gips zu beseitigen. Schon bei der Anlage ist darauf zu achten, daß schnelle und gründliche Reinigung leicht möglich ist.

In der Bekämpfung spielt **mechanische Abwehr** die zweite Rolle. Durch Absuchen und Sieben lassen sich die Schädlinge mitunter leicht entfernen. Bei Grieß- und gröberen Mehlen ist einmaliges Sieben oft nicht ausreichend, weil die Eier durch die Maschen noch hindurch gelangen. Dann ist es erforderlich, das Sieben nach 8 oder 14 Tagen ein zweites Mal und unter Umständen mehrmals zu wiederholen, da die Larven indessen ausgeschlüpft sind. Reinigungsabfälle dürfen keinesfalls so aufbewahrt werden, daß Schädlinge sich weiter entwickeln und auswandern. Sie müssen, wenn sie wertlos sind, sofort verbrannt werden. Manche Schädlingsarten sind gegen die Bewegung ihres Nährsubstrates sehr empfindlich. Sie können durch Umlagern zum Abwandern gebracht und dann um so leichter vernichtet werden. Als weitere Abwehrmaßnahmen kommen Fangvorrichtungen und Fallen in Frage. Schaben, Heimchen und andere lassen sich in trocknen Räumen oft gut durch feuchte, mit Bier getränkte Lappen ködern, die des Abends ausgelegt werden und am folgenden Morgen zu kontrollieren sind. Zweckmäßig sind auch glattwandige Gefäße, die mit Bananenschalen, etwas Marmelade und anderen begehrten Nahrungsstoffen versehen und durch Anlehnen an Pappstreifen und Wände den Tieren leicht zugänglich gemacht werden können. Ameisen und Wespen lassen sich durch zuckerhaltige Köder und Asseln durch ausgehöhlte Kartoffeln fangen. Amylazetat lockt viele Tiere an. Dagegen bewähren sich künstliche Lichtquellen als Lockmittel nur selten.

Die **chemischen Mittel,** die zur Schädlingsbekämpfung empfohlen werden, sind sehr zahlreich. Es kann deshalb hier auch nicht andeutungsweise darauf eingegangen werden. Immer muß von solchen Mitteln gefordert werden, daß Berührungs-, Freß- und Atemgifte nur dann zur Anwendung kommen dürfen, wenn eine Nahrungsmittelschädigung und damit eine Gesundheitsschädigung durch sie ausgeschlossen ist. Das gilt auch für die zur Bekämpfung von Pflanzenschädlingen verwendeten Gifte.

II. Baum- und Pflanzenschädlinge.

Der Wunsch, durch Beseitigung von Insekten oder sonstigen Baum- und Pflanzenschädlingen den Ertrag zu steigern, ist durchaus verständlich. Ob an sich aber solche Pflanzenantisepsis den richtigen Weg darstellt, ist eine andere Frage, die hier nicht zu diskutieren ist. Mehr als sie interessieren uns hier die Mittel, die zu diesem Zwecke benutzt werden und ihre eventuellen Folgen auf die Gesundheit. Im Gebrauche sind *Kupferkalkbrühe* und *arsenhaltige Spritzmittel,* ferner *Bleiarseniat, Quecksilber* und *Nikotin* in größeren Mengen. Zum Versprühen solcher Beizen werden in Nordamerika sogar Flugzeuge eingesetzt.

Wie bei allen **Chemikalien** wird auch hier die Unschädlichkeit der angewandten Mittel beteuert. Man sagt, die Gifte würden durch Regen und Wetter — oft werden nur die Blüten gespritzt — wieder beseitigt und ließen sich zudem durch Waschen des Obstes wieder entfernen. Auch sei die angewandte Konzentration zu gering, um gefährlich zu sein. Wie aber bei anderer Gelegenheit erwähnt, müssen wir uns darüber im klaren sein, daß auch hier die Empfindlichkeit des einen Menschen nicht dieselbe ist wie die des anderen. Es gibt keine Grenzdosis für jedermann. Und selbst wenn bei einer Generation keine Schädigungen auftreten, so ist damit noch nicht erwiesen, daß Keimschädigungen grundsätzlich ausgeschlossen sind.

Leider ist es nun nicht so, daß die Gifte sich durch Waschen oder den Gärvorgang *wieder entfernen* lassen. Bei gespritzten Äpfeln wurde eine Schädigung des Vitamin C sicher nachgewiesen. Wollte man das Gift beseitigen, dann müßte das Obst geschält werden. Das ist jedoch aus anderen Gründen nicht immer tragbar. Im Süßmost und Wein findet sich oft ferner Arsen in größeren Mengen. Durch ein besonderes Verfahren, die sog. **Rotschönung,** können diese Gifte entfernt werden. Dem Wein wird Eisenoxyd oder Manganoxyd zugesetzt, das infolge seiner Absorptionswirkung das Arsen herausholt. Dieses Verfahren soll keine schädlichen Einwirkungen auf Geschmack, Güte und Gesundheit ausüben.

Vergiftungen: Was bei allen diesen Pflanzenbeizen besonders ins Gewicht fällt, ist die Tatsache, daß die benutzten Chemikalien durchweg schwere Gifte sind. Außer allgemein nervösen Erscheinungen, die sie beim Menschen hervorrufen und der Vernichtung des Vitamingehaltes gibt es noch jeweils spezifische Folgezustände. Krämpfe, Krampfhusten und Darmkoliken gehören zum Krankheitsbilde der *Kupfervergiftung*. Nächtliche Angstzustände, Herzunruhe, gesteigerte Reizbarkeit, Durchfälle und Schwächegefühl bis zum körperlichen Verfall können zum *Arsenbilde* gehören. Schwindel, Schlaflosigkeit, Unruhe und Zittrigkeit finden sich bei der *Zinkvergiftung*. Depressionen, Gedächtnisschwäche, Erschöpfung und Ruhelosigkeit beim *Quecksilber*. Koliken, spastische Verstopfungen, Neuralgien, psychische Störungen, unsicherer Gang gehören zur *Bleivergiftung*. Und das alles sind Wirkungen kleiner Dosen. Die meisten Menschen wissen nicht, ob das Obst, das sie verzehren, gespritzt war. Für die Krankenkost hat diese Frage deshalb eine besondere Bedeutung, weil häufig Obst- und Rohsäfte zu Saft- und Fastenkuren Verwendung finden. Obst, das an Spritzern und Flecken als „gespritzt" erkannt wird, sollte daher beim Einkauf zurückgewiesen werden.

D. Konservierung.

28. Nahrungsmittelkonservierung und ihre Bewertung.

Um dem Verderb entgegenzuwirken, ist es erforderlich, Einwirkungen, die von außenher die Nahrungsmittel beeinflussen und biologische Faktoren, die von den Nahrungsmitteln selbst ausgehen, auszuschalten. Wie den ersteren, also den Einflüssen der Luft, des Lichts, der Wärme usw. beim Lagern begegnet werden kann, wurde im vorausgehenden Kapitel erörtert. Es bleibt uns jetzt übrig, auf die Bekämpfung biologischer Einflüsse noch näher einzugehen.

Biologische Einflüsse lassen sich durch physikalische und chemische Methoden verhindern. Der Unterschied zwischen den beiden liegt darin, daß bei den auf physikalischer Grundlage sich aufbauenden Konservierungssystemen dem haltbar zu machenden Lebensmittel nichts entzogen und auch nichts hinzugefügt wird, während das chemische Verfahren durch die Zufügung gewisser Stoffe, die das Wachstum von Mikroorganismen hemmen oder hindern, gekennzeichnet ist.

I. Physikalische Konservierungsmethoden.

a) Kühlen und Einfrieren (vgl. Kap. 22) sowie die Anwendung von Wärme in Form des Pasteurisierens, Sterilisierens und Trocknens gehören zu den physikalischen Konservierungsmethoden. Von manchen dieser Prozesse war im vorausgehenden schon die Rede. Es soll denn hier nur einiges noch über Sterilisation und Trocknen zugefügt werden.

b) Sterilisation. Sterilisation, im Haushalt vorgenommen (s. S. 104), hat nach allgemeinem Urteil gegenüber der *fabrikmäßigen Sterilisation* keine besonderen Vorteile. Die Dosenkonserve gilt im Gegenteil für Großküchen als besonders rationell, da übermäßiger Verlust und Abfall wegfallen und viel Zeit sich bei der Herstellung einsparen läßt. Den wahren Wert der Dosenkonserven kann aber nur der beurteilen, der den Hergang der fabrikmäßigen Konservierung kennt. Beim Gemüse, das das häufigste Objekt der Dosensterilisation darstellt, ist der Vorgang im allgemeinen folgender: Frisches und rechtzeitig geerntetes Gemüse wird maschinell gewaschen, sortiert, dann vorgekocht oder blanchiert. Dieses *Blanchieren* hat zweierlei Zweck: Es soll einerseits die Gemüse packfähig machen, andererseits sie von strengen Geschmacksstoffen befreien (Kohlarten). Durch den Blanchierprozeß allerdings büßen die Gemüse einen Teil ihrer Nährstoffe und Salze ein. Im allgemeinen fällt diese Einbuße aber niedriger aus als bei küchenmäßig vorbereiteten Gemüsen. Die Zeitdauer des Blanchierens schwankt von Fall zu Fall, sie beläuft sich im Durchschnitt auf 3—6 Minuten. Neben dem Blanchieren gewinnt neuerdings das Dämpfen erhöhtes Interesse. Der Verlust an Nährwerten läßt sich bei diesem Verfahren in besonders engen Grenzen halten. Mit dem Blanchieren wird vielfach ein Bleich- oder Färbeprozeß verbunden. Als Bleichmittel finden Verwendung Zitronensäure, Alaun oder schweflige Säure, die in bestimmter Dosis zugesetzt werden. Zusammen mit dem Blanchieren erfolgt vielfach die Färbung, da durch Erhitzung unter anderem auch das Chlorophyll zersetzt wird und deshalb Erbsen, Spinat, Bohnen usw. nach dem Kochen die grüne Farbe verlieren und braungrün aussehen. Oft wird durch Zusatz von Kupfer diese Zersetzung verhindert. Es bildet sich dann Kupferchlorophyll, das sogar der Sterilisation standhält. Die grüne Färbung kann auch durch Blanchieren im Kupferkessel erreicht werden. Außer Kupfer können auch Chlorophyll- oder Teerfarbstoffe zum Grünen herangezogen werden.

Nach dem Blanchieren und Färben werden die Gemüse in Dosen[1] gefüllt und der Deckel luftdicht mittels Verschlußmaschine aufgesetzt. Nunmehr erfolgt der eigentliche Sterilisationsprozeß. Diesem Zweck dient eine Erhitzung von 100° im offenen Wasserbad, im Salzbad von 105° oder im Autoklaven bis 121°. Letzteres Verfahren, das die Anwendung eines Druckes bis $1^1/_2$ Atm. erfordert, ist das weitaus wichtigste. Zeit und Temperatur, die sog. Sterilisationsdaten, variieren nach Größe der Dosen und Eigenart der Produkte. Beim Verlassen des Autoklaven zeigen die Dosen als Folge des im Innern herrschenden Überdrucks gewölbte Deckel und Böden. Nach nunmehr vorgenommener Abkühlung nehmen sie wieder die alte Lage ein.

---

[1] Die gesetzlich festgestellte Normaldose ($^1/_1$) hat für Gemüsekonserven einen Rauminhalt von 900 ccm, für Früchtekonserven einen von 850 ccm.

Es sind also verschiedenartige Einwirkungen neben der eigentlichen Sterilisation bei der Beurteilung der Industriekonserven zu berücksichtigen (vgl. S. 115).

Fehlfabrikate: Auch Konserven können natürlich verderben und ungenießbar oder gar gesundheitsschädlich werden.

Konserven können *säuern*. Bei der Öffnung der Dose macht sich dann ein saurer und artfremder Geruch und Geschmack geltend. Die Aufgußflüssigkeit ist meist getrübt und eigenartig getönt. Beim Spargel tritt die als Leichenfarbe bekannte Veränderung auf. Sauer gewordene Konserven sind für den Genuß untauglich, wenn sie auch meist keine ernsteren Gesundheitsschädigungen hervorrufen.

Gefährlicher sind sog. *Bombagen*. Man versteht darunter die Vorwölbung von Deckel und Böden, die durch Gasbildung im Konserveninhalt erfolgt. Als Ursache kommt in Frage Untersterilisation. Es handelt sich dabei um technische Fehler im Herstellungsverfahren, oder aber die Dosen können undicht und die Konserven infiziert sein. Man muß auch chemische Bombagen unterscheiden. Diese kommen dadurch zustande, daß die Konservenmasse durch Reaktion mit dem blanken Dosenblech (vgl. S. 184) Wasserstoff entstehen läßt, der die Dose aufbläht. Schließlich können Bombagen auch durch Frosteinwirkungen, enzymatische Prozesse u. dgl. hervorgerufen werden.

Zu Bombagen kann es auch in Fleisch- und Fischkonserven kommen. Bei Halbkonserven gehören sie infolge ungenügender Sterilisation zur Regel. Appetitssilde und Gabelbissen neigen gerne zu Verderbnis und Bombagen. Die echte Bombage darf nicht mit der falschen verwechselt werden, die durch zu starke Füllung der Büchse, Einbeulungen und Aufhalsen zu großer Deckel verursacht wird.

Theoretisch ist die kunstgerecht zubereitete Konserve unbegrenzt *haltbar*. In der Praxis kann man sagen, daß die Haltbarkeit der Gemüse-, Fleisch- und Fischkonserven viele Jahre beträgt. Obst und Beerenkonserven sind oft nur 2 Jahre haltbar, da die organischen Säuren die Emballage angreifen.

c) Trocknen und Dörren. Das Hauptprinzip bei der Feuchtigkeitsentziehung beruht auf der Tatsache, daß Kleinlebewesen für ihr Wachstum nicht nur bestimmte Temperaturen, sondern auch ein gewisses Feuchtigkeitsminimum benötigen. Durch das Trocknen wird ihnen eine wichtige Lebensvoraussetzung entzogen. Ähnlich wie bei der Kühlmethode werden bei dem Trocknungsprozeß keine Mikroorganismen vernichtet, sondern nur in ihren Lebensäußerungen eingeschränkt. Bei Wiederzufuhr von Flüssigkeit erweisen sie sich als noch lebensfähig. Die Temperaturen, die bei der Trocknung in Anwendung kommen, schwanken je nach der Art der Konservierung. Im allgemeinen lassen sich die besten Produkte im Vakuum oder bei starker Ventilation in

Gegenwart niederer Temperaturen erzielen, da die Inhaltsstoffe bei derartiger Behandlung am wenigsten leiden.

Der *Genußwert* erfährt durch die Trocknung immer — abgesehen vom Getreide — erhebliche Veränderungen. Selbst durch Wiederaufquellen kann der Zustand der Frischware in keinem Fall erreicht werden. Im gekochtem Zustand sind die Unterschiede weniger auffallend. Viele Produkte aber erleiden durch die Trocknung solche Umwandlungen, daß sie im Grunde genommen eine neue Ware darstellen. Vitamine überstehen die Trocknung nicht. Natürlich ist die Trocknung trotzdem vorteilhafter als die Konservierung durch chemische Zusätze.

Im großen spielt *Dörren* eine Rolle. Blanchierte oder zum Schutz der Inhaltsstoffe besser gedämpfte **Gemüse** werden hierbei der Trocknung unterworfen. Nach Beendigung des Dörrverfahrens wird die Ware gut ausgekühlt und in einem luftigen Raum solange ausgebreitet, bis sie lufttrocken geworden ist. Alsdann verpackt man sie für den Großhandel in Fässer oder Säcke, für den Kleinhandel in Kartons oder durchsichtige Zellulosehüllen. Zur Verbesserung der Lagerfähigkeit können Trockengemüse bei 300—500 Atmosphären gepreßt werden.

Die annähernde *Ausbeute* beim Dörrprozeß beträgt bei Erbsen 12 bis 16%, Schnittbohnen 8—10%, Wachsbohnen 10—12%, Karotten 8—10% Kartoffeln 18—20%, Spinat 9—10%, Blumenkohl 4—5%, Steinpilzen 7—9%.

Auch **Getreide,** das in Silos gelagert wird, muß auf einen Wassergehalt von unter 14% getrocknet werden, damit nicht bei unsachgemäßer Lagerung durch Wasserkondensation Schimmel- und Bakterienwucherung begünstigt wird. Getreide, das auf Schüttböden gelagert wird, pflegt sich im Winter abzukühlen. Beim Erwärmen im Frühjahr und im Sommer kommt es dann zu Wasserkondensation und damit zu leichterer Verderbnis. Das wird in Silos verhindert.

Das Trockenverfahren konnte bei der Konservierung von **Kartoffeln** Bedeutung erlangen. Die in den letzten Jahren durchgeführten Versuche haben beachtenswerte Ergebnisse gezeitigt, die zwar nicht revolutionierend wirken können, aber doch eine nicht von der Hand zu weisende Möglichkeit darstellen, Speisekartoffeln ohne die jährlich immer wiederkehrenden Verluste für den Verbrauch zur Verfügung zu stellen. Das Verfahren, das jetzt schon im 5. Jahre zur Anwendung gelangt, geht etwa so vor sich: die gut gewaschenen und geschälten Kartoffeln werden in $1/2$ cm starke Stäbchen oder Scheibchen geschnitten und 6 Stunden lang in einem Trockenraum bei 95—98° getrocknet. Der Feuchtigkeitsgehalt geht dabei auf etwa 10—14% des ursprünglichen zurück, und das Gewicht vermindert sich um etwa 90%. 10 Ztr. frische Kartoffeln sind jetzt nur noch 1 Ztr. 3 Ztr. kommen hierbei auf den Abfall, der zu anderen Zwecken Verwendung findet. Die Verarbeitung der Trockenkartoffel steckt noch in den Anfängen. Der Preis ist noch zu hoch. Bisher ist die Trockenkartoffel besonders in Gemeinschaftsküchen und Schiffen, bei der Wehrmacht usw. verwandt worden. Bei technischer Vervollkommnung der verarbeitenden Einrichtungen, die möglich ist, wird sich eine Senkung des Preises wohl erreichen lassen.

Die volkswirtschaftlichen Vorteile, die sich aus der Herstellung einer dem allgemeinen Preisniveau angepaßten Trockenkartoffel ergeben, sind erhebliche: Ersparnisse an Fracht und Lagerräumen, Wegfall des Kartoffelschälens im Haushalt und bessere Verwertung des Abfalls. Dem steht als Nachteil das Fehlen des Frischzustandes, die Einheitsbeschaffenheit und vor allen Dingen die Verluste an Vitamin C bei einer für unser Volk wesentlichsten Quelle entgegen. Für Notzeiten ganz besonders wichtige Vorteile liegen darin, daß die Haltbarkeit auf 2 Jahre verbürgt wird und die Verluste durch Fäulnis, Keimung usw., die jährlich auf 10% taxiert werden, wegfallen.

Wichtig ist das Trockenverfahren auch bei der Gewinnung der **Trockenmilch und des Trockeneies.** In der Regel wird Magermilch getrocknet, da Vollmilchpulver infolge seines hohen Fettgehaltes leicht ranzig wird. Auch Trockeneigelb wird leicht ranzig. Die auf beheizten Walzen getrockneten Produkte sind weniger gut löslich als die Trockenpulver, die so gewonnen werden, daß die frische Ware unter einer rotierenden Schleuderscheibe in einem auf 50—60° erhitzten Raum versprüht wird. Trockenmilch und Trockenei finden hauptsächlich Verwendung zum Backen und in der Schokoladenfabrikation.

Auf einer teilweisen Trocknung beruht die Herstellung der Kondensmilch, deren Eindickung im Vakuum bei 50° erfolgt und die anschließend noch sterilisiert werden muß. „Kondensierte Milch" ist gezuckert und auf ein Viertel bis ein Drittel eingedickt. „Evaporierte Milch" ist ungezuckert und nur etwa bis zur Hälfte eingedickt.

Getrocknet werden heutzutage auch *Küchenabfälle.* In 3 Monaten wurden in Berlin etwa 60000 Zentner Abfälle gesammelt, die 6000 Zentner Trockenfutter ergaben.

Eine neue Konservierungsart ist die sog.

d) EK-(Entkeimungs-)Filtration. Sie wird angewandt zur Haltbarmachung von Obstsäften. Die große Bedeutung dieses Verfahrens ergibt sich daraus, daß im Jahre 1936 etwa 10000000 l Traubensüßmost und 18000000—20000000 l Apfelsüßmost hergestellt wurden. Der mittels Gerbstoff und Gelatine geklärte Saft wird dabei durch eine aus Asbest und Zellstoff bestehende Filtermasse mit 1,5 Atm. Druck gepreßt. Die so auf kaltem Wege sterilisierten Säfte sind gut haltbar, die Reinheit des Geschmacks bleibt unbeeinträchtigt. Andere Verfahren der gewerblichen Süßmosterei beruhen auf Wasserentzug im Vakuum oder dem Zusatz chemischer Konservierungsmittel (Natrium-Benzoat), den Sterilisierverfahren u. a. m.

Im Haushalt wird Süßmost mit Hilfe des **Dampfentsaftens** hergestellt. Dazu eignen sich besonders Beeren und Kirschen, weniger dagegen Kernobst.

Man bringt in einen Einkochtopf Wasser in Höhe von 5 cm und stellt auf einen Drahtuntersatz in diesen Topf ein zweites Gefäß, in dem der Saft gesammelt wird. Über dieser Schüssel hängt ein vorher ausgekochtes Tuch, das sich an der Topföffnung befestigen läßt. In dieses Tuch werden die Früchte in Mengen von etwa 5 kg eingelegt, nachdem sie vorher gründlich gewaschen wurden. Der Deckel des Einkochtopfes wird mit angefeuchtetem Pergamentpapier bedeckt, der das Hinabtropfen von Wasser verhindern soll. Das Wasser des Topfes läßt man 1 Stunde kochen, dann wird der Fruchtsaft heiß in ausgekochte Flaschen gefüllt, die steril und möglichst bis zum Rande gefüllt, verschlossen werden.

II. Chemische Methoden.

Die chemischen Konservierungsmethoden sind durch Zugabe chemischer Stoffe zu dem haltbarzumachenden Nahrungsmittel gekennzeichnet.

In der Praxis läßt sich eine scharfe Trennung zwischen physikalischer und chemischer Konservierung nicht durchführen. Noch schwerer ist es, eine Klassifizierung der zahlreichen chemischen Verfahren vorzunehmen. Trotzdem sei eine Einteilung wie folgt versucht:

a) Halbchemische Konservierung.

b) Konservierung durch Säuerung.

c) Konservierung durch Mittel, die nach der Konservierung wieder verschwinden.

d) Konservierung durch eigentliche Antiseptica.

a) Halbchemische Konservierungsmittel. Das älteste Mittel ist das Salzen. Salz wirkt wasserentziehend und engt einerseits durch diese dehydrierende Eigenschaft, andererseits durch seine Gegenwart an sich den Nährboden für ein Mikroorganismenwachstum ein. Kochsalz wirkt erst in einer Konzentration von 6—10% konservierend. Aber auch bei derartig hohen Zugaben tritt eine Abtötung der Mikroorganismen nicht ein. Diese würde erst bei noch höheren Salzkonzentrationen, die aber für praktische Zwecke selten in Frage kommen, stattfinden. Das Salzen spielt besonders für die Haltbarmachung von Fleisch — hierbei oft in Verbindung mit geringen Mengen Salpeters (Kaliumnitrat) — eine Rolle und wird dann als **Pökeln** bezeichnet. Salzen allein gibt dem Fleisch eine graue Farbe. Dieser Schönheitsfehler läßt sich verhüten, wenn dem Salz Salpeter zugesetzt wird, der den Blutfarbstoff in einen ihm verwandten, ebenfalls roten Farbstoff umwandelt. Dieser widersteht nicht nur dem Salz, sondern ist auch hitzebeständig, so daß das Fleisch auch nach dem Kochen seine rote Farbe behält.

Die aus früheren Jahrhunderten übernommene Herstellung der Pökelware besteht darin, daß man das Fleisch mit Pökelsalz einreibt und aus dem Saft, den das Salz dem Fleisch entzieht, eine Lake entstehen läßt. Diese dringt nach und nach in das Innere des Fleisches vor und bewirkt seine gleichmäßige Durchsalzung (Trockenpökelung). Oder aber man stellt eine Pökellake her und legt das Fleisch hinein (*nasse Pökelung*). Im allgemeinen werden beide Verfahren zusammen angewandt. Zur gründlichen Durchdringung größerer Fleischstücke sind mehrere Wochen nötig. Die Temperatur soll 6—10° betragen. Durch den hohen Salzgehalt und die Auslaugung des Fleisches wird das Bakterienwachstum erheblich eingeschränkt. Trichinen können aber nur auf der Fleischoberfläche abgetötet werden, in der Tiefe sind sie unter Umständen noch nach 1 Jahr vorhanden. Pökelfleisch, das aus der Lake herausgenommen wird, kann rasch verderben; es muß daher für langfristige Vorratsspeicherung in Lakefässern gehalten werden.

Das läßt sich vermeiden, wenn die Pökelwirkung durch **Räuchern** ergänzt wird. Hierdurch wird das Fleisch getrocknet und gleichzeitig von den flüchtigen Teerbestandteilen des Rauches durchdrungen, die eine keimtötende Wirkung ausüben und den Wohlgeschmack fördern. Ursprünglich ließ man den Rauch des trockenen Herdfeuers über die an der Dielendecke hängenden Fleischstücke streichen. Heute sind Räucherkammern in Gebrauch, die mit Gas oder Elektrizität beheizt werden.

Zur Rauchbildung wird Laubholz benutzt. Der Rauch enthält starke keimtötende Substanzen, wie Phenole verschiedener Art, ferner Formaldehyd und Essigsäure. Diese Stoffe dringen in das Fleish mehr oder weniger stark ein und führen im Verein mit einem gleichzeitig einhergehenden Austrocknungsprozeß (Kalträucherung) oder einer Zuteilung von Wärme (Warmräucherung) zu einer Konservierung.

Ein schnell zum Ziele führendes Verfahren ist die sog. *Schnellräucherung*. Dazu werden die Lebensmittel mit einer Mischung, die aus Kreosot, Wacholderbeeröl und rohem Holzessig besteht, bestrichen. Diese „Räucherung" ist in etwa 30 Stunden beendet. Sie erstreckt sich nicht nur auf Schinken, Zervelatwurst und Zunge, sondern auch auf Fische.

Richtig gepökeltes und richtig geräuchertes Fleisch verliert erheblich an Gewicht und ist deshalb im Handel selten zu haben. Diese starken Gewichtsverluste werden vermieden durch die sog. *Schnellpökelung*. Bei dieser dringt das Salz nicht langsam von außen in das Innere des Fleisches, sondern mittels einer Handpumpe wird die

Lake durch eine Hohlnadel an verschiedenen Stellen in das Innere des Fleisches eingepreßt und in seinen Gewebsspalten verteilt (Hohlnadelverfahren). Hierdurch verliert das Fleisch keinen Saft, sondern nimmt eher noch Flüssigkeit auf. Der Salzgehalt ist ziemlich milde gehalten. Die Schnellpökelung eines Schinkens ist in wenigen Minuten ausgeführt. Neben dem „*Hohlnadelverfahren*" ist die „*Aderspritzpökelung*" von Bedeutung. Bei ihr wird die Lake in die Hauptarterie eines entsprechend zugeschnittenen Fleischstückes gespritzt und in den sich verzweigenden Blutgefäßen verteilt. Fleisch, das so behandelt werden soll, muß im Zustande der Muskelstarre und durchgekühlt sein. Der Hauptvorgang der Aderspritzung beruht darauf, daß die Lake die innersten Teile des Fleischstückes und das Knochenmark miterfaßt.

Nachteile des Pökelns und Räucherns: Pökeln hat gewisse nachteilige Einflüsse im Gefolge. Durch die Lake werden beträchtliche Nährstoffe entzogen, die höher liegen als bei anderen Konservierungsarten. Übermäßiger Salzgenuß kann zudem bei entsprechender Bereitschaft zur Bildung von Wasseransammlung im Körper beitragen. Nicht harmlos ist ferner das zum Pökeln verwandte Kaliumnitrat. Mit Hilfe von Bakterien entsteht daraus salpetrige Säure.

Es wird behauptet, daß auch Räuchern eine Entwertung der Nahrung und eine Gesundheitsschädigung des Verbrauchers verursachen kann. Die Annahme jedenfalls, daß die desinfizierenden Rauchbestandteile sich nach dem Räuchern wieder vollkommen verflüchtigen, trifft wohl kaum zu. Phenol kann eine äußerliche und innerliche Reizwirkung hervorrufen. Karbolsäure in größeren Mengen ist ein Plasmagift, welches auch die Fermentwirkung hemmt. Kreosot ist ein schädliches Ätzmittel, das Schleimhäute und Drüsen angreift. Der gesunde Verdauungskanal kann erfahrungsgemäß geräucherte Nahrungsmittel gut verdauen, bei empfindlichem Magen dagegen pflegen sich Beschwerden einzustellen.

Zuckern. Ähnlich wie Kochsalz besitzt auch Zucker die Fähigkeit, konservierend zu wirken, allerdings nur bei Zuführung größerer Mengen. Eine konservierende Fähigkeit wird im allgemeinen bei einem Zuckerzusatz von 50—60% des Nahrungsmittels als gegeben angenommen. Kleinere Zugaben von Zucker bilden hingegen, im besonderen für Hefe- und Schimmelpilze, einen günstigen Entwicklungsboden. Praktisch kommt eine Zuckerung vornehmlich für Obstprodukte in Frage.

Fettzusatz. Öle und Fette, die einem Nahrungsmittel hinreichend zugeführt werden, sind ebenfalls zur Frischhaltung geeignet, da sie gleichfalls den Nährboden für Mikroorganismen in unzuträglicher Weise beeinflussen. Hinzu kommt ferner noch die mechanische Wirkung der Luftabschließung.

Von der konservierenden Wirkung der Fette macht man bei den Ölsardinen Gebrauch. Die bei den Geleekonserven verwandte Gelatine dient, nebenbei bemerkt, dem gleichen Zweck. Daneben finden in beiden Verfahren häufig noch chemische Konservierungsmittel Verwendung.

Alkoholisieren. Alkohol stellt ein direktes Gift für Mikroorganismen dar. Er kann sich auf dem Weg der Gärung aus Zucker bilden oder er wird den zu konservierenden Lebensmitteln zugesetzt. Die durch Gärung in unseren Weinen gebildete Alkoholmenge von 6—8% vermag nur eine bedingte Haltbarkeit zu sichern. In den Bieren, in denen noch stark entwicklungshemmende Hopfenbestandteile vorhanden sind, genügt schon ein Alkoholgehalt von 3—4%. Sobald an die Haltbarkeit dieser Getränke größere Anforderungen gestellt werden, ist es nötig, durch künstliche Erhöhung den erforderlichen Alkoholgehalt zu sichern.

Die Anwendungsmöglichkeit des Alkohols ist eingeengt. Bei den gebräuchlichsten Lebensmitteln wie Fleisch, Milch usw. ist er nicht zu gebrauchen. Aber auch bei seinem engeren Anwendungsgebiet, den alkoholischen Getränken, sind ihm durch hygienische Bedenken bestimmte Grenzen gezogen. Bei Produkten mit einem Alkoholgehalt unter 10—12% kann durch die Gegenwart von Mikroorganismen der Alkohol zu Essigsäure oxydieren (Essigstich).

b) Säuern. Durch Ansäuern eines Nahrungsmittels kann ferner das Bakterienwachstum erschwert werden. Die zur Anwendung kommenden Säuren setzt man entweder dem Nahrungsmittel als Essig, Weinsäure oder Zitronensäure direkt zu, oder man läßt sie sich bilden (Milchsäure). Selbst höhere Säuremengen sind indessen zuweilen für Hefe- und besonders für Schimmelpilze keine die Entwicklung störenden Stoffe. Schimmelpilze ziehen sogar einen säuerlichen Nährboden vor. Die Methode einer natürlichen Säuerung ist in der Gemüsekonservierung weit verbreitet, während eine Konservierung mit starker künstlicher Säuerung vorzugsweise in der Fischindustrie (Marinaden) eine Rolle spielt. Solche Marinaden sind als Halbkonserven anzusprechen und nur begrenzt haltbar, worauf auch der Aufdruck „zum alsbaldigen Verbrauch bestimmt" hinweist.

Die Konservierung durch Säuerung beruht ebenso wie die Gärung auf der sogenannten *Artenauslese*. Durch gewisse Voraussetzungen gewinnt eine bestimmte Bakterienart über andere die Oberhand und vernichtet diese. Die Ausgangsstoffe werden dabei grundlegend verändert, aber die Nährstoffe bleiben erhalten.

Ein im Küchenbetrieb sowohl als auch in der Konservenindustrie häufig gebrauchtes Konservierungsmittel ist die

Essigsäure. In Essigkonserven mit 2—3% Essigsäuregehalt sind Krankheitserreger, sowie die Erreger der Fleischvergiftung nicht mehr lebens- und entwicklungsfähig. Das gilt nicht für sporenhaltige Bakterienarten. In mäßiger Konzentration wird Essig gut vertragen, in höherer verursacht er Magenkatarrh.

Die *Essigbereitung* geschieht entweder durch Gärung oder auf chemischem Wege. Für die Herstellung des Weinessigs wird saurer Wein verwandt, der offen an der Luft steht. Die Essigsäurebazillen greifen ein Abbauprodukt des Zuckers, den Alkohol, an. Dabei benötigen sie reichlich Sauerstoff, weil die Umwandlung von Alkohol zu Essigsäure ein sog. Oxydationsprozeß ist, d. h. unter Sauerstoffaufnahme bzw. Wasserstoffverlust vonstatten geht. Das Wachstum der Essigbakterien findet also nur an der Luft, d. h. an der Oberfläche von Flüssigkeiten statt. Der käufliche Weinessig besteht jedoch nicht mehr als zu 20% aus Wein. Essigsäure oder Essigessenz werden meist durch trockene Destillation des Holzes gewonnen. Am Weinessig besonders geschätzt wird sein Aroma, das dem Holzessig fehlt. Im Essigsäuregehalt sind beide Arten gleich. Den Essenzessigsorten werden vielfach aromatische Zusätze beigegeben. Gärungsessig ist häufig nicht absolut klar, und kann Essigsäurepilze und kleine, etwa 1—2,5 cm lange, sehr bewegliche, schlanke Würmchen (Essigälchen) in größerer und kleinerer Menge enthalten, während die konzentrierte Essigessenz diese Nachteile nicht besitzt.

Essigessenz aber enthält so gut wie immer etwas

Ameisensäure (etwa $1/_2$% des Essigsäuregehaltes). In geringerer Konzentration soll diese Säure harmlos sein, in starker dagegen ist sie ein die Körpergewebe schädigendes Ätzmittel und als Blutgift zu bezeichnen. Ameisensäure als Zusatz wird besonders auch empfohlen zur Haltbarmachung roher Obstsäfte, Kompotts u. dgl. und auch gewerbsmäßig hergestellten Konserven in Form ameisensaurer Salze zugesetzt.

Ameisensäure ist ein Oxydationsprodukt des *Formalins* (Formaldehyd), das wieder die wirksame Substanz des Hexamethylentetramins darstellt, welches zur Konservierung von Kaviar Verwendung findet. Als Zusatz zur Milch ist „*Hexa*" verboten, weil es vor allem die Entwicklung der Milchsäurebakterien hemmt, die Säuerung also verzögert, dagegen schädliche und selbst pathogene Keime unbeeinflußt läßt.

Milchsäure. Der Essigsäure ähnlich ist die Milchsäure, insofern als sie gleichfalls ein bakterielles Stoffwechselprodukt ist. Milchsäurebazillen greifen direkt den Zucker an, den sie unter Luftabschluß in Milchsäure verwandeln. In der Küche findet die Milchsäure Verwendung in erster Linie als saure Milch oder saure Molke zur Konservierung von Fleisch. Auch manche im Handel befindlichen Konservierungsmittel enthalten Milchsäure oder deren Salze. Ferner ist im Sauerkraut, in sauren Gurken, sauren Schnittbohnen und im Bier diese Säure wesentlicher Bestandteil.

Das *Kochsalz*, das den zu konservierenden Gemüsen zugesetzt wird, wirkt insofern mit, als es durch Wasserentziehung eine Brühe bildet und dadurch die Luft aus den Zwischenräumen vertreibt. Durch Pressung wird dieser Vorgang unterstützt. Der eigentlichen Milchsäuregärung, die durch das Kochsalz elektiv gefördert wird, geht eine Vorgärung voraus. Fehl- und Nebengärungen lassen sich leichter vermeiden, wenn den Produkten Zucker oder saure Milch zugesetzt wird. Die Hauptgärung, die bei etwa 12° erfolgen muß, dauert bei Sauerkraut und Bohnen 4—6, bei Salzgurken 6—8 Wochen. Die daran sich anschließende Nachgärung erfordert Temperaturen von 6—8°, weil es sonst zur Vernichtung der Milchsäure kommen kann. Mit steigendem Säuregehalt hört die Gärung von selbst auf. Bei 1—1$^1/_2$% Säuregehalt nämlich sind die Milchsäurebazillen nicht mehr lebensfähig. Vielfach wird die *fertige Säure* manchen Nahrungsmitteln zur Geschmacksverbesserung zugesetzt, z. B. Most, Obstwein und Limonaden. Der Ablauf der Gärung selbst ist günstiger, wenn man Milchsäure vor der Gärung zusetzt. Das erfolgt auch in den Grünfuttersilos für unsere Haustiere.

Milchsäure ist ein physiologisches Produkt. Sie kommt in der Muskulatur, im Blut und im Schweiß vor. In nicht zu großen Mengen genossen, ist sie harmlos. Im Übermaß aufgenommen dagegen führt sie zu Basenverlusten und unter Umständen auch zur Entkalkung der Knochen.

c) Konservierung durch Mittel, die wieder zum Teil verschwinden. Eine andere Methode chemischer Konservierung besteht darin, Stoffe zuzusetzen, die kurz vor dem Gebrauch des Lebensmittels wieder teilweise entfernt werden. Ein Beispiel dieser Art chemischer Konservierung bildet die Flußsäure.

Flußsäure wird, wenn sie ihre Aufgabe erfüllt hat, mit Hilfe von Kalziumkarbonat (Kreide oder Marmorpulver) aus Fruchtsäften z. B. wieder ausgeschieden und abfiltriert. Flußsäure ist in Deutschland verboten. Zu solcherart Mitteln kann auch das Wasserstoffsuperoxyd gerechnet werden.

Wasserstoffsuperoxyd kommt gelegentlich als Desinfektions- und Konservierungsmittel in Anwendung. Der daraus freiwerdende Sauerstoff entfaltet stark keimtötende Kräfte. Wasserstoffsuperoyxd wird durch die meisten tierischen und pflanzlichen Produkte zersetzt. Damit läßt gleichzeitig die Wirkung nach. Zur Erzielung vollständiger Keimabtötung werden größere Konzentrationen benötigt, die mit starken Kosten verbunden sind und die Wirtschaftlichkeit dieses Mittels in Frage stellen. Zudem entfaltet Wasserstoffsuperoxyd einen eigenartigen metallischen Beigeschmack. Man hat versucht, Fleisch und Fisch zu konservieren, indem man ihre Oberfläche mit Wasserstoffsuperoxydlösung in Verbindung brachte. Produkte, die bereits infiziert sind, verlieren natürlich dadurch nichts von ihrer Gefährlichkeit.

d) Die eigentlichen Antiseptika. Zu den chemischen Konservierungsmitteln gehören die sog. Antiseptika. Schweflige Säure, Borsäure, Salizylsäure, Benzoesäure u. dgl. werden oft als unschädliche Antiseptika angepriesen und verwandt. Die Erfahrung lehrt jedoch, daß diese Mittel durchaus nicht immer harmlos sind. In den meisten Kulturstaaten sind daher Vorschriften erlassen oder allgemeine *Verbote*, die den Gebrauch dieser Stoffe einschränken. Salizylsäure ist in Deutschland verboten. Es liegt nahe, daß solche Substanzen, die infolge ihrer chemischen Eigenart leicht Bakterien abtöten, notwendigerweise auch die Körperzellen beeinflussen und sie in ihrem Funktionsablauf beeinträchtigen. Das ist möglich, auch wenn ganz geringe Dosen, die sich öfter oder regelmäßig wiederholen, verwandt werden und selbst dann, wenn sich keine *gesundheitsschädlichen Wirkungen* zeigen. Eine ganze Reihe dieser Substanzen besitzt keine spezifischen Wirkungen, kann aber allgemeine Symptome auslösen. Zu diesen gehören Kopfschmerz, Magendrücken, Benommenheit, Darmstörungen usw., Erscheinungen also, die meist auf ganz andere Ursachen bezogen werden. Nur in den seltensten Fällen wird der Verbraucher sich bewußt, daß diese Beschwerden durch Konservierungsmittel verursacht sein könnten. Aber selbst, wenn solche Krankheitserscheinungen bei dem einen oder bei dem andern trotz des Genusses dieser Konservierungsmittel ausbleiben, spricht es dennoch nicht für ihre Harmlosigkeit. Der Gesundheitszustand des Konsumenten, seine Widerstandskraft und die individuelle Empfindlichkeit sind Faktoren, die mit in Betracht gezogen werden müssen. Das natürliche Vorkommen mancher dieser Substanzen, wie z. B. der Salizylsäure in Erdbeeren, Himbeeren und anderem Beerenobst oder der Borsäure in Zitronen, Orangen und andern Südfrüchten oder der Benzoesäure in Preißelbeeren wird oft als Argument für die Harmlosigkeit dieser Mittel angeführt. Dieser Rückschluß ist aber trügerisch, denn in diesen Naturprodukten liegt diese Säure in fester chemischer Bindung, meist als Ester, vor und ist deshalb unschädlich.

Die schweflige Säure (Schwefeldioxyd) wird erzeugt durch Verbrennung von Schwefelschnitten in der Luft und fand ursprünglich nur Verwendung in der Kellereiwirtschaft als Desinfektionsmittel. Bakterien erweisen sich ihr gegenüber empfindlicher als Schimmel- und Hefepilze. Dieser Tatsache verdankt die schweflige Säure ihre Verbreitung im Gärungsgewerbe. Der besseren Dosierung wegen benutzt man statt Schwefeldioxyd häufig Kaliumpyrosulfit, das seine schweflige Säure leicht abspaltet. Auch die Konsumindustrie bedient sich ihrer zur Haltbarmachung der Fruchtsäfte bis zum Verkochen von Sirupen und Marmeladen.

In geringer Konzentration erweist sich schweflige Säure zum Einbrennen von Weinfässern als harmlos, denn im Wein wird sie durch chemische Bindung und Umwandlung zum Verschwinden gebracht oder ihrer giftigen Wirkung beraubt. Schwefeldioxyd, das in der Konservenindustrie verwendet wird, ist gesundheitlich anders zu beurteilen. Hier wird schweflige Säure auch mehr zum *Bleichen* und Aufhellen und zum „Schönen" nachgedunkelter oder mißfarbig gewordener Dörrfrüchte oder Dörrgemüse verwandt als zum Konservieren. Ein Zusatz von 200 mg auf 100 g des Nahrungsmittels ist gesetzlich erlaubt. Die chemische Bindung, die diese Säure mit den Inhaltsstoffen des Obstes eingeht, ist nur locker. Mit Hilfe des sauren Magensaftes wird sie wieder frei und kann ihre schädlichen Wirkungen voll entfalten. Selbst gründliches Waschen genügt nicht, sie zu beseitigen. Unbehagen in der Magengegend, Benommenheit im Kopf und Brechneigung, Entzündungen des Magen-Darmkanals, der Leber und der Niere sind Erscheinungen, die unter Umständen auf die Einwirkung dieser Säure bezogen werden müssen.

Schwefligsaure Salze, die unter der Bezeichnung *„Hacksalz"*, *„Präservesalz"*, *„Konservierungssalz"* im Handel sind, sind in der gleichen Weise zu beurteilen. Auch bei ihrer Verwendung ist es oft weniger auf die Konservierung abgesehen, als auf Vortäuschung einer ins Auge fallenden guten Beschaffenheit. Die Veränderungen, die der Blutfarbstoff unter der Einwirkung der Luft erleidet, wird durch diese Gifte wieder rückgängig gemacht und eine, der ursprünglichen roten Farbe ähnliche, hellere rote Färbung wieder hergestellt. Das hindert natürlich nicht, daß in derart aufgebesserten Produkten die Fäulnis- und Zersetzungsstoffe ihren Fortgang nehmen. Glücklicherweise können selbst geringe Mengen schwefliger Säure oder ihrer Salze relativ leicht durch den Geschmack wahrgenommen werden. Ihr Zusatz zu Fleisch ist in Deutschland verboten.

Borsäure. Die keimtötende oder entwicklunghemmende Wirkung der Borsäure ist ziemlich schwach. Noch weniger wirksam sind Borate, d. h. Salze der Borsäure, insbesondere Borax (Natriumborat), das in sauren Nahrungsmitteln zersetzt wird, wobei freie Borsäure entsteht. Borsäure findet trotz Verbots gelegentlich Verwendung bei Konservierung von Speck, Pökelfleisch, Wurstwaren, Schinken, Fischen, Kaviar, Eigelb, Eiweiß, Milch, Butter und Margarine. Borsäure wirkt nicht gleichmäßig schädigend auf alle Bakterien bzw. Bakterien-Zersetzungsprodukte. Wohl wird eine mit Borsäure versetzte Milch später sauer als Kontrollmilch, doch können trotzdem Zersetzungen weitergehen. Dasselbe gilt für mit Borsäure hergerichtetes Fleisch. Es kann verdorben und gesundheitsschädlich sein, ohne daß die Fäulnis zu bemerken ist. Ebenso wie schwefligsaure Salze vermag auch Borsäure mißfarbig gewordene Fleischstücke wieder aufzuhellen. Gerade dieser Eigenschaft wegen spielt Borax eine nicht geringe Rolle. Mit Borsäure konservierte Nahrungs- und Genußmittel können die Veranlassung zu Schädigungen der Magen- und Darmschleimhaut werden. Ihre Wiederausscheidung aus dem Körper erfolgt verzögert. Es kann deshalb auch bei Verwendung kleiner Mengen zu Kumulation kommen. Individuelle Unterschiede spielen auch hier mit. Weiter findet durch Borsäure eine Steigerung des Fettzerfalls statt, womit naturgemäß eine Körpergewichtsabnahme verbunden ist.

Salizylsäure. Eines der bekanntesten Konservierungsmittel ist die Salizylsäure. Sie ist in Deutschland verboten, findet aber dennoch im Haushalt mitunter Verwendung. Wie für die Borsäure ist auch für die Salizylsäure eine elektive Beeinflußbarkeit bakterieller Vegetation charakteristisch. Manche Bakterienarten werden durch sie unterdrückt, und andere gelangen durch sie um so besser zur Entwicklung. So erweist sich Salizylsäure gegen Milchsäurebakterien sehr wirksam und vermag Milchsäuerung zu verhindern. Trotzdem können sich dabei peptonisierende Bakterien, Staphylokokken entwickeln. Ähnliches gilt auch für Fleisch, namentlich in gehackter Form. Bei mäßiger Verwendung von Salizylsäure steht unter Umständen das Bakterienwachstum still. Die in ihnen sich entwickelnden Enzyme aber bleiben wirksam. Frische oder noch unverdorbene Nahrungsmittel können viel leichter durch Salizylsäure vor Verderbnis bewahrt werden als bereits in Zersetzung befindliche.

Mit manchen Nahrungsmittelsubstanzen vermag Salizylsäure in Wechselwirkung zu treten. So geht sie mit vielen löslichen Eiweißstoffen unlösliche Verbindungen ein und kann weiterhin beim Zusammentreffen mit Alkalien einen erheblichen Teil ihrer Wirkungsfähigkeit einbüßen. Salze der Salizylsäure, insbesondere das salizylsaure Natron, haben als Fleischkonservierungsmittel eine gewisse Verbreitung erlangt. Auch hier steht wieder mehr die Täuschung des Konsumenten als die Konservierung an sich im Vordergrund. Es bietet die Möglichkeit, Fleischwaren den Anschein besserer Beschaffenheit zu geben.

Die Salizylsäure ist nicht harmlos im Organismus. Nach längerem Genuß stellen sich Schädigungen ein, die anfangs nicht offenkundig werden. Das Körpergewicht erfährt eine Verminderung, die Nieren werden durch die Salzausscheidung überlastet und gereizt. Häufig ist mit solchen Stoffwechselstörungen eine Beeinträchtigung der Verdauung, der Menstruation, der Gravidität verbunden, auch Hautausschläge können die Folge sein.

Benzoesäure ist der Salizylsäure nahe verwandt. In freier Form den Nahrungsmitteln zugesetzt, belastet auch sie die Nieren. Ob sie dem gesunden Menschen schadet, ist noch nicht erwiesen. Im Körper soll sie durch Umwandlung in Hippursäure entgiftet werden.

Benzoesäure findet Verwendung bei Marinaden, Mayonaisen, Fleischsalat, Speiseeigelb, Fruchtsäften, Marzipan, Trockenmilch, Margarine. Ihre Verwendung wird häufig aber dadurch illusorisch, daß die Wirkung in dem zu konservierenden Material durch säurebindende Stoffe praktisch aufgehoben wird. So schon durch Eiweiß, weshalb Fischpräserven durch Benzoesäure nicht haltbar zu machen sind. Zusatz von 0,1% Benzoesäure zu Pflaumenmus oder sauren Rübchen oder zu Süßmost macht sich zudem durch einen brennenden und kratzenden Geschmack bemerkbar. Außerdem verändert sie mitunter das zu konservierende Material. Die Ester der Benzoesäure („Nipasal, Nipacombin, Osetin") sollen diese Nachteile nicht besitzen und doch wirksam sein.

Die hier erfolgte Übersicht zeigt, daß es viele Wege gibt, auf denen unser Nahrungsgut sich haltbar machen läßt. Kein konserviertes Lebensmittel kann natürlich mit der gleichen Ware im Frischzustand konkurrieren! Die beste Konserve ist minderwertiger als die Frischware! Jedes Verfahren hat seine Nachteile. Aber nicht jede Konservierungsart hat gleich große Mängel: es gibt sogar welche, die mehr Schaden stiften können als Nutzen und die sogar deshalb in ihrem Umfang vom Gesetzgeber beschränkt oder ganz verboten wurden. Das gilt in erster Linie für die chemischen Verfahren. Hier ist die·kleinere verwendete Dosis für die Gesundheit weniger schädlich als die größere, und am besten ist — in der Krankenkost zum mindesten — keine zu verwenden.

Zu oft wiederholt sich das alte Lied: Ein chemischer Stoff wird zu Konservierungszwecken solange als „völlig unschädlich" empfohlen, bis seine Giftigkeit erwiesen ist. Dann wird er nicht mehr gebraucht und durch eine andere chemische Substanz ersetzt, bis auch diese wieder der gleichen Beurteilung verfällt.

E. Verschiedenes.

29. Veredelungsverfahren und ihr Wert.

Der Konkurrenzkampf im Nahrungsmittelgewerbe ließ die sog. Veredelungsverfahren aufkommen. Man will mit ihrer Hilfe Nahrungsmitteln „ein besseres Aussehen" geben und sie in genießbarere Formen überführen. Schälen, polieren, sortieren, bleichen, tuvieren (dämpfen), dippen, färben, rösten, zerkleinern, zermahlen usw. sind Maßnahmen dieser „Branche", eine ganze Industrie ist diesem Zwecke dienbar. Sehr viele Genuß- und Nahrungsmittel werden solchen Eingriffen ausgesetzt. Nur einige der gebräuchlichsten sollen hier Erwähnung finden:

Reis wird geschält, geschliffen, d. h. vom Silberhäutchen und vom Keim befreit, mit Stärkesirup und Talkum (Magnesiumsilikat) poliert, so daß er schließlich hell wie Glas glänzt.

Graupen werden dazu noch geschwefelt, damit sie eine helle Farbe erhalten. Verwendung von 0,045% schwefliger Säure und 1% Talkum sind ohne Deklaration gestattet.

Kaffee, der im Rohzustand in den Ursprungsländern oft schon gelb oder grün gefärbt ist, wird bei 200—250° geröstet und, damit sein

Aroma nicht schwindet, mit Glasurpräparaten überzogen. Dem *Kaffee Hag* wird mit chemischen Reagenzien das Koffein bis auf 0,08% entzogen.

Kakaobohnen müssen eine Selbstgärung durchmachen. Der Zucker ihres Fruchtfleisches wird in Alkohol vergoren, dieser in Essigsäure übergeführt, die auf die Bohnen einwirkt. Diesen Vorgang nennt man „Verrotten". Die Bohnen werden getrocknet, geröstet, vermahlen, entölt und pulverisiert. Damit die Kakaoteilchen sich besser im Wasser verteilen, werden sie mit Alkalien behandelt. Mit 50—60% Zucker, Kakaofett und Gewürz vermischt, bilden sie dann die Grundsubstanz der Schokoladenerzeugung.

Ölfrüchte werden kalt gepreßt, dabei einwandfreies Öl erster Sorte gewonnen. Unter Anwendung stärkeren Druckes und starker Erhitzung erhält man die vitaminfreien 2. und 3. Sorten. Daneben gibt es noch chemische Methoden der Ölbereitung, die auf Extraktion mittels flüchtiger Fettlösungsmittel und anschließender Destillation beruhen. Der übrigbleibende Ölkuchen wird als Futter für die Haustiere verwandt. Spuren der chemischen Fettlösungsmittel sollen den Fetten noch anhaften. Die so gewonnenen Fette müssen raffiniert werden, d. h. bleichen, geruchlos werden und entsäuern.

Öle, die streichfähig sein sollen, müssen *gehärtet* werden. Das geschieht mit Hilfe von Kontaktsubstanzen (Katalysatoren): Nickeloxyd, Kupferoxyd, Platin, Nickelsalzen bei Temperaturen von etwa 100°. Auch die *Margarine* enthält gehärtete Fette. Heute werden neben Rindstalg und Walfischtran vorwiegend pflanzliche Fette (Sesam- oder Baumwollsamenöl) dazu verwandt, die einem Raffinationsprozeß unterworfen sind. Die Masse wird gefärbt und durch chemische Zusätze dem Geruch und Geschmack der Butter ähnlich gemacht. Das Brataroma entsteht durch Zugabe von Cholesterin; Benzoesäure (200 g auf 100 kg) sorgt für die Haltbarkeit. 1931 waren 1127 Betriebe in Deutschland mit 27390 Personen mit der Herstellung von Margarine beschäftigt. Daraus erhellt die Bedeutung der Margarine als Volksnahrungsmittel.

Weißer Zucker wird bei uns aus Rüben gewonnen, der Rübensaft durch Kalk gereinigt, der Kalk dann mit Kohlensäure gefällt und durch Filtrieren von Schlamm befreit. Nach weiterer Behandlung mit Kalziumsulfit, wobei der Saft durch die schweflige Säure entfärbt wird, dampft man den Saft ein und bringt ihn im Vakuum zur Kristallisation. Durch Zentrifugieren wird der Sirup vom Rohzucker getrennt. Sirup wiederum wird unter Umständen durch Blankkochen, Abkühlen, Kristallisieren und Zentrifugieren ebenfalls in Rohzucker übergeführt, der Rückstand, die Melasse, zur Spritbereitung oder zur Viehfütterung verwandt. In den Zuckerraffinerien wandelt man Rohzucker durch nochmalige Reinigung mittels Kalkkohlensäure, Bleichen mit schwefliger

Säure, Filtrieren mit Knochenkohle und Kochen in Gebrauchszucker um. Damit das gelbe Aussehen fortfällt, setzt man der „Maische" in der Zentrifuge Ultramarin oder Indanthren zu. So entsteht der weiße Zucker.

Wer wollte ernsthaft behaupten, daß sich der Nähr- und Nutzwert unserer Nahrungsmittel durch solche Prozeduren wirklich „veredeln" läßt? Aber man muß trotz allem gerecht bleiben. Es ist selbstverständlich angenehmer, geschälten als ungeschälten Reis zu essen, und besser, inländischen raffinierten Rübenzucker zu besitzen als ausländische Produkte, die uns Devisen kosten, oder die billigere Margarine als Brotaufstrich zu haben als nur Marmelade. Solche Gesichtspunkte sind diskutabel und können nicht übersehen werden. Bei andern Produkten aber ist es schwierig, die Notwendigkeit und Berechtigung von „Veredelungsmaßnahmen" hinreichend zu begründen. Sobald ernste gesundheitliche Bedenken, die gegen irgendeine dieser Maßnahmen vorgebracht werden, stichhaltig sind, oder das angewandte Schönungsverfahren zur Gewinnung, Erhaltung, Reinigung, Zubereitung oder zweckmäßigen Verwendung der Lebensmittel sich nicht als notwendig erweist, sollte ein Kompromiß abgelehnt werden.

Bedenken werden von vielen Seiten gegen **die Veredelung des Mehles,** des wichtigsten Nahrungsmittels der gesamten Bevölkerung, vorgebracht. Seit etwa 15 Jahren werden etwa $^3/_4$ der gesamten Mehlbestände in Deutschland chemischen Verfahren unterworfen. In Gebrauch sind verschiedene Verfahren, die z. B. Chlor, Benzoylsuperoxyd, Bromate, Jodate, Borate, Phosphate, Stickoxyde usw. anwenden. Man bezweckt mit diesen Maßnahmen, das Mehl zu bleichen und den Backvorgang günstiger und gleichmäßiger zu gestalten. Helle Mehle werden, auch wenn, wie hier, diese Eigenschaft nicht auf intensiverer Ausmahlung beruht, sondern auf einer Täuschung, vom Publikum mehr geschätzt als dunkle. Die rascher erzielte Backfähigkeit — Mehl muß ohne diese Verfahren 3—6 Wochen reifen, ehe es backfähig wird — bringt großen wirtschaftlichen Vorteil mit sich.

In Italien, Frankreich, Ungarn, Norwegen und vielen andern Ländern sind diese Verfahren verboten, ebenso die Einfuhr solcher Mehle, weil man dort offenbar zu der Annahme neigt, daß solches Mehl gesundheitsschädlich sei.

Tatsache ist, daß alle diese chemischen Mehlbehandlungsmittel dem Mehl anhaften, obwohl sie geschmacklich nicht feststellbar sind. Mehlschädlinge, z. B. Mäuse, verschmähen solches Mehl. Metalle, die mit solchen Bleichmitteln ständig in Berührung kommen, arrodieren. Ob sie Gesundheitsschädigungen beim Menschen verursachen, ist nicht sicher erwiesen, obwohl es vielfach behauptet wurde. Das sog. Bäckerekzem, das mit Ammoniumpersulfat in Verbindung gebracht wird, kann auch durch reines Mehl ausgelöst werden.

Sicher ist aber, daß die Mehlbleichmittel entbehrlich sind und die chemische Behandlung keinesfalls das einzige Mittel ist, um qualitative Mängel des Mehles auszugleichen. Sicher ist ferner, daß man auch in Deutschland jahrhundertelang ohne diese umstrittenen Verfahren ausgekommen ist. Man möchte, um beiden Interessen gerecht zu werden, wünschen, daß jenen, die chemisch behandeltes Mehl für gesundheitsgefährlich halten, die Möglichkeit gegeben würde, solches Mehl für sich abzulehnen. Voraussetzung wäre, daß Mehl oder die aus chemisch behandeltem Mehl hergestellten Gebäcke als solche kenntlich gemacht würden. Die Diätküche, die ja durch die Ernährung die Gesundung fördern und unter keinen Umständen den Gesundheitszustand nachteilig beeinflussen will, müßte dann schon aus Gründen der Sicherheit dem natürlichen, unbehandelten Mehl den Vorrang geben.

Zu den Veredelungsverfahren gehört ferner das künstliche

Färben von Lebensmitteln. Auch zum Färben von Waren besteht kein unbedingtes Bedürfnis. Färben soll lediglich dem ästhetischen Empfinden dienen. Es wären an sich auch gegen das Färben — unschädliche Farbstoffe vorausgesetzt — vom gesundheitlichen Standpunkt aus keine Bedenken berechtigt, wenn dieses Verfahren nicht vielfach zur Täuschung des Verbrauchers angewandt würde. Durch die Farbstoffe soll dem Auge eine Eigenschaft vorgetäuscht werden, die in Wirklichkeit das Lebensmittel nicht besitzt. So wird Butter oft gelb gefärbt, um ihr das Aussehen der Butter zu verleihen, die vom Weidenvieh stammt und durch ihren hohen Vitamingehalt und typischen Geschmack ihre besonderen Vorzüge besitzt. Noch weniger zu billigen ist ein solches Verfahren, wenn es, wie das gelegentlich geschieht, vorgenommen wird, um die schlechte Beschaffenheit oder das Verdorbensein einer Ware zu verdecken. Man muß deshalb mit Recht verlangen, daß eine künstliche Färbung so gekennzeichnet sein muß wie die chemische Konservierung.

Trotz gesetzlicher Begrenzung wird heute viel zuviel gefärbt! Pudding, Speiseeis, Limonaden, Bonbons, Marmeladen, Fruchtsäfte, Käse, Butter, Margarine, Fisch, Hackfleisch, Wurst, Obst, Gemüse, Senf, Likör, Tee, Backwaren usw. sind einige der mittels Farbe zugerichteten Produkte. Der Verbraucher, der sich gegen solche Methoden auflehnt, wird damit getröstet, die verwendeten Farben seien ungiftig, die Verwendung giftiger Farbstoffe sei verboten. Ob *giftig oder ungiftig*, darüber läßt sich streiten. Vielleicht sind aber manche sog. ungiftigen Farbstoffe nicht mehr harmlos, wenn sie beim Genuß von vorwiegend gefärbten Produkten dauernd in kleinen Mengen aufgenommen werden. Sicher aber ist, daß zu übertriebener Verwendung von Farbstoffen keine Notwendigkeit besteht, es sei denn, daß man das Vortäuschen bestimmter Eigenschaften für gerechtfertigt hielte. Gelegentlich wird behauptet, *Farbstoffe pflanzlichen oder tierischen Ursprungs* seien harmloser als die

heute allgemein gebräuchlichen billigeren Teerfarbstoffe. Das trifft
nicht ganz zu, denn z. B. der Farbstoff der Kermesbeere und natürliche
Chrysophansäure, die aus dem Saft eines australischen Baumes gewonnen
wird, sind ausgesprochen giftig. Man kann auch nicht sagen, daß der
ästhetische Genuß beim Anblick eines hervorragend gefärbten Puddings für den, der ihn essen soll, ein besonders großer wäre und mit
diesem Argument die Zweckmäßigkeit des Färbens begründen. „Künst-
liches" Färben hat weniger Beziehung zur Kunst als zu Gekünsteltem.
Färben ist Kitsch. Je weniger ein Nahrungsmittel zurechtgemacht und
je weniger es in seiner natürlichen Zusammensetzung geändert wird, um
so wertvoller ist es gesundheitlich.

30. Künstliche Düngung und ihre gesundheitliche Beurteilung.

Es gibt Grundsätze, die in der Ernährung von elementarer Wichtigkeit und Bedeutung sind. Das wichtigste ist die quantitative Sicherstellung unserer Ernährung. Sie wird zum größten Teil gewährleistet
durch die künstliche Düngung. Jährlich werden dem Boden durch Ernte
und Auswaschung große Mengen von Nährstoffen entzogen. Diese Verluste muß die Düngung ausgleichen. **Natürlicher Dünger**, d. h. Stallmist, Kompost und Gründüngung vermehren in erster Linie den Humus,
unter dem die Gesamtmenge der im Boden vorhandenen organischen
Substanzen verstanden wird. Die organischen Stoffe verbessern physikalisch den Boden und schützen die Mineralstoffe vor Auswaschung. Sie
speichern Sauerstoff und dienen den N-speichernden Bodenbakterien
zur Nahrung. Sie fördern damit die N-Umsetzungen, Ammoniak- und
Salpeterbildung und liefern bodenbürtige Kohlensäure, die schwer an-
greifbare Nährsalze zersetzt.

Die uns zur Verfügung stehenden Mengen an Wirtschaftsdünger genügen aber nicht, um Höchsternten zu ermöglichen. Deshalb müssen
wir mit **künstlichem Dünger**, d. h. mit chemischen und mineralischen
Stoffen nachhelfen und den Pflanzen in nicht organischer Form Phosphor, Kalk, Stickstoff und Kali anbieten. Außer diesen Stoffen benötigt
der Boden aber noch die sog. Spurenelemente: Kupfer, Lithium, Bor,
Zink, Aluminium, Mangan, Nickel, Kobalt, Titan, Jod, Brom usw. Sie
finden sich in natürlichem Dünger und zum Teil im mineralischen
Dünger. Das Fehlen dieser Stoffe ist die Ursache mancher Pflanzenkrankheiten. So ist z. B. Kupfermangel die Ursache der „Urbar-
machungskrankheit", Bormangel die der Herz- und Trockenfäule.

Aber nicht nur ein Zuwenig an bestimmten Bestandteilen kann das
Pflanzenwachstum beeinträchtigen, sondern auch eine zu *einseitige
Düngung*. Spargel soll durch übermäßige Stickstoffdüngung einen
scharfen Geschmack bekommen, Erbsen übermäßige Gelierneigung.
Großblättrige Salate, „fette" Gemüse, Riesenerdbeeren, pralle Tomaten

seien häufig mit Stickstoff übersättigte Naturprodukte, deren innerer Wert dem hochgeschossenen Wuchs nicht standhalten kann usw.

Zugegeben ist ferner, daß sich durch eine einseitige Düngung die chemische Zusammensetzung der Pflanzen ändern läßt. So kann der Kaliumgehalt der Kartoffeln durch Kalidüngung erhöht werden, der Schwefelgehalt durch Sulfatdüngung usw. Auch der Basengehalt der Pflanzen kann durch saure Düngung vermindert werden. Und selbst die organischen Bestandteile lassen sich beeinflussen: chlorhaltige Salze senken oft den Stärkegehalt, während Phosphorsäure ihn erhöht. Es besteht kein Zweifel darüber, daß übersteigerte Düngung und einseitige Versorgung die Qualität herabsetzt. All diese Beobachtungen stellen den Agrikulturchemiker und Ernährungsforscher vor neue, schwierige Probleme. Vieles von dem aber, was behauptet wird, ist unrichtig. So wird der mineralischen Düngung die geringe Backfähigkeit einheimischer Weizensorten zur Last gelegt. Das künstlich getriebene deutsche Getreidekorn enthalte zu wenig Fett, Kleber und Mineralstoffe. Das ausländische Korn sei zwar kleiner, jedoch sei seine Natürlichkeit unverändert. Aus den Arbeiten aber, die sich mit der Düngung des Brotgetreides befassen, geht hervor, daß für die Ausbildung der Qualitätsmerkmale in erster Linie Sorte und Keime verantwortlich sind. Man muß sich also hüten, aus gewissen Beobachtungen Verallgemeinerungen zu ziehen und auf Grund einzelner Beobachtungen generell zu schließen, Mineraldüngung erzeuge schlechte und ungesunde Früchte.

Ein weiterer Einwand, der gegen die künstliche Düngung erhoben wird, ist der, künstliche Düngung schädige den *Ackerboden*. Auch das ist nur beschränkt richtig. Von fachlicher Seite wird zugestanden, daß 25—30% des deutschen Ackerbodens Säuregehalt aufzuweisen hat, für den ursächlich die übermäßige Verwendung von künstlichen Düngemitteln, wie schwefelsaurem Ammoniak, Ammonsuperphosphaten und Kalisalzen, in Frage komme. Die meisten Pflanzen vertragen sauren Boden nicht. Man kennt jedenfalls heute diese Schäden und ihre Ursachen und sieht sie durch Bodenanalysen, Feststellung des Mineralbedarfs unserer Nutzpflanzen, Versuchsdüngungen usw. zu vermindern. Nicht Kunstdünger kann den Boden verbessern, sondern die natürliche Düngung und die gesunde Humuswirtschaft. Kunstdünger vermag die gesamte Leistungsfähigkeit des Bodens vorübergehend zu beheben. Das ist die wichtigste Erkenntnis, die aus solchen Feststellungen gewonnen wurde. Danach besteht natürlich keine Berechtigung, kunstgerecht gedüngte Pflanzen abzulehnen.

Und schließlich wird behauptet, die **Gesundheit des Menschen** leide durch den Genuß künstlich gedüngter Produkte. Das ist die Frage, die die Küche am meisten interessiert. Wir verfügen jedoch gerade in dieser Hinsicht über gesicherte Ergebnisse beim Menschen nicht. Viele solche

Hypothesen wie die, daß auf künstliche Düngung die Zunahme von Krebs, Arterienverkalkung, Thrombosen und Stoffwechselkrankheiten zurückzuführen sei, sind unbewiesen und widerlegt.

Man muß solcherlei Behauptungen auch deshalb mit größter Kritik gegenüberstehen, weil ohne künstliche Düngung die Nahrungsmittelversorgung und **Nahrungsfreiheit unseres Volkes** heute nicht zu gewährleisten ist. Deutschlands Weizenernte ist von 1885 bis 1936 von 12,6 Mill. Doppelzentner auf 21,2 Mill. gestiegen, die Kartoffelernte von 80 auf 168, die des Roggens von 9,3 auf 16,4 Mill. Das sind Erfolge, die zum größten Teil der künstlichen Düngung zu verdanken sind, und die bei der Würdigung der Frage, ob natürlich gedüngte Produkte den künstlich gedüngten vorzuziehen wären, mit berücksichtigt werden müssen. Nur durch ständig neue Entdeckungen und Erfindungen war es möglich, das, was heute ist, zu erreichen. Und was dazu verleitet, die Methode anzuwenden, ist nicht etwa Profitgier, sondern die harte Notwendigkeit.

Kali gewann man ursprünglich aus Verbrennen von Seetang oder Holz als Pottasche. Erst die Heranziehung der Staßfurter Abraumsalze konnte den gesteigerten Bedarf der Düngemittelindustrie decken. *Phosphor* war anfangs nur aus Knochen zu gewinnen. Heute wird er den Eisenerzen entzogen nach einem Verfahren, das Thomas erfunden hat (Thomasschlacke). Trotzdem muß Deutschland immer noch beträchtliche Mengen Phosphate einführen. *Stickstoff* konnte früher den Pfanzen nur durch Stallmist, Guano oder Chilesalpeter zugeführt werden, bis es nach dem Weltkrieg unserem Haber-Bosch-Verfahren gelang, Stickstoff in großen Mengen aus der Luft zu ziehen. Durch die Nutzbarmachung der Stickstoffvorräte der Luft wurde Europa erst von der Abhängigkeit der überseeischen Getreide befreit.

Es ist müßig, sich in einer Zeit über Düngung, Bodenbewirtschaftung und ihre Einwirkungen auf die Gesundheit zu streiten, in der das Schicksal unser Volk vor die Wahl gestellt hat, entweder alle Mittel zu gebrauchen, um zu leben oder unterzugehen. Wir dürfen aber überzeugt sein, daß die Probleme, die die Zukunft uns zu lösen aufgibt, als solche bereits erkannt und zu gegebener Zeit in Angriff genommen werden. Die Forschung hat bereits neue Wege aufgezeigt, die zu großen Hoffnungen berechtigen.

31. Metalle und ihre Beurteilung für die Küche.

Die Küche kommt mit Metallen ständig in Berührung. Wir müssen daher noch kurz auf die Fragen eingehen, inwiefern Metalle die Beschaffenheit unserer Nahrungsmittel verändern, in welchem Maße sie für die Gesundheit bedeutungsvoll sind und schließlich, welche Gesichtspunkte sich hinsichtlich der Wirtschaftlichkeit ergeben. Natürlich kann eine schädliche Wirkung von den Metallen nur dann ausgehen, wenn sie sich lösen. Das aber ist unter der Mitwirkung unserer Speisen und ihrer Zubereitung relativ leicht der Fall. Lange Kochdauer und langes Aufbewahren in Metallgefäßen sowie saure Reaktion (Milchsäure, Essigsäure usw.) begünstigen ihre Löslichkeit. Metalle in Spuren genügen, um eine Wirkung zu zeitigen.

I. Eisen.

Eisen und Zinn sind die einzigen Metalle, die praktisch ungiftig sind. Eisen kommt physiologischerweise sogar im Blut vor, ist aber in der Küche wenig geschätzt, weil es durch Rost leicht zerstört und unansehnlich wird, und vor allem, weil es den Geschmack verdirbt. Eisen in chemisch reiner Form findet zu Küchengeräten keine Verwendung, weil es zu weich ist. Alle Materialien bestehen daher aus Legierungen, d. h. aus Metallmischungen. Die reinste Form des Eisens ist *Schmiedeeisen*, härter als dieses ist *Stahl*, noch härter *Gußeisen* (Roheisen). Auch Eisenlegierungen sind leicht angreifbar. Sie *rosten* in feuchter Luft, es bildet sich Eisenhydroxyd. Eisen ist ein unedles Metall, edler jedoch als Aluminium und Zinn. Während diese Metalle sich mit einer dünnen, kaum sichtbaren Oxydschicht überziehen und so gegen Angriffe geschützt sind, entsteht Eisenoxyd nur, wenn Eisen geglüht wird. Man kennt es im allgemeinen unter dem Namen *Hammerschlag*. Da Eisenoxyd der Luft und der Feuchtigkeit den Zutritt verwehrt, hat man ein Verfahren ausgearbeitet, durch das in Konservenbüchsen eine derartige Schicht erzeugt wird, so daß sich die Verwendung des verzinnten Weißbleches erübrigt. Gußeisen besitzt von Natur aus einen dünnen Oxydüberzug, rostet seines höheren Kohlenstoffgehaltes weniger als Schmiedeeisen und Stahl. Nach einem ähnlichen Verfahren wie Gußeisen werden die sog. *Inoxydtöpfe* hergestellt.

Die Möglichkeiten, Eisen vor den Angriffen der Atmosphäre zu schützen, sind vielseitiger Art. Gebräuchlich ist Galvanisieren.

Galvanisieren ist das elektrolytische Niederschlagen von Metallen auf einem anderen Metall. Je edler der Metallgrund ist, auf dem ein anderes Metall niedergeschlagen wird, desto besser und fester haftet dieses auf seinem Untergrund. Da Eisen wenig edel ist und aus diesem Grunde nur schwer restlos von Rost befreit werden kann, haften galvanische Überzüge schlecht. Die unterliegende Rostspur hebt die schützende Oxydschicht bald ab (Fahrradlenkstangen).

In letzter Zeit sieht man häufig silberweiße Metallgegenstände (Wasserleitungshähne usw.) mit eigenartigem schwach bläulichem Glanz. Es handelt sich dabei um galvanisch *verchromtes Eisen*. Dieses Chrommetall ist sehr widerstandsfähig gegen Feuchtigkeit und Chemikalien. Es läßt sich schwer nur direkt galvanisch verchromen, benötigt vielmehr eine galvanische Kupferzwischenschicht. Verchromtes Eisen ist hygienisch einwandfrei.

Verzinntes Eisen ist weniger günstig zu beurteilen. Schon bei geringfügiger Beschädigung des Überzuges wird der Rostvorgang gewaltig gefördert. Das ist der Fall bei Weißblechgegenständen, die ja einen Überzug von Zinn tragen. Der Grund liegt in Elementbildung. Nicht selten beobachtet man, daß die Innenwand *verzinnter Konservendosen* marmoriert aussieht. Diese Flecken entstehen unter Einwirkung organischer Schwefelverbindungen, die wohl in größeren oder kleineren Mengen Bestandteil aller Nahrungsmittel sind. Die Marmorierung ist harmlos. Das Auftreten dunkler Flecken im Konservendoseninnern zeigt dagegen an, daß *Korrosionsvorgänge* stattgefunden haben. Dieser Schaden ist anders zu beurteilen. Denn gelöstes Zinn kann zu Durchfällen und Brechreiz Veranlassung geben; da dem Zinn bis zu 1% Blei zugesetzt werden darf, muß man unter Umständen auch an die schädigenden Wirkungen des Bleies denken.

In verzinnten Dosen und Kesseln pflegen rote Fruchtsäfte manchmal in violettrot umzuschlagen (Rotkohl z. B.). Dieser *Farbwechsel* wird hervorgerufen durch die Bildung der Anthozyanpigmente mit dem betreffenden Metall. Hitze sowie Hinzufügen eines Alkalis fördern, Hinzufügen einer Säure zerstört diese Bildung und stellt die ursprüngliche Farbe wieder her. Solche Pigmente und auch Gerbstoffe begünstigen die Korrosion des Metalls. Wesentlich für diesen Vorgang aber ist die Anwesenheit von Sauerstoff bzw. von Säure, wie z. B. Milchsäure oder Essig. Um den neutralen Punkt herum ist die lösende Wirkung am geringsten. Ähnlich wie Zinn wirken Aluminiumsalze. Rote Rübe wird bei Gegenwart dieser Metalle entfärbt.

Man hat, um solche Korrosionen zu verhindern, die Doseninnenwand mit *Lack* bestrichen. Für die normale Beanspruchung durch Marinade und Ölpräserven genügen diese „vernierten" Weißblechdosen vollauf. Bei reinen Ölkonserven und Konserven mit milden ölhaltigen Tunken ergeben sich nur selten Anstände. Dagegen greifen sterilisierte Zubereitungen mit säurehaltigen oder ölarmen Gemüsen selbst vernierte Weißblechdosen mehr oder weniger stark an. Auch die sog. Goldlackvernierung bietet keinen Schutz. Am empfindlichsten erweist sich Weißblech gegen fettarmes Fischfleisch in unmittelbarer Berührung.

Zink hat sich als Schutzüberzug gegen Rost sehr bewährt (Zinkeimer), doch Zinksalze sind gesundheitsschädlich. Zink ist daher für Küchengeräte verboten.

Sehr beliebt ist **Emaille.** Dies ist ein Glasüberzug von niedrigem Schmelzpunkt. Die blankgemachten Eisenwaren werden mit einem dünnen Gummiüberzug versehen, auf die das feingepulverte Emailleglas aufgestreut und aufgeschmolzen wird. Das Glas enthält unter anderem einen Zusatz von phosphorsaurem Kalk oder Borsäure, um es milchigweiß zu färben. Da Eisen einen anderen Ausdehnungskoeffizienten besitzt als Glas, ist es schwer, das Abspringen von Emaille zu verhindern. Deshalb werden meistens zwei Emailleschichten aufgebrannt, von denen die untere der Ausdehnung des Eisens enger angepaßt und weicher ist, die äußere Schicht härter. Spannungen in Emaille führen leicht zu haarfeinen Rissen, die allerdings weniger gefährlich sind, als ein beschädigter Metallüberzug, weil Elementbildung nicht auftreten kann.

Rostfreie Stähle sind Chrom- und Nickellegierungen. Diese sind außerordentlich widerstandsfähig gegen Feuchtigkeit und Chemikalien. Lediglich gegen den Angriff von Salzsäure und heißer Schwefelsäure sind noch keine genügend widerstandsfähigen Legierungen bekannt.

Rostfreier Stahl ist vollkommen gesundheitsunschädlich. Selbst reiner Nickel ist nicht gänzlich einwandfrei. Es gibt nur 3 in Betracht kommende Metalle, die hygienisch alle Forderungen erfüllen: Silber, Zinn und Aluminium. Während Zinn infolge seiner Wärmeempfindlichkeit und Oxydationsfähigkeit und wegen seines Preises für den Haushalt nahezu ausscheidet, bietet Aluminium nur beschränkten Widerstand gegen Essigsäure und Fruchtsäure. Letzterem gegenüber besteht der Vorteil nichtrostenden Stahls darin, daß er durch Soda, Laugen usw. nicht angegriffen wird. So bleibt nur das Silber übrig, das des hohen Preises wegen ausscheidet.

Küchengeräte werden entweder aus *Chromargan* (Württembergische Metallwaren) oder *Nirosta* (Solingen) in den Handel gebracht. Durch beide werden weder Geschmack, Farbe noch Geruch der Nahrungsmittel beeinflußt. Die rostfreien Geräte werden infolge ihrer Unangreifbarkeit auch niemals fleckig, so daß es zur Sauberhaltung genügt, sie in warmem Wasser oder bei Berührung mit Fett in heißer Seifenlösung mit etwas Sodazusatz abzuwaschen. Putzen und Scheuern mit scharfen Putzmitteln ist absolut überflüssig, auch wenn die Geräte nicht benutzt werden, beschlagen und verfärben sie sich nicht. Ein weiterer Vorzug ist, daß sie sehr verschleiß- und bruchfest sind. Der allgemeinen Einführung dieser Stähle steht der noch hohe Preis im Wege. Der Preis entspricht ungefähr dem reiner Nickelgeräte, doch muß man bedenken, daß die Lebensdauer dieser Metalle fast unbegrenzt ist.

II. Blei.

Blei darf in Haushaltgeschirren nicht mehr als zu 10 % enthalten sein; bei Innenlötungen, Gewinden, Herdwasserschiffen, verzinnten Konservenbüchsen usw. sogar nur zu 1 %. Blei in unzulässigen Mengen ist bisweilen auch im Leitungswasser nachgewiesen worden. Blei ist ferner oft in Glasuren enthalten. Steingut, Tongefäße und Porzellan werden mit *Bleiglasur* überzogen. Schlecht gebrannte Glasuren geben Blei sehr leicht den Flüssigkeiten und sauren Speisen ab. Neue Töpfe sollen daher mit einer Lösung von 50 g Salz und 2 Eßlöffeln Essig pro Liter Wasser gekocht und dann mit Wasser und Sand gescheuert werden, dadurch lösen sich die Bleibestandteile und die Töpfe springen nicht so leicht.

Staniol, ein viel gebrauchtes Verpackungsmaterial, enthält geringe Mengen Blei. Wenn es zur Verpackung von Weichkäse verwendet wird, dann erfahren Folie und anliegende Käseteile nicht selten eine Schwärzung.

Bleivergiftung äußert sich in fahlem Aussehen, Darmkrämpfen, Lähmungen, Blutarmut, Bleisaum des Zahnfleisches usw.

III. Kupfer.

Kupfer wird von sauren Speisen und bei gleichzeitiger Einwirkung von Wasser und Luft leicht zersetzt. Die Bakterien der Luft, wie Butter-, Milch- und Essigsäurebakterien, sind imstande, aus den Nahrungsmitteln Säuren entstehen zu lassen. Kupfergefäße sollen mindestens einmal im Vierteljahr verzinnt werden. Sobald die Verzinnung schadhaft wird, sind die Folgen weit schlimmer, als wenn saure Speisen in unverzinnten Kupfergeschirren zubereitet oder aufbewahrt werden. Bei Nahrungsmittelzubereitung in Kupfergefäßen und dem Grünen von Obst und Gemüse mittels Kupfersalzen wird das Vitamin C völlig vernichtet, worauf bereits hingewiesen wurde.

Lösliche Kupfersalze bewirken Brennen auf den Schleimhäuten, Erbrechen, Durchfall, Müdigkeit, Schwindel, Pulsbeschleunigung und Nierenreizung; selbst der Tod kann bei akuten Kupfervergiftungen eintreten.

Ähnlich wie Kupfer ist *Messing,* eine Legierung von Kupfer und Zinn, zu beurteilen.

IV. Aluminium.

Aluminium ist ein in der Küche hervorragend brauchbares Metall, das den Vorzug hat, billig zu sein. Obgleich es nicht edel ist, ist es doch widerstandsfähig, weil es sich mit einer fest anhaftenden Oxydschicht überzieht, die das Metall vor weiteren Oxydationen schützt. Für den Hausgebrauch wird fast ausschließlich reines Aluminium verwandt. Je größer die Reinheit, um so stärker ist die Widerstandsfähigkeit gegen chemische Einflüsse. Aluminium ist gewöhnlich zu 99,4% rein, etwaige Verunreinigungen bestehen meist aus Eisen oder Silizium. *Erhitzen des Aluminiums* auf 300° und langsames Abkühlen führen zu einer Entmischung der Siliziumkristalle, dadurch wird das Metall korrodierbar. Bei Verwendung als Pfeffer- und Salzdose wird Aluminium durch Kochsalz leicht zerstört, weil Kochsalz Wasser anzieht und ebenso wie Schwefelsäure dem Metall gefährlich wird. Trockenes Kochsalz ist harmlos. Aluminium wird durch Soda zerstört, ebenso durch Natriumsilikat (Wasserglas). Soda mit etwas Wasserglas vermischt dagegen ist vollkommen unschädlich. Essigsäure und Zitronensäure greifen bei Zimmertemperatur Aluminium nur wenig an, beim Sieden erheblich stärker. Durch heiße Fruchtsäfte wird das Metall nur wenig korrodiert.

Selbst saure Milch verändert Aluminium kaum, ebenso Senf. Heiße Zwiebelsäfte machen die Oberfläche blind, ohne daß eine Gewichtsabnahme des Metalls auftritt.

Aluminiumgefäße mit Nieten, Griffen oder Deckeln aus anderem Metall werden korrodiert. Oft genügt dazu schon die Benutzung von Löffeln aus Neusilber oder Alpaka. Dieser Vorgang beruht auf der Bildung eines galvanischen Elementes. Selbst im Wasser, besonders in der Wärme tritt dieses ein. Dazwischenlagerung einer Lack-, Gummi- oder Asbestschicht ist vielen Zufällen ausgesetzt. Aluminiumgefäße mit dünner galvanischer Kupferschicht sind unzweckmäßig, weil diese leicht durchstoßen werden kann und dann Korrosion eintritt.

Aluminium läßt sich zu dünnsten Blechen auswalzen, die an Stelle der Zinnfolien zur Verpackung von Nahrungs- und Genußmitteln Verwendung finden. Bekannte Legierungen sind: *Elektron* und *Duralumin*.

V. Glas.

Nur vom Glas wird Aluminium in gesundheitlicher Hinsicht noch übertroffen. Glas ist ein geschmolzenes Gemenge der Metalloxyde mit Kieselsäure. Aber selbst Glas ist nicht völlig unangreifbar. Beim Einkochen können sich beachtliche Mengen von kieselsaurem Alkali herauslösen. Das Glas wird dadurch matt, spröde und brüchig. Sein Inhalt wird allerdings nur selten in Mitleidenschaft gezogen, doch wird behauptet, daß der Vitaminbestand von Glaskonserven stärker leidet als der von Büchsenkonserven (S. 115). Weitere gesundheitliche Schädigungen durch Glasgefäße sind nicht bekannt. Dem Vorteil der Durchsichtigkeit und der besseren Kontrolle des Gefäßinhaltes steht der Nachteil der Lichtdurchlässigkeit gegenüber; Licht kann geruchliche und geschmackliche Veränderungen hervorrufen. Infolge seiner Brüchigkeit gegenüber Stoß und Hitze ist Glas mit metallenen Gebrauchsgegenständen kaum konkurrenzfähig.

32. Küchenabfall, Wirtschaftlichkeit und gesunder Nahrungsbedarf.

Nicht unbeträchtliche wirtschaftliche Verluste in der Küche entstehen durch *Abfall*, der sich bei der Vorbereitung der Speisen ergibt. Leider ist er nicht ganz zu umgehen und muß mit in Kauf genommen werden. Ein großer Teil aber läßt sich vermeiden

1. durch richtigen Einkauf,
2. durch Wiederverwertung des Abfalls.

I. Richtiger Einkauf.

Warenkenntnis ist Voraussetzung für zweckmäßigen Einkauf. Der Unkundige ist Übervorteilungen ausgesetzt. Um auf einiges aufmerksam zu machen: Welkes Gemüse wird nicht selten *mit Wasser übergossen*, um ihm ein frisches Aussehen zu geben. Dadurch kann eine Gewichtszunahme eintreten, die beim Salat 7%, beim Spinat und Feldsalat 14% und beim Krauskohl 25% ausmacht, ganz abgesehen davon, daß der Vitaminschwund, der durch das Welken erfolgt, durch Wiederauffrischen nicht zu beheben ist. Spinat z. B. verliert beim Lagern: am 2. Tag 15%, am 4. Tag 35%, am 5. Tag 60% Vitamin C. Pro Tonne Kartoffeln, die in geschältem Zustand 15 Stunden gewässert werden (über Nacht) gehen 3 kg Nährstoffe verloren, d. h. 1,7% der Trockensubstanz und zwar: 410 g Mineralstoffe, 650 g Rohprotein, 381 g verdauliches Eiweiß, 1559 g N-freie Stoffe.

Bei Lagerung, namentlich der leicht verderblichen Blattgemüse, können ferner durch Veratmung von Kohlehydraten nicht unerhebliche *Substanzverluste* eintreten, die den gesundheitlichen Wert weit stärker vermindern als dem Gewichtsverlust entspricht. Außerdem werden die biologisch wichtigen Eiweißstoffe hydrolisiert und in weniger wertvolle N-Verbindungen übergeführt.

Ein weiterer Gesichtspunkt ist der: Die *Qualität* der einzelnen Gemüsesorten ist weitgehend verschieden. Nicht immer sind die großen Gewächse die vorteilhaftesten, selbst wenn sie vielleicht der Menge nach billiger erscheinen. Der Abfall ist bei alten verwelkten Gemüsen größer als bei jungen. Das gilt z. B. für alte und junge Spargel, Bohnen, Kohlrabi, Kartoffeln, Rhabarberstengel. Spargel 1. Sorte (Abfall etwa 25%) ist daher trotz höheren Einkaufspreises unter Umständen wirtschaftlicher als die billigere 3. Sorte (Abfall 35%). Diese Spanne kann zwischen jungen und alten verholzten Kohlrabi noch größer sein, nämlich 30 und 75%.

Auch bei der Auswahl des Fleisches kann dieser Gesichtspunkt entscheidend sein. Keule und Schwanzstück haben kaum Abfall im Gegensatz zu Hals- und Beinstücken, die bis zu 50% Verluste bedingen. Hier ist die Fleischsorte mehr von Bedeutung als das Alter der Tiere. Bei jungen Tieren ist außerdem das durch den hohen Wassergehalt ihres Fleisches verursachte Defizit mit einzukalkulieren.

Gleichgültig ist es auch nicht, *wo und wann eingekauft* wird. Es gibt billige und teure Verkaufsstellen. Man muß auch in der richtigen „Saison" kaufen, d. h. in dem Monat und der Jahreszeit, in der das Material in großen Mengen angeliefert wird, also billig ist; Karotten und Gurken im Juli und August, Äpfel und Birnen im September bis Oktober usw. Solche Gesichtspunkte sind erst recht von Bedeutung, wenn Nahrungsmittel eingekauft werden, die zur Konservierung vorgesehen sind. Unzeitgemäß eingekaufte Gemüse sind teuer (vgl. auch III. Teil dieses Buches).

Trotz aller Sachkenntnis ist man aber mitunter *Fehlbeurteilungen* unterworfen. Man pflegt meist die Qualität nach äußeren Merkmalen zu beurteilen. Größe, Form, Festigkeit und Färbung der Gemüse geben den Ausschlag und sind auch den sog. „Güteklassen" zugrunde gelegt. Diese Kennzeichen, vor allem die Größe, sind dann für die Züchter aus leicht erklärlichen Gründen das erstrebenswerteste Ziel. Man geht dabei von der stillschweigenden aber keineswegs bewiesenen Voraussetzung aus, daß mit der Größenzunahme eine Steigerung der Qualität, d. h. Zunahme an wertgebenden Bestandteilen einhergeht. Exakte Untersuchungen haben aber ergeben, daß das oft nicht zutrifft. Der Gehalt an Eiweiß, Fett und Kohlehydraten oder Vitaminen geht selten mit der Größe parallel. Auch Haltbarkeits- und Geschmacksprüfungen sind nicht ausreichend zur Beurteilung. Eher noch ist die chemische Analyse zuverlässig. Dem Verbraucher freilich stehen solche Untersuchungsmethoden oder gar Analysenwerte bestimmter Gemüse- oder Obstsorten nicht zur Verfügung. Die Reichssortenregistrierstellen, Versuchsanstalten und Züchter werden aber in Zukunft immer mehr die Gegensätzlichkeit zwischen „biologischer Wertigkeit" und „Marktgängigkeit" in Betracht ziehen müssen. Das Ziel muß sein, auch hier den volkswirtschaftlichen Standpunkt mit dem volksgesundheitlichen in Einklang zu bringen.

II. Verwertung von Abfall.

Die Verluste durch Küchen- und Marktabfall lassen sich nicht selten vermindern, wenn der Abfall sinngemäß weiterverarbeitet wird. Knochen, Knorpel, Sehnen und Bindegewebe können zu Soßen und Suppen verwendet werden, ebenso alter Spargel usw. Es ist überflüssig hier mehr zu sagen als angedeutet, denn dem praktisch Tätigen sind solche Dinge geläufig.

Für die Krankenernährung kommen hier noch spezielle Gesichtspunkte hinzu. Ältere Gemüsesorten oder derberes Fleisch sind zweckmäßiger für Diabetiker zu verwenden, zarte dagegen vorzugsweise für Magen-Darmkranke, bei denen qualitative Gesichtspunkte im Vordergrunde stehen. Es wäre sinnlos, ein derbes Fleischstück, das der Magengesunde gut kauen und verdauen kann, für den Magenempfindlichen oder ein kauunfähiges Gebiß als Schabefleisch zu verwenden. Der so entstehende Verlust wäre verhältnismäßig zu hoch.

Ehe man aber einen Abfall endgültig wegwirft, prüfe man, ob er nicht als Viehfutter oder zu anderer Verwertung noch brauchbar sei.

III. Abfall und Wirtschaftlichkeit.

Von vielen Nahrungsmitteln wird trotz allem ein bestimmter Prozentsatz restlos verloren sein. Im Durchschnitt rechnet man den *Abfallverlust* bei animalischen Lebensmitteln mit 21%, bei vegetarischen mit 24%, d. h. also der eßbare Anteil wird um $^1/_5$ teurer. Bei den Animalien gibt es Abfallverluste von 0,5—90%, bei den Vegetabilien von 0—70%.

Bei einem Abfall von 50% steigt der Preis schon um das Doppelte und bei 75% um das Anderthalbfache. Damit aber ist der Verlust noch nicht genau gekennzeichnet. Es kommt noch sehr darauf an, wie die Nahrungsmittel zusammengesetzt sind und wie hoch der Einkaufpreis ist. Ob ein Nahrungsmittel als billig oder teuer angesehen werden muß, ist dem Preise allein nach nicht ohne weiteres zu beurteilen. Zweckmäßiger ist es dann schon, den Kalorienwert zugrunde zu legen, obwohl auch dieser sog. „*Nährgeldwert*" nicht allem gerecht wird und z. B. den Gehalt an Vitaminen, Mineralien, Geschmackstoffen und den Sättigungswert außer acht läßt. Immerhin aber liefert er häufig Einblicke, die selbst den überraschen, der vernünftig zu wirtschaften sich bemüht.

Für 1 RM kann man nach Abzug des Abfalls z. B. erhalten (s. gegenüberstehende Tabelle).

Um einiges aus dieser Tabelle herauszugreifen: *Pilze* als „vegetabilisches Fleisch" zu bezeichnen, ist eine Irreführung. Pilze sind ein Luxusartikel. Champignon z. B. sind ihrem Nährgeldwert auf die gleiche Stufe zu stellen wie Lachs oder Fasan. Man bezahlt den Delikateßwert! Dem Nährgeldwert nach dagegen ist die „teure Butter" wirtschaftlicher als Leberwurst. Spargel mit seinen 178 Kalorien ist etwa gleichzustellen mit Gänseleberpastete, die 157 Kalorien liefert.

Auch der *Kopfsalat* (96 Cal) wäre demnach ein ausgesprochener Luxusartikel, wenn man vergißt, daß er ein hervorragender Spender von Vitamin A, Mineral- und Geschmacksstoffen ist. Der Kundige allerdings wird berücksichtigen, daß er sich auch diese Substanzen in weit vorteilhafterer Weise durch Kartoffeln (8000 Cal), Möhren (2530 Cal), Zwetschen (1330 Cal) oder Kirschen (1300 Cal) usw. zuführen kann. Grundsätzlich läßt sich sagen, daß dem Nährgeldwert nach am wirtschaftlichsten die Fette sind; Talg und Margarine mehr als Butter. Dem Nährgeldwert entspricht natürlich keineswegs ihre absolute Bedeutung für die Gesundheit. Nach dem Fett zeichnen sich die Milch und ihre Produkte durch große Nährwertmengen aus, worunter wiederum die Magermilch vor allem durch Gehalt an hochwertigem Eiweiß hervorgehoben zu werden verdient.

Der Milch folgen die *Fleischspeisen*. Selbst die einzelnen Fleischstücke von demselben Tiere sind verschieden zu bewerten. Querrippe dürfte das rationellste Produkt sein. Billig ist auch Gefrierfleisch, teuer dagegen Ochsenschwanz, Kalbsnierenbraten usw. Würstchenessen auf Bahnhöfen, Automaten usw. ist unrationell. Wild und Geflügel zu essen, ist ein großer Luxus, weil solches Fleisch äußerst viel Abfall liefert, viel Wasser enthält und so fettarm ist, daß kalorisch keine hohe Stufe erreicht wird. Den ergiebigen Fleischsorten gleich stellen sich manche Fischsorten (Schellfisch, Kabeljau). Forelle, Hecht und Karpfen sind Luxusartikel. Große Fische gleicher Gattung sind verhältnismäßig

Für RM 1.— sind nach Abzug des Abfalles erhältlich:

Nahrung	Einkaufs-menge in g	Eiweiß	Fett	Kohle-hydrate	Kalorien	Gesamt-abfall in g	Abfall in %
Butter	313	2,19	262	2,5	2460	—	—
Margarine (Spitzen-marke)	454	2,27	384	1,82	3600	—	—
Speck (fett)	454	37,3	302	—	2960	39	8
Rindertalg	770	3,85	755	—	7700	—	—
Öl (Salat)	417	—	414	—	3860	—	—
Honig	500	—	—	405	1670		—
Zucker	1562	—	—	1560	6410	—	—
Vollmilch	4540	154,5	163,5	185,5	3042	—	—
Magermilch . . .	6670	240	53,3	307	2730	—	—
Quark	1800	310	216	72	1765	—	—
Holländer (fett) . .	278	70,7	74	9,8	1020	20	7
Gervais	200	27,0	75,2	3,4	824	—	—
Ei (mit Schale) . .	459 (8,35 Stck.)	51,8	49,6	2,75	684	50	11
Rindfleisch, I. Kl. .	310	57,3	38,5	1,42	600	15,5	5
Kalbfleisch, I. Kl. .	250	44,5	17,2	0,9	347	26,8	11
Schweinefl., I. Kl. .	360	56,2	76,7	9,64	947	38,6	10
Leber	250	49,8	9,25	8,25	325	—	—
Huhn	454	45,4	10,2	—	284	227	50
Wild	—	—	—	—	—	—	—
Hering	1440	134,0	65,7	—	1158	577	40
Kabeljau	670	49,3	0,93	—	210	362	54
Seezunge	598	61,2	2,10	—	273	177	30
Gänseleber	33,3	4,8	14,5	6,3	157	—	—
Leberwurst	280	44,8	100,5	7,28	1148	—	—
Blutwurst	310	36,6	25,7	77,9	800	—	—
Graubrot (Roggen) .	2270	170	6,8	1172	5580	—	—
Weizenmehl, 1. Sorte	1818	194,5	20,0	1358	6540	—	—
Roggenmehl, 1. Sorte	2000	110	8,0	1612	7140	—	—
Kartoffel	10000	166	16,2	1735	7997	1700	17
Möhren	6250	67,5	—	512	2530	625	10
Spargel, 1. Sorte . .	1250	18,8	—	22,5	178	313	25
Rotkohl	5560	—	—	213	1272	1168	20
Weißkohl	6250	72,2	—	204	1200	1450	23
Wirsing	6250	118	—	218	1570	1874	30
Blumenkohl	855	11,8	1,4	21,6	150	385	45
Rhabarber	6670	36,4	—	156	832	1465	22
Salat (Kopf) . . .	1000	8,4	1,8	11,4	96	400	40
Bohnen (frisch) . .	2500	61,5	—	149	898	125	5
Erbsen (frisch) . .	1670	44,2	—	83,2	556	1000	60
Champignon (Büchse)	385	18,9	0,8	13,8	127	—	—
Äpfel	2000	7,4	—	247	1920	148	7
Zwetschen	2000	13,3	—	298	1330	100	5
Kirschen (süß) . . .	2000	14,42	—	288	1298	200	10
Bananen	1000	7,8	—	136,8	600	400	40

Den Preisen liegt als Stichtag der 1. September 1939 in Köln zugrunde. Für saisonmäßige Nahrungsstoffe gilt die Hauptanlieferungszeit 1939.

billiger als kleine, weil ihr Abfall geringer ist. Die Wirtschaftlichkeit des *Herings* wird von keinem Fisch erreicht.

Der Nährgeldwert der *Eier* beträgt nur ungefähr die Hälfte von dem des Fleisches. Doch sind sie anderer Eigenschaften wegen für die Küche kaum entbehrlich.

Unter den Vegetabilien stellt die Kartoffel das billigste Nahrungsmittel dar. Rotkohl und Weißkohl sind wesentlich billiger als Blumenkohl, der erhebliche Verluste durch Abfall zeitigt. Holziger Kohlrabi kann sehr teuer sein, weil der Abfall groß und die Ausnutzungsfähigkeit im menschlichen Darmkanal nur gering ist. Auch dieser Faktor ist nicht zu unterschätzen. Denn längst nicht alle Brennstoffe, die der Mensch sich zuführt, vermag er auszunutzen. Deshalb kocht er ein groß Teil seiner Nahrung, weil das unter Umständen die Verdaulichkeit hebt.

Nicht vernachlässigen aber darf man andererseits, daß viele Nahrungsmittel durch Hitzeanwendung auch Brenn- und Nährstoffverlust erleiden. Das gilt z. B. für Rohgemüse und Kartoffeln, deren Abkochwasser oft nicht wieder verwendet wird. Die Verluste an anorganischen und organischen Substanzen lassen sich für die einzelnen Vegetabilien nicht mit Annäherungswerten belegen. Die Abgänge an organischer Substanz können schwanken zwischen 2 % (Kartoffel) und 28 % (Spinat), an anorganischer zwischen 1 % (Spargel) und 42 % (Sauerampfer).

IV. Gesunder Nahrungsbedarf.

In der vorausgehenden Tabelle ist nicht nur der „Nährgeldwert" aufgeführt, sondern zugleich ersichtlich, welche Mengen Fett, Kohlehydrat und Eiweiß für einen bestimmten Preis erhältlich sind. Der Mensch braucht ein festes Nahrungsquantum, das wir beim erwachsenen, mittelschwer arbeitendem Manne mit 2500—3000 Kalorien berechnen können. Darüber hinaus ist noch erforderlich, daß die Hauptnährstoffe in ganz bestimmten Mengen ihm zur Verfügung stehen. Dies gilt in besonderem Maße für die **Eiweißkörper.** Der ausgewachsene Organismus hat täglich etwa 1 g Eiweiß pro Kilogramm Körpergewicht nötig. Bei noch so reichlicher Kalorienzufuhr müßte ohne die Deckung des Eiweißbedarfes der Organismus auf die Dauer gesundheitlichen Schaden davontragen, und selbst das Leben wäre gefährdet. Deshalb besitzen die Eiweißkörper unter den Hauptnährstoffen einen eignen Wert. Unter den Eiweißträgern spielen manche eine ganz besondere Rolle. Das Eiweiß der Milch und der Milchprodukte, des Fleisches, der grünen Gemüse und der Kartoffel ist hochwertiger als das der Hülsenfrüchte, des Mehles, des Brotes usw., weil es in seiner Zusammensetzung vollständig ist, d. h. alle Eiweißbausteine enthält, deren der Organismus zum Aufbau seines eigenen Eiweißes bedarf. Etwa $1/3$ des Eiweißbedarfes muß aus solch biologisch hochwertigen Eiweißkörpern bestehen. Auch dieser Gesichtspunkt ist bei Würdigung der Wirtschaftlichkeit in Betracht zu ziehen. Eiweißkörper, die aber über den eigentlichen Bedarf hinaus genossen werden, können zum erheblichen Teil vom Organismus nicht ausgewertet werden; sie werden teilweise verbrannt und sind damit verloren oder sie werden zu Fett oder Kohlehydrat im Stoffwechsel umgebildet. Es ist zweckmäßiger, sich diese Substanzen direkt zuzuführen, denn Fett und Kohlehydrat sind als Nährmittel billiger als Eiweiß.

Auch bei der Fettzufuhr darf eine gewisse Grenze nicht unterschritten werden, ebenso bei den **Kohlehydraten.** Fett ist nötig als Träger mancher Vitamine und lebensnotwendiger Lipoide. Man schätzt den täglichen Fettbedarf im Optimum auf etwa 50 g. Das Fettminimum liegt sicher tiefer, ist aber bis heute nicht genau bekannt. Die Kohlehydrate sollten die Hauptträger der Kalorien sein. Auf alle diese Fragen hier mehr einzugehen, ist nicht angängig, weil sie den Rahmen dieses Buches überschreiten.

Eines noch darf aber nicht unberücksichtigt bleiben. So bedeutungsvoll die angedeuteten quantitativen Gesichtspunkte für die Ernährung sein mögen, so sind sie dennoch keineswegs allein entscheidend. Auch die hinreichende Versorgung mit Vitaminen (S. 112) und Mineralien (S. 107), von denen die Rede war, genügt nicht, um gesund leben zu können. Unsere Nahrung muß darüber hinaus eine natürliche sein. Nicht nur die einzelnen Bestandteile der Kost sind lebensnotwendig, sondern sicher auch das *natürliche Verhältnis der gesamten Lebensstoffe zueinander.* Die durch menschliches Zutun möglichst wenig veränderte Pflanzenkost ist der beste Garant dieser Allseitigkeit, die in meßbaren Werten nicht zum Ausdruck gebracht werden kann. Die Frischkost sollte innerhalb unserer gemischt pflanzlich-tierischen Nahrung eine höhere Wertschätzung erfahren. Darum soll das Natürliche so natürlich bleiben, wie eben möglich ist.

Schrifttum.

I. Zeitschriften:

1. Der Vierjahresplan. Berlin: Verlag Eher.
2. Die Ernährung. Leipzig: Verlag Barth.
3. Forschungsdienst. Neudamm: Verlag Neumann.
4. Hippokrates, Med. Wschr. Stuttgart: Verlag Marquardt & Co.
5. Sonderdrucke der Versuchsstelle für Hauswirtschaft des Deutschen Frauenwerkes. Leipzig.
6. Zeitschrift für Ernährung. Leipzig: Verlag Barth.
7. Zeitschrift für Untersuchung von Lebensmittel. Berlin: Verlag Julius Springer.
8. Zeitschrift für Volksernährung. Berlin: Deutsche Verlags-Ges. m. b. H.
9. Zeitschrift für Vorratspflege und Lebensmittelforschung. Neudamm: Verlag Neumann.

Alle hier verwerteten Einzelarbeiten aufzuzählen ist dem Verfasser deshalb unmöglich, weil das verarbeitete Material im Laufe von Jahren gesammelt wurde und zum Teil aus Notizen stammt, in denen der Autor nicht vermerkt wurde, da damals noch nicht die Absicht zu einer zusammenfassenden Darstellung bestand.

II. Weitere Werke:

1. BALZLI, H.: Kunst und Wissenschaft des Essens. Stuttgart: Verlag der Hahnemannia 1928.
2. BARTHEL: Ernährung und Düngung. Leipzig: Barth 1938.
3. GÄRTNER, A.: Leitfaden der Hygiene. Berlin: Karger 1920.
4. HEISS, R.: Die Aufgaben der Kältetechnik in der Bewirtschaftung mit Lebensmitteln. Bd. A—D. Berlin: Verlag Beuth.
5. HÄNSEL: Elektrizität in der Küche. Berlin 1930.
6. KEMPER, H.: Die Nahrungs- und Genußmittelschädlinge und ihre Bekämpfung. Leipzig: Verlag Schöps 1939.
7. KESTNER u. KNIPPING: Die Ernährung des Menschen. 3. Aufl. Berlin: Verlag Julius Springer 1928.
8. KOLLATH: Grundlagen, Methoden und Ziele der Hygiene. Leipzig: Verlag Hirzel 1937.
9. LENZNER, C.: Gift in der Nahrung. Leipzig: Verlag Dyk 1931.
10. v. BERGMANN-STAEHELIN: Handbuch der inn. Medizin. 2. Aufl. Berlin: Verlag Julius Springer.
11. MÜLLER, R.: Medizinische Mikrobiologie. München: Verlag Lehmann 1939.
12. RAUNERT: Hilfsstoffe der Diätküche. Leipzig: Verlag Barth 1939.
13. ROLAND, J.: Unsere Lebensmittel. Dresden: Verlag Steinkopff 1917.
14. — Theorie und Praxis des Küchenbetriebes. Dresden: Verlag Steinkopff 1919.
15. SCHALL u. HEISLER: Nahrungsmitteltabelle. Verlag Kabitzsch 1935.
16. SCHOLL, P.: Kühlschränke und Kleinkälteanlagen. 3. Aufl. Berlin: Verlag Julius Springer 1939.
17. STEPP: Ernährungslehre. Berlin: Verlag Julius Springer 1939.
18. TAUTENHAHN, R.: Kochen mit Elektrizität oder Gas. München: Verlag Oldenbourg 1933.
19. WALTER, G.: Lebensmittel pflegen und frisch halten. Berlin: Verlag Limpert 1939.
20. Wärmewirtschaft in der Küche. II. Auflage. München 1933.
21. ZIEGELMAYER: Unsere Lebensmittel und ihre Veränderungen. Dresden: Steinkopff 1933.

III. Eigene Arbeiten des Verfassers, soweit sie hier in Betracht kommen:

1934: 1. Über die diätetische Behandlung von Leber- und Gallenwegserkrankungen. Med. Welt **1934**, Nr 15.

1936: 2. Beitrag zum Natriumstoffwechsel Ödemkranker. Med. Welt **1936**, Nr 1.
3. Ist Rohkost schwer verdaulich? Dtsch. med. Wschr. **1936**, 1671.
4. Sind Magenkranken Gemüse erlaubt? Ther. Gegenw. **1936**, Nr 10.
5. Über den Natrium-Kalium-Antagonismus und seine Bedeutung für den Wasserstoffwechsel. Arch. exp. Path. **182**, 115 (1936).
6. Zucker als Medikament. Münch. med. Wschr. **1936**, 1671.

1937: 7. Ödem, Transmineralisation und Säurenbasenhaushalt. Dtsch. med. Wschr. **1937**, 471.
   8. Säurebasenregulation durch Ernährung. Münch. med. Wschr. **1937**, 812.
   9. Schlaf, Blutzucker und Säurebasenhaushalt. Z. klin. Med. **133**, 199 (1937).
  10. Über die regulierende Funktion peroraler Kochsalzgaben. Arch. exper. Path. **187**, 193 (1937).
  11. Zur diätischen Behandlung Nierenkranker. Münch. med. Wschr. **1937**, 418.
1938: 12. Wandlungen der Ernährungslehre. Med. Welt **1938**, Nr 51.
  13. Diät und Kreislauf. Verh. Ges. inn. Med. Wiesbaden **1938**.
1939: 14. Gewebssäuerung und Ödem. Klin. Wschr. **1939**, 1516.
  15. Muß der dekompensierte Herzkranke dursten? Med. Klin. **1939**, 1598.
  16. Zur Behandlung des Diabetes mit Vitamin C und D. Dtsch. med. Wschr. **1939**, 710.
1940: 17. Übersäuerung als Krankheitsursache bei Pflanze, Tier und Mensch. Dtsch. med. Wschr. **1940**, 540.
  18. Die diabetische Restazidose und ihre therapeutische Bedeutung. 52. Kongreßbericht, Wiesbaden **1940**, 442.
  19. Vitamin C-Verluste beim Waschen der Gemüse. Dtsch. med. Wschr. **1940**.
  20. Über Mineralverluste beim Wässern frischer und gekochter Gemüse. Münch. med. Wschr. **1940**.

Betriebswirtschaftliche Fragen im Verpflegungsbetrieb.

Von E. WINTER.

A. Fragen der Betriebslehre.

Unter Verpflegungsbetrieb verstehen wir im allgemeinen eine Stätte, an der aus den verschiedenartigsten rohen oder halbfertigen Nährmaterialien durch mechanische oder chemische Einwirkungen die tischfertige Kost laufend hergestellt wird. Der Verpflegungsbetrieb muß, soll er der Gesunderhaltung der zu Verpflegenden vollauf genügen, die bis jetzt behandelten Fragen über Auswahl einwandfreier Nahrungsgüter und küchentechnisch jeweils beste Zubereitungsweise als oberstes Gesetz respektieren; er muß aber gleichzeitig, da er ein Betrieb ist — und jeder Privathaushalt ist in diesem Sinne „Betrieb" — gewisse betriebswirtschaftliche Belange unbedingt kennen und ebenso respektieren, sonst läuft er Gefahr, zwar gut zu verpflegen, aber mangels Wirtschaftlichkeit seinen Betrieb einstellen zu müssen. In den meisten Fällen wird zwar in einem solchen Betrieb gar keine gute Verpflegung zustande kommen, da die Unkenntnis der betriebswirtschaftlichen Notwendigkeiten das gut beschaffte Nährmaterial oft verderben und die küchentechnisch beste Vor- und Zubereitungsweise illusorisch werden läßt.

Im nachfolgenden Teil dieses Buches soll nun versucht werden, einige wichtige Fragen betriebswirtschaftlicher Art in allgemeingültiger Form für einen mittleren Verpflegungsbetrieb zu beantworten. Wenn auch der Kreis derer, die — wie das Vorwort hofft — mit einigem Nutzen dieses Buch zur Hand nehmen werden, nicht eingeengt werden soll, so ist doch dieser 3. Teil ganz besonders für diejenigen geschrieben, die als Berufstätige die Leitung des Verpflegungsbetriebes innerhalb gemeinnütziger Betriebe zu verantworten haben oder als Gesamtleitung an der Höchstleistung jedes Betriebsteiles interessiert sind.

33. Die Betriebsstätten.

Der Ort, in dem die dem Verpflegungsbetrieb speziell gesetzte Aufgabe: Nahrungsgüter zu Kost umzugestalten, erledigt wird, wird gemeinhin mit dem Wort „Küche" umgrenzt; man glaubt, daß die Stätte, in der die Nahrung zubereitet wird, die Nahrungsmittel ihre Veränderung durch den Einfluß der Wärme, Kälte usw. erfahren, schlechthin die Verpflegungsstätte sei. Es beweist dies nur, wie wenig „betriebswirtschaftliches" Denken in die Bezirke alles dessen, was man mit Hauswirtschaften in Verbindung bringt, eingedrungen ist. Es ist Zeit, daß die Wirtschaft des Haushaltes so gut wie die eines Verpflegungsbetriebes endlich als „Betrieb" gesehen wird, der, soll er rentabel und doch zweckerfüllt sein, denselben Gesetzen unterworfen ist wie jeder andere Betrieb. Darum muß zuerst festgelegt werden, daß die „Küche" nur einen Teil des Verpflegungsbetriebes darstellt, (vielleicht nicht einmal den wichtigsten), sondern nur eine der vielen gleichwertigen Betriebsstellen ist, deren jede ihre spezielle Aufgabe gut lösen muß, soll der ganze Verpflegungsapparat wirtschaftlich arbeiten.

Die Betriebsstätten der Verpflegungsbetriebe verbürgen nur dann eine rationelle Betriebsführung, wenn sie planvoll gegliedert und einander zugeordnet sind. Es müssen für sie die gleichen Gesichtspunkte gelten, die jeder andere Betrieb für die Stätten maßgebend erachtet, in denen durch den Fabrikationsprozeß auf bestem und billigstem Wege aus den Rohstoffen die Ware wird. Die Zuordnung der Räume ist je nach dem Fabrikationsprozeß so gelagert, daß entweder sämtliche beteiligten Räume in ein oder mehreren Stockwerken hintereinander liegen, der Rohstoff von Raum zu Raum seine Veränderung, Veredlung, Ergänzung erfährt und an der Endstation die verpackfertige Ware entstanden ist — oder aber so, daß die einzelnen Teile der Ware in vielen nebeneinanderliegenden unabhängigen Einzelräumen entstehen, zu einem gemeinsamen Hauptraum wandern und dort aneinandergefügt als Ganzes den Raum verlassen. Aus beiden Arbeitsweisen sollten die Verpflegungsbetriebe lernen.

Mittelpunkt der Betriebsstätten eines Verpflegungsbetriebes ist die sog. Hauptküche, auch warme Küche genannt, von der auch im mittleren Verpflegungsbetrieb die kalte Küche abgetrennt sein sollte. Beiden Haupträumen müssen zugeordnet sein: die Vorbereitungsräume, Anrichteräume und die Einrichtungen zur Erledigung der Aufräumungsarbeiten. Die Vorbereitungsräume wiederum müssen in möglichst naher Verbindung zu den Lager- und Kühlräumen stehen, die ihrerseits geschickte Zugänge zur Einbringung der Vorräte haben müssen (Abb. 21 und 22).

Ob alle diese Räume zweckmäßig auf gleicher Ebene liegen sollen, ist eine Frage von zweitrangiger Bedeutung — sie werden sich in den

meisten Betrieben durch 2 Stockwerke erstrecken·— Keller und Erd-
geschoßräume —, wie der Lageplan es vorsieht, weil sonst die horizon-
tale Ausdehnung des ganzen Raumkomplexes zu groß und durch die
Anlage der erforderlichen Transportnotwendigkeiten zu teuer würde. Wesentlich ist, wie der bis jetzt geschilderte Gesamtkomplex zum übrigen Haus liegt, zu Gemeinschaftsräumen oder Einzelzimmern, in denen die Speisen konsumiert werden. Sollte nach der besonderen Art des Verpflegungsbetriebes sich zwischen die warme Küche und den Verbraucher ein mehr oder weniger großer Verteiler- und Anrichteraum schieben, so kommt ihm eine sehr große Bedeutung zu, sollen nicht alle Wertanreicherungen, mit denen die Speisen die warme Küche verlassen, auf dem Wege zum Konsumenten verloren gehen.

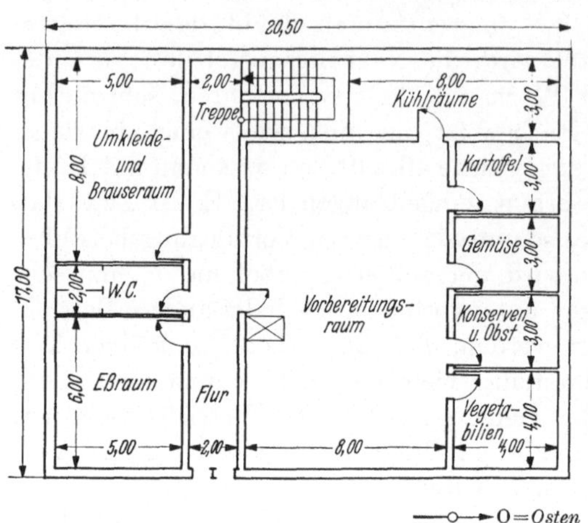

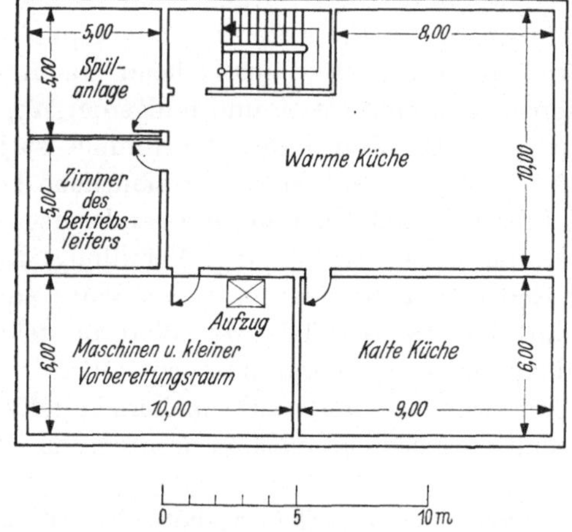

Abb. 21 u. 22. Lageplan der Betriebsstätten eines Verpflegungsbetriebes.

I. Lager- und Vorratsräume.

Die Verpflegung beginnt in den *Lager-* und *Vorratsräumen*. Dorthin werden die meisten Nährmittel gebracht und von dort entweder der sachgemäßen Lagerung oder dem sofortigen Verbrauch zugeführt. Die meisten Verpflegungsbetriebe benötigen 3 Arten von Aufbewahrungsräumen: Kühlräume bis zu —5° Temperatur, Kellerräume bis zu + 8° Temperatur und Lagerräume mit Normaltemperatur.

In den **Kühlräumen** werden Fleisch und Wurstwaren, Fisch, Milch, Butter und anderes aufbewahrt. Sie haben zweckmäßig einen gesonderten Raum mit der Kälteanlage für Fleisch und Fischwaren und den etwas höher temperierten Vorraum für Milch, Butter und ähnliches.

In den eigentlichen **Kellerräumen** erfolgt die Lagerung von Gemüse und Kartoffeln, die, falls der Betrieb größere Mengen Kartoffeln lagert, am besten in 2 getrennten Räumen untergebracht werden. Der Raum zur Kartoffellagerung muß kühl, trocken, dunkel und luftig sein und ist zweckmäßig mit Lattengestellen, die einige Zentimeter über dem Boden stehen, ausgestattet, die in Abständen von etwa 30 cm in einer Länge von mehr als 2 m den Raum so füllen, daß der Zugang zu jeder Boxe möglich ist. In einem gut durchlüfteten Keller genügt es auch, wenn die Kartoffeln auf einem Lattenboden, der einige Zentimeter vom Boden entfernt ist, aufgeschüttet werden und in nicht zu großen Abständen — etwa 1 m — Lattenkamine von etwa 20 cm Durchmesser aufgestellt werden. Der beste Kellerraum kann aber nicht verhindern, daß Kartoffeln, die schlecht eingelagert worden sind, trotzdem vorzeitig verderben. Erste Bedingung ist, daß nur gesunde und trockene Knollen in die Horden kommen; es muß also bei der Anlieferung von Kartoffeln bei feuchtem Herbstwetter Sack für Sack ausgeschüttet und abgetrocknet werden. Dann werden selbstverständlich die beschädigten Knollen ausgelesen, und nur die guten kommen in die Kartoffelhorden, wo sie bis auf das letzte Stück verwendungsfähig bleiben. Die Kellerräume für Gemüse sind ebenfalls mit Lattengestellen zu versehen, die in vielen Etagen übereinander sehr viel Gemüse aufnehmen können, ohne daß die einzelne Gemüseschicht zu hoch und damit der Druck auf die unteren Gemüseschichten zu groß wird.

Ein besonderer Raum ist für die Lagerung von Frischobst und Konserven vorgesehen. Er kann, was die Temperatur angeht, zwischen den Kellerräumen und den Räumen mit Normaltemperatur liegen und muß unter allen Vorratsräumen bei großen Mengen von Lagergut die größte Ausdehnung haben. Auch dieser Raum wird mit Lattengestellen versehen; um jedoch die größtmöglichste Ausnutzung wie Kontrolle zu gewährleisten, werden die Gestelle nach Art der Regale in Büchereien nur in mittlerer Breite angefertigt und außer den Wandregalen frei in die Mitte des Raumes gestellt, daß der ganze Raum bis auf schmale Gänge ausgenutzt ist und die Kontrolle schnell und gründlich gehandhabt werden kann. In den oberen Fächern werden am besten die Konserven, nach Größe und Art geordnet, untergebracht, wo sie außer der Eingangskontrolle weiter keine Nachschau benötigen; das Frischobst und auch die evtl. im eigenen Betrieb hergestellten Vorräte an Marmelade usw. müssen in Augenhöhe und darunter gelagert sein, daß täglich eine genaue Kontrolle vorgenommen werden kann. Um die Schädigung durch Ungeziefer auf das geringste Maß herabzudrücken, ist zu empfehlen, daß auf die Wandregale nur geschlossene Büchsen, Gläser usw. gestellt werden, da erfahrungsgemäß das Ungeziefer sich in den Ritzen der Wände am liebsten festsetzt und von dort das gelagerte

Gut angreift. Die Bekämpfung des Ungeziefers wäre in den meisten Lagerräumen eine weit einfachere und an Erfolg aussichtsreichere Tätigkeit, wenn grundsätzlich keine „Frischware" auf die Wandgestelle käme; im Gemüselagerraum müßten also alle Stellagen *im* Raume stehen. Selbst dann wäre noch viel Kontrolle erforderlich, daß das mit dem Frischgemüse eingewanderte Ungeziefer sich nicht festsetzen kann. (Wer die im Teil I angeführten und aus der Praxis nur zu gut bekannten Zahlen über Verderb von Nahrungsmitteln durch Ungeziefer kennt, wird keine Mühe und keine Unkosten bei der Anlage der Lagerräume scheuen, um diese Schädigungen auf ein Mindestmaß herabzudrücken.)

In einem **Lagerraum mit Normaltemperatur** wird der Vorratsraum für alle Vegetabilien eingerichtet. Er hat auf der einen Seite — unter den genügend großen Fenstern — einen festen, einige Zentimeter erhöhten Holzboden, auf den alles, was in Säcken geliefert wird, abgestellt werden kann. Dieser Holzboden läuft auf Rädern, daß er jede Woche ein- bis zweimal bewegt werden kann zur Nachschau, ob sich kein Ungeziefer darunter einnistet. Für die Vegetabilien, die in kleineren Mengen im Vorrat gehalten werden, hält der Betrieb Steingut- und Blechtonnen, letztere mit einer durch einen Schieber zu schließenden Auslaufklappe. So können die Blechtonnen die obere Reihe des Gestelles einnehmen und die Vorräte können ohne viel Mühe entnommen werden, während die Steinguttonnen so niedrig, jedoch nicht auf den Boden, gestellt werden können, daß die Tonne selbst nicht bewegt zu werden braucht, um an den Inhalt zu kommen. Dieser Raum muß ferner einen Tisch mit einem Abstellbrett haben, auf dem eine Waage steht. Falls der Raum beengt ist, kann auch nur die Waage ihren festen Stand haben, der Tisch selbst durch einige nebeneinander angebrachte Klapptische ersetzt werden, die jeweils nur soweit in Aktion treten, als sie zum Abstellen bei der Entnahme von Lebensmitteln benötigt werden. Daß dieser Raum gut zu lüften und mit engmaschigen Drahtgittern vor den Fenstern versehen sein muß, zu denen im Sommer noch Fliegengitter kommen müssen, versteht sich von selbst. Auch sollte in diesem Raum die Mausefalle immer gerichtet sein, da die beste sonstige Kontrolle den Schaden nicht gutmachen kann, den Mäuse, sind sie erst einmal eingezogen, anrichten können.

Alle Lagerräume werden meistens, damit sie ihren Anforderungen leicht genügen, als Kellergeschoß gebaut. In jedem Raum müssen eine Waage und geschickte Transportgeräte sein, um sowohl größere Mengen wie viele kleinere Ersatzteile durch Fahren in den Vorbereitungsraum oder an den Aufzug zu bringen, der die nötigen Maße in Tiefe und Breite haben muß, um schnell eine Menge vorbereitetes oder Lagergut zu befördern.

In unmittelbarer Nähe zu den Lagerräumen muß der Vorbereitungsraum liegen. Es läßt sich manches für und wider die Einrichtung eines solchen Raumes im Kellergeschoß sagen; jedoch kann eine fachgemäße Anlage die Bedenken gesundheitlicher Art, die meistens mit Rücksicht auf die darin Beschäftigten erhoben werden, weitgehendst beheben.

Der *Gesamtkomplex* aller der Verpflegung dienenden Räume sollte zweckmäßig ein eigenes „Küchenhaus" darstellen, ob es nun ganz freistehend neben das eigentliche Unterkunftshaus gebaut oder als An- oder Einbau dem Unterkunftshaus angegliedert ist. Bei der Gesamtanlage des Verpflegungsbetriebes muß jedenfalls beachtet werden, daß das selbständige Haus so eingerichtet wird, daß die bis jetzt erwähnten Kühl- und Kellerräume nach Norden und Osten gelegt werden. Das „Küchenhaus" als Anbau an oder Einbau in das Haupthaus hat seine beste Lage an der Südwestecke des Haupthauses, so daß die Nord-, West- und Südseite die erforderlichen Fenster und Lüftungsanlagen erhalten können. (Ein *Einbau* ist also dann am leichtesten, wenn die ganze Seite bzw. Tiefe des Hauses genommen werden kann.) Es liegen danach in diesem An- oder Einbau die Kühl- und Kellerlagerräume an der Innenwand zum Haupthaus (vom Anbau aus betrachtet an der Ostseite, teilweise Nordseite) und garantieren so am besten die erforderliche kühle und doch frostfreie Temperatur. Der soeben erwähnte Gemüseputzraum schließt sich unmittelbar an die Kellerräume an und nimmt die Mitte des Geschosses gegen Westen zu ein. Wenn vor diesem Teil, der Südseite die Erde ausgeschachtet und als bepflanzte schräge Anhöhe geführt ist, so besteht die Möglichkeit, hier große Fenster anzubringen, so daß der Gemüseputzraum hell und sonnig ist. Ihn noch weiter an die Außen- und damit ganz an die Südseite des Hauses zu legen, ist nicht ratsam, da im heißen Sommer nicht nur das Personal, sondern auch die Lebensmittel unter der Hitze zu stark leiden.

II. Personalräume.

Der noch freie Raum bis zur Südseite des Hauses könnte die für das Personal notwendigen Räume aufnehmen: einen kleinen Aufenthaltsraum, in dem das Küchenpersonal seine Mahlzeiten einnehmen kann (durch den nahegelegenen Aufzug können Speisen und Geschirr leicht zu diesem Eßraum gebracht werden); einen Umkleideraum mit anschließendem Brause- und Waschraum und ein oder mehrere Wasserklosetts. Diese Räume liegen am besten längs der Südseite hintereinander, münden in den genügend breiten Flur, der von der Westseite her durch das Kellergeschoß führt und Lager- und Vorbereitungsräume von den Räumen des Personals trennt (durch die Anlage einer breiten Anfahrt dient das Tor an der Westseite gleichzeitig der Anlieferung der Nahrungsgüter). Es ist in jedem Fall sehr zweckmäßig, wenn das gesamte

Personal nur durch einen Eingang die Arbeitsräume betreten kann, einer zwangsläufigen persönlichen „Vorbereitung" nicht entgehen kann, während des weiteren Arbeitstages nur zu fest bestimmten Zeiten in die Personalräume kommt und so Unredlichkeiten (wie das Beiseiteschaffen beliebter Nahrungsmittel) ausgeschaltet, zum mindesten erschwert werden.

III. Vorbereitungsraum.

Der bereits erwähnte *Vorbereitungsraum*, der in größeren Betrieben sich zweckmäßig in einen gesonderten Gemüseputz- und Fleischvorbereitungsraum aufteilt, braucht als notwendigste Ausstattung verschieden große und verschieden tiefe Waschbecken, um Kartoffeln, Gemüse, Fleisch und Fisch vor der weiteren Verarbeitung zu reinigen. Die Waschbecken für Kartoffeln und Gemüse sind zweckmäßig aneinander installiert mit einem ausreichend breiten Zwischenstück aus Terrazzo, um das gewaschene Gut in Drahtkörben abtropfen zu lassen, ehe die weitere Vorbereitung auf einem in der Nähe stehenden Tisch vorgenommen wird. An diesem Tisch, der an der Fensterseite des Raumes stehen kann, werden Gemüse und Kartoffeln entweder mit der Hand weiter verarbeitet oder maschinell zerkleinert. Die eine Seite des Tisches ist als Maschinentisch eingerichtet und hat einen Kleinmotor von $^1/_2$ PS und einen Vorratsschrank für einige Schnitzelmaschinen. Die andere Seite des Tisches hat zweckmäßig ein in halber Höhe der Tischbeine angebrachtes Abstellbrett für Schüsseln und andere Gefäße, die in diesem Raum zur Aufnahme kleinerer Mengen Lebensmittel nötig werden. Das Abstellbrett darf nur etwas mehr als die halbe Breite des Tisches haben, daß die am Tisch arbeitenden Personen sitzend längere Arbeiten ausführen können.

Falls der Verpflegungsbetrieb so groß ist, daß der tägliche Verbrauch an Kartoffeln 60 kg übersteigt, ist die Anschaffung einer *Kartoffelwasch- und -schälmaschine* anzuraten, zumal die Kartoffelwaschmaschine sich sehr gut als Gemüsewaschmaschine verwenden läßt, eine Erleichterung, die bei den dann anfallenden großen Mengen Gemüse wirtschaftlich notwendig wird. Irgendeinem System der Kartoffelschälmaschinen das Wort zu reden, ist müßig. Es sind von der Industrie so viele gute Maschinen auf den Markt gekommen, daß es für den Käufer nur mehr darauf ankommt, die für seinen Betrieb beste Maschine auszusuchen. Wichtiger ist, daß die Kartoffel gut nach Art und Größe ausgesucht ist, daß sie sich zur Bearbeitung durch die betreffende Maschine eignet. Wer also beim heutigen Angebot an Kartoffelschälmaschinen nicht zufriedengestellt ist, hat sich bei der Anschaffung der Maschinen und der Bestellung der Kartoffeln nicht gründlich genug über die besonderen Erfordernisse beider orientiert.

Die Fleisch- und Fischwaschbecken von mittlerer Größe und geringerer Tiefe können ebenfalls als Ganzes installiert werden und erhalten am besten an jeder Seite eine möglichst große Ablaufstelle aus Terrazzo, um bei der Reinigung der Fische und des Geflügels über ausreichenden Platz in der Nähe des Wassers verfügen zu können.

Der Boden dieses Raumes muß aus Zweckmäßigkeitsgründen ein Steinfußboden sein, entweder Terrazzo oder fest und hart glasierte Steinplatten, jedenfalls kein Steinboden mit rauher und poröser Oberfläche, da seine Reinigung unverhältnismäßig viel Zeit und viel Putzmaterial verschlingt. An einer Längsseite des Raumes ist eine Ablaufrinne, durch die größere Mengen Wasser ohne allzuviel Aufwand an Zeit und Kraft entfernt werden können. Wenn alle Arbeitskräfte mit Umsicht bei der Reinigung zu Werke gehen, dürfte in einem so gut eingerichteten Raum nur in Ausnahmefällen das Wasser auf dem Boden stehen und müßte leicht und schnell mit einem breiten Besen durch die Ablaufrinne zu entfernen sein. Mit Rücksicht auf die Gesundheit der in diesem Raum arbeitenden Personen bedecken zu beiden Seiten der Waschbecken — falls sie frei im Raum stehen, was für eine schnelle Arbeit entschieden zu befürworten ist — ebenso an der Kartoffelwasch- und -schälmaschine und an der ganzen Längsseite des Arbeitstisches Lattenroste den Boden, einmal, um die Arbeitenden nicht der Kälte des Steinbodens auszusetzen, und zum anderen, um die Füße durch das Stehen auf dem im Gegensatz zu Stein weicheren Holz nicht mehr zu strapazieren als unumgänglich notwendig ist; gehören doch Fußleiden mit zu den häufigsten Berufskrankheiten der mit der Verpflegung im weitesten Sinne Beschäftigten.

IV. Küchengeschoß.

Aus dem Kellergeschoß führt an der Ostseite des Flures eine Treppe zum eigentlichen *Küchengeschoß*. Den Mittelpunkt bilden die sog. *warme und kalte Küche*; beiden zugeordnet müssen der Maschinen- und Vorbereitungsraum und der Abwaschraum sein. Die warme Küche und der Abwaschraum liegen an der Innenseite, dem Haupthaus zugewandt, mit dem die warme Küche durch eine breite heizbare Anrichte verbunden ist, die zweiseitig zu öffnende Wärmeschränke hat; der Geschirrspülraum hat statt dessen eine breite Abstellbank; gut schließende Schiebefenster mit Milch- oder Kathedralglas trennen beide Räume vom Haupthaus. In den übrigen Teil des Geschosses teilen sich die kalte Küche, der Maschinen- und Vorbereitungsraum und das Zimmer der Betriebsleitung. Da die Fenster an den Außenwänden liegen, sind die einzelnen Räume nur mit dünnen Sperrwänden, deren oberer Teil Glas ist, zu trennen. Der Maschinen- und Vorbereitungsraum muß von der warmen und kalten Küche gleich gut zu erreichen sein. Er wird mit einer Wand an die kalte Küche stoßen, die am besten als Schiebewand gebaut wird, durch die das vorbereitete Gut auf den Arbeitstisch der kalten Küche geschoben werden kann, eine Arbeitserleichterung, die in Anbetracht der Tatsache, daß die kalte Küche vielerlei kleine Mengen von Lebensmitteln und sonstigen Zutaten braucht, nicht unterschätzt werden soll. Aus demselben Grunde ist der Aufzug möglichst so zu bauen, daß er gleich bequem seinen Inhalt dem Maschinenraum, der kalten oder warmen Küche abgeben kann. Für umfangreiche oder vielzählige Güter muß ein stabil gebauter und doch handlicher Transportwagen Zeit und Kraft sparen helfen. Es ist nur eine Frage der Arbeitsorganisation, ihn nicht dauernd in Bewegung zu halten, ihm während des Hauptarbeitsprozesses einen Platz anzuweisen, wo er nicht im Wege steht und doch die von ihm herbeigeschafften Kochgüter bequem zu erreichen sind und manche zum Wegtransport bereits bestimmten Dinge ebenso schnell abgestellt werden können.

a) In der **warmen Küche** spielt sich die Hauptarbeit am *Herd* ab; ihm muß bei der Anschaffung der Vorrang vor allen anderen Einrichtungen zugestanden werden. Ob die Küche mit Elektrizität oder Gas arbeitet (Kohlen kommen heute wohl nicht mehr in Frage, da auch in kohlereichen Gegenden die Gas- und Strompreise den Kohlenpreisen die Waage halten können), hängt von der Frage ab, welcher Betriebsstoff gerade an dem Ort am billigsten einzusetzen ist. Wer die Frage nach der größeren oder kleineren Brauchbarkeit vom Verpflegungsstandpunkt aus beantworten will, wird ohne Zweifel dem elektrischen Strom als Heizquelle den Vorzug geben müssen. Und zwar liegt der Vorzug weniger in der Sauberkeit und Einfachheit der Bedienung; ausschlaggebend ist die beste Zubereitung des Kochgutes, die in der langsam sich steigernden und gleichmäßig hoch bleibenden Wärmezufuhr des elektrischen Stromes von keiner anderen Heizquelle übertroffen wird. Natürlich könnte bei sorgfältiger Handhabung ein Gasherd dasselbe leisten, und er leistet es in der Privathaushaltküche ganz sicher; jedoch in der Großküche mit dem vielfältigen Personal, das nicht ohne weiteres den Notwendigkeiten einer sorgfältigen Zubereitung Rechnung trägt, verleitet der Gasherd allzusehr zur Einsetzung einer kurzen, starken Hitze, um möglichst schnell den Prozeß zu erledigen. Selbstverständlich gibt es immer Gerichte, die auf diese Art gut hergestellt werden können, und es sollte jede warme Küche neben dem elektrischen Herd über mehrere Gasflammen verfügen; es erfordert dann eine genaue Anleitung und Kontrolle der Küchenleitung, daß jeder Herd seinem Zweck entsprechend eingesetzt wird.

Was manche Verpflegungsbetriebe von der Inanspruchnahme eines elektrischen Herdes abhält, ist die erschwerte Kontrolle des sparsamen Stromverbrauchs, die unter allen Umständen von allen am Herd Arbeitenden vorgenommen werden muß, wenn sich nicht die Betriebsunkosten ins Unwirtschaftliche steigern sollen. Die Kontrolle ist darum so schwierig, weil kein äußeres Merkmal schon von weitem die Vergeudung der Heizquelle anzeigt, wie es bei dem Gasherd die ständig auf groß brennenden Flammen und beim Kohlenherd die glühenden Platten ohne weiteres dartun. Es ist darum jedem mit einem größeren elektrischen Herd und viel Personal arbeitenden Verpflegungsbetrieb dringend anzuraten, eine Kontrollschalttafel an der Wand anbringen zu lassen, die selbst bei Hochbetrieb eine Übersicht über notwendige oder überflüssige Einschaltung mühelos vermittelt.

Über die Größe und Form des Hauptherdes läßt sich nichts Allgemeingültiges sagen; sie richtet sich jeweils nach der Art und der Größe des Verpflegungsbetriebes, vor allem danach, ob der Betrieb wenige einfache Gerichte größerer Quantität oder eine reich differenzierte Auswahl verschiedenartiger Gerichte mit kleineren Mengen herstellen muß. Ob also ein langgestreckter Herd durch die Mitte der Küche führt, der große, mittlere und kleine Kochstellen vereinigt, oder ob statt dessen 2 Herde aufgestellt werden, entscheidet im Einzelfalle die jeweilige Raumgröße der Küche und die weitere Aufteilung des Raumes.

Der Herd ist, obwohl der Mittelpunkt der warmen Küche, in dauernder Abhängigkeit von den Arbeitsplätzen und den Wasserstellen der Küche; dazu kommt noch seine Beziehung zur Anrichte oder dem Anrichteraum, so daß Herd, Arbeitsplätze, Wasserstellen, Anrichte in engerer „Arbeitsgemeinschaft" stehen und also kein Teil losgelöst von den anderen gültig gelöst werden kann. Das ist ja der Nachteil älterer Küchenanlagen, daß mit der wachsenden Beanspruchung oder durch normalen Verschleiß Vergrößerungen, Neuanschaffungen Zug um Zug vorgenommen werden, ohne daß beachtet oder möglich wird, mit der Änderung des einen Teiles die von ihm abhängigen an der Produktion ebenfalls beteiligten anderen Stellen entsprechend abzuändern. So ist die Frage: ein Langherd oder mehrere kleinere Herde, Rundherd oder hufeisenförmiger Herd nicht allein vom Herd aus zu entscheiden, sondern vom Raume aus nach der Forderung, daß zwischen Arbeitsplätzen, Herden, Wasserstellen, Anrichte möglichst kurze und möglichst wenig sich überschneidende Wege gemacht werden, um einen ruhigen, schnellen, übersichtlichen Ablauf des Herstellungsprozesses zu gewährleisten.

Ein kurzes Wort ist noch zur Verwendung von *Dampfkesseln* zu sagen, die in mittleren Verpflegungsbetrieben in Form der Kippkessel notwendig und vertretbar sind. Auch im mittleren Verpflegungsbetrieb gibt es größere Mengen Kochgutes, die, wirtschaftlich gesehen, gar nicht anders bewältigt werden können; zum zweiten kann sowohl der Wohlgeschmack wie der Wert des Kochgutes bei richtiger Handhabung (siehe

II. Teil, S. 84) gesteigert werden. Voraussetzung ist, daß Dampfkessel auf ganz bestimmte Nahrungsgüter beschränkt gebraucht werden und auf Grund langer Erfahrung und genauer Orientierung über die besonderen Belange einzelner Systeme der Dampfprozeß nicht länger ausgedehnt wird, als das Kochgut zum Garen erfordert, damit nicht wichtige Nähr- und Geschmacksstoffe zerstört werden. Die „Wirtschaftlichkeit" des Dampfkessels darf nicht auf Kosten des Kochgutes und damit der zu Verpflegenden gehen; leider geschieht es in Unkenntnis der richtigen Handhabung des Dampfkessels sehr oft und trägt die Schuld an der häufigen Minderwertigkeit der Massenverpflegung und der berechtigten Ablehnung solch entwerteter Speisung durch die Abnehmer.

In einer „erweiterten Arbeitsgemeinschaft" mit den vier Produktionsstellen stehen Geschirrschränke, Vorratsschränke für den Handvorrat und die Spülanlage. Davon steht der Vorratsschrank in enger Beziehung zu den Arbeitsplätzen und dem Herd, der Geschirrschrank zu Herd und Anrichte, was bei der Anlage möglichst berücksichtigt werden muß.

b) Die **Spülanlage**, in einem größeren Betrieb als Raum abgetrennt, erhält ihre Arbeit aus allen Teilen des Küchenkomplexes. Sie ist nur zu den Hauptbetriebszeiten mit Arbeitskräften besetzt, die in der übrigen Zeit in den Vorbereitungsräumen arbeiten oder Hilfsarbeit in der warmen oder kalten Küche leisten. Um einen geordneten Ablauf der Aufwascharbeiten zu erreichen, um vor allem zu vermeiden, daß einerseits die Menge des zu reinigenden Geschirrs zu klein ist und dadurch Zeit und Reinigungsmaterial nicht voll ausgenutzt werden, daß andererseits das Geschirr sich häuft und schlechte Behandlung bei der Reinigung zwangsläufig eintritt (was entweder schlecht, d. h. unklar gespültes Porzellan ergibt, das sehr viel Nachpolieren erfordert, oder zu gesteigertem Bruch führt, oder zur Anwendung scharfer, schädigender Schmutzlösungsmittel verleitet), muß der Beginn der Aufwascharbeit bei der Arbeitsplanung eines jeden Tages festgelegt werden. Der Spülraum muß weiter groß genug sein, daß das Eßgeschirr vom Kochgeschirr getrennt gereinigt werden kann (wieweit hier Spülmaschinen angeschafft werden, entscheidet die Menge und Gleichartigkeit des Spülgutes; es gibt zu jeder Spülmaschine eine genaue Anleitung, welche Voraussetzungen gegeben sein müssen, wenn sie wirtschaftlich sein soll). Beide Abwaschstellen müssen heute heizbare Eisenregale zum Trocknen des gespülten Geschirres haben, um Wäsche zu sparen und außerdem genügend Abstellplatz für das saubere Geschirr. Der schon erwähnte Transportwagen sorgt auch hier, daß die Mengen schmutzigen und sauberen Geschirrs nicht durch dauerndes Hin- und Herlaufen geholt bzw. weggebracht werden. Es ist eine große Erleichterung für alle beteiligten Arbeitskräfte, wenn die Arbeitstische in den übrigen Räumen in halber Höhe Bretter zur Aufnahme des ausgebrauchten schmutzigen und noch zu brauchenden sauberen Küchengeschirrs, wie Schüsseln, Bretter, Platten haben. (Für die Wegnahme der schmutzigen wie für die geordnete Unterbringung der sauberen Geräte sind die Küchenmädchen ganz besonders zu schulen, daß keinerlei Nacharbeit anderer Kräfte notwendig wird.)

Eine ideale Lösung zur Unterbringung des Eß- und sonstigen Kochgeschirrs (bei der Anlage nach dem Lageplan S. 198 leider nicht möglich) wäre gegeben, wenn zwischen warmer Küche und Aufwaschraum eine ganze Schrankwand gebaut werden könnte, so daß die Einstellung des sauberen Geschirrs auf kürzestem Wege und ohne Behinderung der übrigen arbeitenden Personen laufend erfolgen könnte. Diese Schrankwand muß naturgemäß zu den Wärmeschränken der Anrichte (dem Anrichteraum) günstig liegen.

Daß der Geschirrspülraum eine gut eingebaute Abfallaufnahmestelle haben muß, sei nur kurz erwähnt; ebenso muß eine Trockenvorrichtung für die bei den Reinigungsarbeiten gebrauchten Tücher (lufttrocknen!) vorhanden sein und ein kleiner Schrank zur Aufnahme kleinerer Mengen Reinigungsmittel.

c) Der **Maschinen- und kleine Vorbereitungsraum** enthält außer dem Maschinenschrank und -tisch einen Eisschrank, um die Reste, die noch verwertbar sind, aufzubewahren und ebenfalls die laufend gebrauchten leicht verderblichen Nahrungsmittel wie Butter, Fette, Eier in kleineren Mengen stets zur Hand zu haben. Es muß eine Wasserkühlanlage für die im Gebrauch befindliche Milch eingebaut sein und eine genügend große Wasserstelle, um kleinere Nachputz- oder -wascharbeiten an Fleisch, Fisch oder Gemüse vornehmen zu können. Der Maschinentisch hat einen Kleinmotor und im Schrank die für den jeweiligen Betrieb sich rentierenden Maschinen, wie Fleischwolf, Rühr- und Schlagmaschine, Knetmaschine, Eismaschine, Kaffeemühle und ähnliches. Die Anschaffung von Maschinen kann nur von den Erfordernissen der einzelnen Betriebe aus bejaht oder verneint werden. Um Fehlentscheidungen tunlichst zu vermeiden, stellt jedes gute Industriewerk, das Maschinen in den Handel bringt, auf Grund vielseitiger Versuche Anleitungen zusammen, aus denen jeder ersehen kann, bei welcher Beanspruchung eine bestimmte Maschine wirtschaftlich arbeitet. Die meisten einschlägigen Industriewerke arbeiten mit der hauswirtschaftlichen Beratungsstelle beim Reichskuratorium für Wirtschaftlichkeit zusammen, um gute Maschinen und Arbeitsgeräte auf den Markt zu bringen. Außerdem veröffentlicht die Versuchsstelle für Hauswirtschaft des deutschen Frauenwerkes in Leipzig in den Hauswirtschaftlichen Jahrbüchern laufend Prüfungsergebnisse über Neuerscheinungen auf diesem Gebiet. Erst wenn eine längere Kontrolle im Betrieb ergibt, daß eine Maschine voll ausgenutzt werden kann, rechtfertigt sich die Anschaffung; andernfalls ist sie „totes Kapital", das obendrein Platz und Pflege braucht. Wer unter mehreren gleicharbeitenden Maschinen wählen kann, nimmt ohne Rücksicht auf den Preis immer die aus dem besten Material und mit dem geringsten Aufwand an Reinigung; was im Laufe der Zeit an Reparaturen und Reinigungsmitteln gespart wird, macht die teure Maschine trotzdem wirtschaftlich.

d) Die **kalte Küche** ist je nach Art des Verpflegungsbetriebes ein größerer oder kleinerer Raum; bei geringer Beanspruchung kann eine gesonderte Abtrennung fortfallen, der Maschinenraum übernimmt die Erledigung der wenigen, meist einfachen und gleichmäßigen Arbeiten. Ein Verpflegungsbetrieb, der viel und vielerlei Salate, kalte Tunken, Vorspeisen, Süßspeisen, kalte Platten, Beilagen u. ä. herstellen muß, braucht eine eigene kalte Küche. Das wichtigste in der kalten Küche sind große Arbeitstische, wovon wenigstens einer ganz oder zum Teil eine Marmorplatte haben muß. Außerdem hat die kalte Küche einen Schrank für das ihr eigene Geschirr und nach Möglichkeit einen eigenen Kühlschrank.

Eine Sonderstellung nimmt die Herstellung von *Backwaren* ein, die sowohl der warmen wie der kalten Küche zufällt. Einem Verpflegungsbetrieb, der öfter Backwaren herstellt, muß zur Anschaffung eines besonderen Backofens geraten werden. Die Benutzung der Backöfen der Herde ist ein Notbehelf, der viel Störung und oft schlechte Arbeitseinteilung verursacht. Außerdem hat fast jeder Backofen im Herd seine „Eigenheiten", und am Ende der Backbemühungen steht ein Ergebnis, das in keinem Verhältnis zur aufgewandten Mühe ist. Der Backofen erhält seinen Platz in der warmen Küche an der Wand, die von der kalten Küche am besten erreicht werden kann. Das fertige Backgut bleibt entweder in der kalten Küche, die zu diesem Zweck an einer Wand mehrere Regale hat, oder geht mittels des Aufzuges in den Laggerraum der Vegetabilien, wo eine besondere luftige Stelle dafür eingerichtet wird.

Daß die Gesamtanlage gute *Beleuchtungskörper* haben muß, versteht sich von selbst; doch ist die Lichtanlage nur dann als gut gelöst anzusehen, wenn auf allen Arbeitsplätzen helles, nicht blendendes und schattenloses Licht ist. Ein größeres Sorgenkind, weil schwieriger zu lösen, ist die Frage um Art und Größe der *Fenster*. In einem so großen Komplex, wie ihn das Obergeschoß des Küchenhauses darstellt, ist nicht zu vermeiden, daß Fenster gegen Fenster oder Fenster gegen Türen stehen. Der in allen Küchenanlagen, die mit Tageslicht arbeiten, auftretende Durchzug kann nicht ganz abgestellt, höchstens vermindert werden. Und das könnte sicher geschehen, wenn die Fenster einer solchen Küchenanlage teils schmale, hohe und teils große, breite Oberlichter hätten, die allein während der Betriebszeit geöffnet werden dürfen. Und zwar hat sich noch immer die Öffnung nach innen durch ein im spitzen Winkel erfolgtes Herunterklappen des Oberlichtes als die beste erwiesen. Falls die Arbeitstische oder Herde nahe am Fenster und damit unter dem Oberlicht sind, könnte eine Ergänzung zu den bei uns üblichen Oberlichtern angebracht werden, wie ich sie vor Jahren in Holland in großen hauswirtschaftlichen und handwerklichen Schulen sah: das geöffnete Oberlicht steht nicht frei im Raum, sondern fällt beim Öffnen zu beiden Seiten auf eine breite Metallschiene, die, im rechten Winkel gebogen, als Metallwange zur Fensterwand führt, so daß das Oberlicht mit diesen beiden Wangen einen geschlossenen Auffang für die einströmende Luft bildet und den Luftstrom zur Decke zwingt, von wo er sich gleichmäßig ausbreitend in den Raum verteilt. Die bei geschlossenen Oberlichtern frei in den Raum ragenden Metallwangen (die nicht sehr groß sind, da die abschließende Metallschiene zur Wand einen spitzen Winkel bildet), sind sicherlich in einem Wohnraum keine Verschönerung; in einem Arbeitsraum, der auf gute Lüftung so angewiesen ist, wie es in der Küche zutrifft, wiegen die Vorteile den „ästhetischen" Nachteil bei weitem auf.

Ein kurzes Wort muß noch zu dem in dem Verpflegungsbetrieb benutzten *Arbeitsgerät* gesagt werden. Anzahl und Auswahl nach Art und Größe richten sich nach den besonderen Belangen des jeweiligen Verpflegungsbetriebes. Diese Arbeitsgeräte würden von dem erfahrenen Küchenleiter bei Einrichtung oder Ergänzung meist richtig, d. h. leistungsfähig beschafft werden, wenn die Stelle, die das Geld zu bewilligen hat, nicht meist nur als Kaufmann sondern auch als Betriebswirtschaftler dächte; d. h. sie müßte sich bewußt sein, daß in jedem Betrieb Voraussetzung höchster Leistung und vollen Erfolges neben den planvoll angelegten Räumen die Bereitstellung der besten Werkzeuge und Maschinen ist.

Was die Werkzeuge angeht, zu denen Schüsseln, Kellen, Teller, Kochtöpfe, Holzgeräte usw. gehören, so weiß jeder, der in dem Verpflegungsbetrieb arbeitet, daß sie höchster Beanspruchung bei nicht immer schonender Behandlung ausgesetzt sind, daß obendrein die Nährmaterialien vor jeder Beschädigung oder Zersetzung geschützt sein müssen. Werkzeuge also, die nach Art des Materials oder der Herstellung an ihrer Oberfläche beschädigt werden können, gehören nicht in einen Betrieb; es bleibt für einen Betrieb, so wie die Marktlage heute noch ist, nur die Anschaffung der teuren Arbeitsgeräte aus Silitstahl, Chromargan, schwerem Aluminium u. ä., eine zunächst große Ausgabe, die im Laufe der vielen Lebensjahre ihre Rentabilität besser aufzeigt, als die kleinere für billiges Geschirr mit kurzer Lebensdauer und sehr beschränkter Verwendungsfähigkeit. Dazu kommt, daß diese Werkzeuge die wenigsten Reinigungskosten verursachen gegenüber allen anderen. Auch bei den Maschinen ist nicht ausschlaggebend, was sie kosten, sondern an erster Stelle, was sie leisten. Und sie leisten um so mehr — eine gleich gute

Bearbeitung des Kochgutes vorausgesetzt — je einfacher sie montiert, je vielseitiger sie verwendet und je schneller sie gereinigt werden können.

Was die besonders gearteten Verpflegungsbetriebe angeht, wie es z. B. die **Diätküchen** sind, so läßt sich das bis jetzt Gesagte nicht ohne weiteres ganz auf sie übertragen. Im grundsätzlichen können die gemachten Vorschläge übernommen werden. Nur wird sich nach ihrer besonderen Eigenart manches gegenüber den Betriebsstätten anderer Verpflegungsbetriebe verschieben.

Die weitaus meisten Diätküchen sind in großen Krankenanstalten oder Sanatorien neben einer sog. Großküche eingerichtet. Sie können weitgehendst auf große Lager- und Vorratsräume verzichten, da sie ihre Nährmittel aus dem Gesamteinkauf und der Lagerhaltung der Großküche beziehen. Für sie genügen kleine Lagerräume, wo das Lagergut nur eine kurze Zeit aufbewahrt wird, da es jederzeit aus den großen Lagerräumen ergänzt werden kann. Dabei muß die Diätküche darauf sehen, daß sie die angeforderten Nährmittel in der von ihr bestimmten Qualität und Beschaffenheit aus dem Groß-Lagerraum erhält, daß vor allem nichts schon teilweise vorbereitet ist, da es den besonderen Erfordernissen einer Diätverpflegung sehr oft nicht mehr genügen wird. (Daß die Diätküche dem Groß-Einkaufsleiter eine Liste der von ihr speziell benötigten Nährmittel geben muß, versteht sich von selbst.)

Einen auffallenden Unterschied zeigen bei einer Diätküchenanlage die warme und die kalte Küche. Wer als Nichtunterrichteter in die warme Küche einer Diätküchenanlage kommt, möchte vermuten, daß hier für eine große Familie gekocht wird, bei der eine nachgiebige Mutter die Sonderwünsche der einzelnen Mitglieder zu befriedigen trachtet: es fällt der Herd auf, der viele kleine Kochstellen hat mit ebenso vielen kleinen Kesselchen oder Pfannen oder ähnlichem. Was in der Familie schlecht angebrachte Sorge wäre, ist für die Diätküche Notwendigkeit: es soll ja nicht eine in großer Menge hergestellte Grundkost nachträglich durch Zugabe oder Nichtzugabe bestimmter Nährmittel oder Gewürze auf verschiedene Diäten abgewandelt werden, sondern jede besondere Gruppe Kranker — und wäre es ein einzelner — erhält die für sie angeordnete Beköstigung nach den besonderen Erfordernissen gesondert zubereitet. Darum hat die Diätküche sehr viel mehr Geschirr als eine „normale" Küche mit derselben Verpflegungszahl, demgemäß mehr Warmhaltungs- und Anrichtemöglichkeiten und nicht zuletzt eine größere Spülanlage. Und was für die warme Küche zutrifft, stimmt auch für die kalte Küche, zumal wenn im Haus viele Rohköstler, Vegetarier u. ä. verpflegt werden. Aus diesem wenigen Gesagten ergibt sich für jeden Einsichtigen von selbst, daß eine Diätküche nicht ein Anhängsel

an eine Großküche sein kann, sondern ihre Haupt- wie notwendigen
Nebenräume als ganz selbständige Anlage haben muß. Die immer noch
vorhandene Abhängigkeit, was den Lebensmitteleinkauf angeht, kann
sich trotzdem manchmal störend und hemmend auswirken.

34. Die Beschaffung der kurzlebigen Betriebsmittel.

Der Betriebszweck des Verpflegungsbetriebes ist die Herstellung einer
ausreichenden und wohlschmeckenden Kost bei möglichst niedrigen Betriebsunkosten. Diesen Zweck erreicht der Verpflegungsbetrieb durch
Einsetzung verschiedener Betriebsmittel: der Betriebsstätten, von denen
bereits gesprochen wurde, des Grundstücks, des Betriebskapitals, der
kurzlebigen Betriebsmittel und der Arbeitsleistung des Menschen. Der
Einsatz der beiden letztgenannten Betriebsmittel gehört zum Aufgaben-
gebiet des Verpflegungsbetriebsleiters, während der des Grundstücks und
des Betriebskapitals Sache des Betriebsführers ist und in diesem Buch
nicht zu Erörterung gestellt wird.

Die Beschaffung der erforderlichen *kurzlebigen Betriebsmittel*, als da
sind Nahrungsmittel, Brennstoffe, Reinigungsmittel und Wäsche in
bester Qualität und Preiswürdigkeit ist die Voraussetzung für den guten
Ablauf der küchentechnischen Weiterverarbeitung der Nahrungsmittel.
Die Beschaffung der Brennstoffe möchte ich aus der näheren Erörterung
ausschließen. Wer im II. Teil S. 118 die Wirkung der einzelnen Wärmequellen nachgelesen hat, wird unschwer wissen, für welche Wärmequelle
er sich jeweils zu entscheiden hat. An einem Ort, wo sie alle gleichmäßig
zur Verfügung stehen, darf die Frage der größeren oder geringeren Kosten
keine ausschlaggebende Rolle bei der Wahl spielen, da die Preise pro
Einheit nur scheinbar stark differieren, während jeder aus der Praxis
weiß, daß die einfachere Bedienung und Sauberhaltung der Herdstellen,
die bessere Ausnutzung für das Kochgut den höheren Preis zu einem
billigeren machen können.

Der näheren Erörterung der Beschaffung der Nahrungsmittel und der
Reinigungsstoffe muß ich, bedingt durch die besonderen Zeitverhältnisse,
in denen dieses Buch erscheint, ein Wort vorausschicken.

Wir befinden uns seit 1. 9. 1939 im Kriegszustand; Deutschland muß
um jeden Preis die Ernährungsbasis des Volkes vielleicht für Jahre hinaus durch besondere Maßnahmen sichern. Von diesen Maßnahmen sind
alle ohne Ausnahme betroffen, folglich auch die Verpflegungsbetriebe.
Durch diese Maßnahmen ist der Betrieb heute weitgehendst der „Beschaffung" der Nahrungsmittel enthoben, da sie ihm zugeteilt werden
nach Art wie nach Menge; es ist bei diesen Nährmaterialien für ihn und
für die Gesamtheit wichtiger, daß er sie richtig lagert und sparsam einsetzt. Doch gibt es außer den rationierten auch freie Nahrungsmittel,
die jeder Haushalt und jeder Betrieb in erhöhtem Maße sich beschaffen

soll, einmal um den gesamten Vorrat an Nahrungsgütern unter viele besondere Kontrollstellen aufzuteilen und zum anderen, um neben erhöhtem Verbrauch möglichst viel durch die Mitarbeit vieler zu konservieren.

Keiner von uns weiß, wann der Kriegszustand beendet sein wird. Während des Krieges arbeiten wir alle an der Erhaltung und Mehrung der Nahrungsgüter, die wir haben, und nach dem Kriege gilt es erst recht, zu festigen und zu sichern, was errungen wurde. Es wäre also falsch, in diesem Buch den vorübergehenden Kriegszustand zur Plattform der folgenden Erörterungen zu machen. Das Buch muß vielmehr die Erfahrungen aus Friedenszeiten festhalten; der Leser von heute möge davon alles, was dem Betrieb wie der Gemeinschaft dienlich ist, anwenden; der jungen Generation, die nach dem Kriege in die Friedensarbeit hineinwachsen muß, möge es dann eine bescheidene Hilfe sein.

I. Die Nahrungsmittel.

Die Rentabilität eines Verpflegungsbetriebes hängt mit zu einem großen Teil von der Tatsache ab, ob die *Nahrungsmittel* billig und doch gut in genügender Menge erworben und in der richtigen Form und zur richtigen Zeit eingesetzt werden. Ich möchte den Kernpunkt und damit die Schwierigkeiten der Beschaffungsfrage in 2 Sätzen herausstellen:

1. je größer der Einkauf, desto billiger die Ware,

2. je größer der Vorrat, desto größer das Risiko der bestmöglichsten Aufbewahrung, der genauesten Kontrolle und der voll ausgenutzten Verwertung.

Nach der technischen Seite wird sich in einem Verpflegungsbetrieb die Vorratsbeschaffung nach 2 Seiten gliedern:

1. in eine gleichbleibende Eindeckung mit all den Betriebsstoffen, die zu allen Zeiten des Jahres in genügender Menge vorhanden sind,

2. in eine periodisch auftretende Bedarfsdeckung wechselnder Nahrungsgüter.

Die Eindeckung erstgenannter Betriebsstoffe — z. B. unter den Nahrungsgütern der Getreideprodukte, der Kolonialwaren, der Fleisch- und Fischwaren, einiger Fette, der Milch, bei angemessenem Verbrauch auch der Eier; ferner sämtlicher Reinigungsmittel — bietet bei längerer Erfahrung dem Betriebsleiter keine großen Schwierigkeiten. Eine unter dauernder Selbstkontrolle arbeitende Küchenleitung wird nach wenigen Monaten genauester Mengenberechnung und Mengenkontrolle den Verbrauch der oft und gleichmäßig benötigten Betriebsstoffe so festlegen können, daß in der Zwischenzeit keine besonderen und damit teureren Bestellungen zu erfolgen brauchen. Wie das im einzelnen zu erfolgen hat, wird später gezeigt werden; hier sei nur festgestellt, daß Mengenberechnung für einen großen Zeitabschnitt dringend anzuraten ist. Selbstverständlich darf es keine schematische Festlegung auf eine ganz genaue, nach Art wie nach Menge angefertigte Liste — besonders der Nahrungsgüter — werden.

Bei den Reinigungsmitteln wird sich eine solche Liste sehr zweckmäßig erweisen, da das Personal, an die einmal als gut erprobte Reinigungsweise gewöhnt, durch die gleichbleibende Arbeitsweise am schnellsten die Erledigung vornehmen kann. Auch ist dies vor allem für Reinigungsmittel deshalb anzuraten, weil hier erfahrungsgemäß sehr viel Geld durch unkontrollierten Verbrauch vergeudet werden kann, die Kontrolle durch eine festgelegte Gleichmäßigkeit des Verbrauchs leichter wird und nicht mehr Zeit für die Küchenleitung beansprucht als diesem am Rande des Verpflegungsbetriebes liegenden Gegenstand zugebilligt werden kann.

Für die Nahrungsgüter ist die **Dauerbestellung** auf Grund einer in einzelnen Punkten variablen Liste vorzunehmen. In den meisten Verpflegungsbetrieben werden z. B. die Getreideprodukte und fast alle Kolonialwaren in einer gewissen Wiederholung bei den täglich zu verabfolgenden Speisen wiederkehren, so daß ein Kaufauftrag für bestimmte Zeitabschnitte, einmal festgelegt, als Dauerauftrag laufen kann. Der Zeitabschnitt und damit die Menge dieser Güter wird um so größer sein, je weiter der Betrieb vom Markt entfernt ist, und je mehr er nach der Eigenart seiner Pfleglinge auf gerade diese Produkte angewiesen ist. — Wesentlich kleiner und öfter wird der Auftrag für die Bestellung der Fisch- und Fleischwaren gegeben werden, obwohl auch hierbei die Küchenleitung im Laufe eines Jahres sich ratsam eine Grundliste anlegt, die das jeweilige jahreszeitliche Angebot weitgehend berücksichtigt. So wird die einzelne Wochenbestellung sehr schnell, für den Betrieb sehr vorteilhaft und für die Allgemeinheit nutzbringend getätigt werden können.

Warum ich dem Anfänger die Zusammenstellung solcher mehr oder weniger festen Bedarfslisten sehr anraten möchte — der erfahrene Betriebsleiter richtet sich auf Grund seiner Erfahrungen immer nach solchen, ob geschriebenen oder ungeschriebenen — hat noch weitere Gründe.

Der Aufstellung einer solchen Liste geht eine monatelange, genaue Zusammenstellung und Kontrolle von Speisefolgen vorauf, auf Grund deren erst die Berechnung des Dauerbedarfs erfolgen kann. Diese laufenden, aufs genaueste festgelegten und berechneten Speisefolgen sind für den Anfänger der einzige Weg, um Gewißheit zu erlangen, daß die gebotene Verpflegung vollwertig, abwechslungsreich und preiswert gestaltet ist. Die Bedarfsdeckung aufs Geratewohl oder nach mutmaßlicher Schätzung birgt die Gefahr in sich, von den reichlich vorhandenen Nahrungsgütern soviel wie möglich zu verbrauchen und führt ohne die angegebene Vorkontrolle für den Anfänger notwendig zu einer einseitigen Beköstigung seiner Pfleglinge, die um so schlimmer ist, je mehr er sie unter einem scheinbaren Wechsel der jeweiligen Zubereitung verbergen kann.

Noch ein weiterer Grund spricht für die periodische Festlegung der Bestellung gewisser Nahrungsgüter. Mindestens so wichtig wie die möglichst genaue Berechnung des Gesamtbedarfs für einen gewissen Zeitabschnitt ist die Kontrolle des Verbrauchs. In einem späteren Abschnitt wird die Kontrollmethode erörtert werden; hier nur soviel: je gleichbleibender der Zugang an Lebensmitteln ist, desto einfacher ist seine Kontrolle, d. h. desto weniger Schreibarbeit (und ohne diese geht es nicht!) ist sowohl für die Buchung des gleich bleibenden Zugangs und möglichst gleichmäßigen Abgangs erforderlich, ein Umstand, der bei manchem Küchenleiter und erst recht beim Anfänger den Widerwillen gegen die „lästige" Schreibarbeit überwinden würde. — Ohne genaue schriftliche Kontrolle des Verbrauchs ist es ganz unmöglich, die Fehlerquellen bei der Verpflegung aufzufinden, erst recht unmöglich, die Verpflegung bei gleichbleibender, vielleicht gesteigerter Güte immer preiswürdiger zu gestalten. — Schließlich ist doch das das Ziel alles rationellen Einkaufes: immer besser und preiswerter verpflegen zu können.

Schwieriger als die Eindeckung mit den gleichbleibenden Lebensmitteln ist die Versorgung mit den einem starken **Wechsel des Angebots** und damit des Preises unterliegenden Nahrungsgütern, wozu an erster Stelle Gemüse und Obst zählen. Manche Verpflegungsbetriebe machen sich die Lösung dieser Frage dadurch leichter, daß sie einen möglichst großen Vorrat an Konserven einlegen und dadurch gewissermaßen auch Gemüse und Obst zu Dauerbestellungen machen. Sie gleichen ihre Arbeitsweise den größeren Gaststätten an, für die bei der vielseitigen Bereitstellung einer großen Auswahl von Gerichten die Konserven nicht zu entbehren sind. Die gemeinnützigen Verpflegungsbetriebe sollten aber weitgehendst die Konserven als eiserne Ration ansehen, die nur dem Notfall dienen. Sie sollten alle erdenkliche Mühe aufwenden, ihre Pfleglinge mit Frischgemüse und Frischobst zu versorgen, und ebenfalls in angemessenem Rahmen an der Haltbarmachung von Obst und Gemüse im eigenen Betriebe interessiert sein. Sie dienen dadurch nicht nur der guten und preiswürdigen Verpflegung ihrer Insassen, sondern vor allem den Bauern, die auf den restlosen Absatz der jeweiligen Nahrungsgüter angewiesen sind, und der Volkswirtschaft, die durch die bestmöglichste Ausnutzung der eigenen Produkte leistungsfähiger wird; (nach dieser Seite wird der Krieg eine zwar unbeabsichtigte aber vorzügliche Erziehungsarbeit leisten).

Für die Betriebsleitung ergeben sich einige nicht unbedeutende Schwierigkeiten. Einmal darf sie es nicht dem Zufall überlassen, ob und wann eine größere Menge Gemüse zur Anlieferung bestellt wird. Sie muß, und das ist beinahe das wichtigste, die *Marktberichte* einer guten Zeitung verfolgen, um im voraus zu taxieren, was in nicht allzuweiter Ferne als Angebot zu erwarten ist. So kann sie im voraus bestimmen, was für ihren Verpflegungsbetrieb als günstiger Masseneinkauf angesehen werden kann, ohne Gefahr zu laufen, Hals über Kopf, weil unvorbereitet, große Mengen Gemüse zu jeder Mahlzeit bis zum Überdruß der Pfleglinge verwerten zu müssen.

Bei jedem großen Frischgemüseeinkauf wird nur ein Teil auf dem Speisezettel erscheinen dürfen, ein Teil immer einer kürzeren oder längeren sachgemäßen Lagerung und der Konservierung zugeführt werden müssen. Bei planmäßiger Bestellung auf Grund guter Orientierung über kommende Angebote wird der Verpflegungsbetrieb den größten Teil des Jahres seinen Gemüse- und Obstbedarf mit dem jeweils besten Angebot frisch decken können. Die planmäßige Bestellung schließt in sich eine planmäßige Arbeitsvorsorge für die jeweiligen Gemüse- und Obstliefertage. Darum kommt für die Betriebsleitung ein zweites hinzu: Bereitstellung genügender Arbeitskräfte durch *Arbeitsplanung*. In den wenigsten Fällen wird sie über die Arbeitskräfte unter ihrem ständigen Küchenpersonal verfügen; das wäre für den Betrieb eine Belastung durch Lohnkosten, die sich nicht rechtfertigen ließen. Aber darum ist die Planung solcher schnell zu versorgender Massenbestellungen so notwendig, daß zu gegebener Zeit aus dem übrigen Betrieb Arbeitskräfte freigemacht oder Hilfskräfte besorgt werden, um die restlose Sicherstellung des Nahrungsgutes zu garantieren. Ob und inwieweit sich ein Verpflegungsbetrieb am Konservieren in der Art des Sterilisierens beteiligen kann, wird zur Hauptsache von der Möglichkeit abhängen, die Rohstoffe außergewöhnlich günstig im Preis erstehen zu können, sei es, daß der Betrieb in einer besonders gesegneten Obst- und Gemüsegegend gelegen ist, sei es, daß eigene gärtnerische Bemühungen die billigen Rohstoffe erzeugen. Wenn beides nicht zutrifft, wird sich der Verpflegungsbetrieb meist auf eine gute Lagerung oder Aufbewahrung von Gemüse und Obst in frischem Zustand oder auf eine Konservierung in Tonnen oder Fässern beschränken müssen: beides Wege, die nur für einen Teil unserer Gemüse- und Obstarten eingeschlagen werden können, aus betriebswirtschaftlichen Gründen aber, um den Zweck des Verpflegungsbetriebes zu erreichen, weitgehendst beschritten werden sollen.

Für manchen Verpflegungsbetrieb wird die Anlage eines **Nutzgartens** möglich sein, und es ist nur die Frage zu erwägen, ob ein solcher auch wirtschaftlich ist. Die Tatsache, daß viele Verpflegungsbetriebe auf einen Nutzgarten für den Betrieb gar keinen Wert legen und andere mit viel Sorgfalt und Arbeit den vorhandenen Garten bebauen und wenn möglich vergrößern, beweist, daß die Frage der Wirtschaftlichkeit nicht einfach zu bejahen oder zu verneinen ist. Das Schwergewicht bei der Anschaffung eines Nutzgartens wird in 2 Fragen zu suchen sein:

1. ist ein genügend großes, preiswertes Gartengelände in unmittelbarer Nähe käuflich, und

2. sind die Lohnkosten der Arbeitskräfte für den Betrieb tragbar.

Ein Nutzgarten hat nur dann eine Bedeutung für einen Betrieb, wenn er groß genug ist, d. h. wenn sein Ertrag einen beträchtlichen Teil des Gemüse- und Obstbedarfs deckt; das wird er leisten können, wenn auf den Kopf des zu Verpflegenden $1—1^1/_2$ a bebaute Fläche kommen. Die Anlage eines kleineren Gartens ist deshalb nicht ganz von der Hand zu weisen; der Betrieb muß sich nur klar sein, daß er nicht als zusätzliche Ertragsstelle für alle Arten von Gemüse und Obst betrachtet werden darf, sondern besser nur mit wenigen Dingen, deren Bedarf er ganz oder vorwiegend deckt, bepflanzt wird. Auch in einem entsprechend großen Garten wird eine Auswahl der Bepflanzung getroffen; es ist völlig unwirtschaftlich, seinen Bedarf an Kartoffeln und Kohl — um nur zwei Teile zu nennen — in einem Garten decken zu wollen; sie gehören auf das Feld und werden bei fehlenden eigenen Feldern in der Gesamtmenge gekauft. Im Garten baut der Betrieb das Sommergemüse, und zwar in Abständen von 6—8 Wochen, so daß nach Aberntung der einen Beetreihe eine zweite wieder herangewachsen ist. Auf diese Weise kann der Betrieb seinen Bedarf an Salaten, Möhren, Bohnen, Erbsen, Kohlrabi, Spinat, Karotten, Gurken u. ä. vom zeitigen Frühjahr bis in den späten Herbst decken und einen großen Teil seiner Wintervorräte schaffen. Die geschickte Ausnutzung der Wegränder zur Anpflanzung von Beeren- und Spalierobst garantiert einen ebenso großen laufenden Ertrag an vielen Sorten von Obst für den sofortigen Gebrauch oder die Vorratswirtschaft. Einen nicht zu kleinen Teil des Bodens beansprucht der Anbau der Küchenkräuter, die bei uns leider in fast allen Gärten (und fast allen Küchen) bis auf 2 oder 3 Sorten unbekannt sind. Und doch müßte man jedem Betrieb die Anlage wenigstens eines *Kräutergartens* zur Pflicht machen; jeder in Ernährungsfragen Kundige weiß, wieviel Gerichte mit Küchenkräutern aufgewertet werden können (nach Geschmack und Gehalt); er weiß aber auch, daß sie den größten Teil des Jahres fehlen, weil sie auf dem Markt nur in einigen Sorten (Lauch, Petersilie, Sellerie) in kleinen Mengen und verhältnismäßig hohem Preis zu finden sind.

Der bis jetzt geschilderte Garten kann den erhofften Ertrag nur liefern, wenn er guten Boden hat. Daran scheitert sehr oft die Möglichkeit eines Gartens, daß zwar Gelände käuflich ist, bei näherem Zusehen es aber wenig mit Gartengelände zu tun hat. Gewiß kann mancher Boden aufgebessert werden; es ist eine jahrelange, mühsame, kostspielige Arbeit, die ein Betrieb schwerlich unternehmen wird, schon weil der Erfolg nicht mit Sicherheit eintreten muß. Dazu kommt, daß dieses nicht für Gartennutzung vorgesehene Gelände vielfach sehr teuer ist (da auf Bauplatz- oder Parkanlagepreise spekuliert wird) oder, wenn es sehr billig sein sollte, doppelte Vorsicht geboten ist, da es sich dann wahrscheinlich um noch nicht einmal besten Ackerboden handeln kann.

Noch schwieriger ist, die Frage der Wirtschaftlichkeit eines Gartens in bezug auf die dafür nötigen *Kosten an Arbeitskräften* zu untersuchen. Es ergeht einem Betrieb genau so wie einem Familienhaushalt, der die Anlage eines Schrebergartens in Erwägung zieht; reichen die vorhandenen Arbeitskräfte aus, um alle Gartenarbeiten selbst erledigen zu können, kann seine Bebauung auch vom Standpunkt der Wirtschaftlichkeit aus bejaht und empfohlen werden. (Ein Haushaltgarten hat bekanntlich nicht und bestimmt nicht an erster Stelle nur eine „geldliche" Seite.) Auf den Verpflegungsbetrieb übertragen wird die Entscheidung wohl so zu treffen sein: neben der Arbeit von 1 oder 2 erfahrenen Gärtnern muß die zusätzliche Arbeit des ganzen Küchenpersonals, vielleicht auch noch eines Teiles der sonst im Betrieb beschäftigten Hausmädchen, Hausburschen usw. eingesetzt werden können, wenn der Garten einen Nutzbetriebs- und keinen Zuschußbetriebsteil darstellen soll. Wer Gelegenheit hat, mit verschiedenen Verpflegungsbetrieben über diese Frage zu sprechen, wird feststellen können, daß auf einen Nutzgarten, der nur mit Gärtnern bestellt werden kann, fast immer verzichtet wird, es sei denn, daß die Notwendigkeit großer Park- und Zieranlagen die Einstellung von Gärtnern erfordert, die dann ohne Überbelastung einen Nutzgarten mitversorgen können.

II. Die Reinigungsstoffe und die Wäsche.

Neben den Nährmaterialien spielen die *Reinigungsstoffe und die Wäsche* eine nicht unbedeutende Rolle in einem Verpflegungsbetrieb. Die durch die heutigen Verhältnisse aufgezwungene Sparsamkeit wird das Gute zeitigen, daß sie wahre Künstler im Ausnutzen der vorhandenen Reinigungsmittel, Ausfindigmachen von Ersatzmaßnahmen, um Wäsche zu sparen, auf den Plan bringen wird. Es ist hier nicht die Stelle, die bis jetzt beschrittenen Wege zu erörtern; einmal werden sie in der Tagespresse, in der einschlägigen Literatur, in Vorträgen und praktischen Unterweisungen gründlich und allseitig bekanntgemacht, zum zweiten werden im Laufe der Zeit noch eine Reihe besserer Vorschläge kommen. Wichtig ist vor allem festzuhalten, daß jeder Betrieb die für ihn passenden Wege zur Vereinfachung herausfinden muß, und daß als Ergebnis eine Revision unserer „Friedens"ansichten vorgenommen wird, die in Zeiten nach dem Kriege den Einsatz dieser beiden Betriebsmittel zugunsten einer Verpflegungssteigerung auf dem erprobten Mindestmaß hält. Diese Revision wird dahin auslaufen, daß nicht eine schematische

Einschränkung beider Betriebsmittel das Resultat sein darf, sondern besser ein weitgehender Ersatz durch Einführung preiswerter technischer Neuerungen gefunden werden muß. Ansätze sind dazu vorhanden in den von der Industrie herausgebrachten Heißluft-Hände- und Geschirrtrocknern; daß sie einstweilen ein beinahe verborgenes Dasein führen, sagt nichts für die Möglichkeit ihrer Verwendbarkeit; es liegt zur Hauptsache an den hohen Stromkosten, die in dem Moment wegfallen, wo wir durch die vollendete Ausnutzung unserer Wasserkräfte die Umstellung auf den elektrifizierten Haushalt und Betrieb vornehmen können.

35. Die Arbeit als Betriebsmittel.

Es ist dem Menschen unmöglich, Leistungen hervorzubringen ohne Arbeit, d. h. ohne eine Betätigung seiner geistigen und körperlichen Kräfte mit dem Ziele einer Bedarfsdeckung oder eines Erwerbs. Und zwar ist das Betriebsmittel Arbeit auf die anderen beweglichen und unbeweglichen Betriebsmittel angewiesen, die ihrerseits Arbeit verursachen und Arbeit ermöglichen; durch die Verbindung beider wird erst die Leistung möglich.

Träger der Arbeit sind die im Verpflegungsbetrieb beschäftigten Personen. Der verantwortliche Hauptträger ist der schon öfter erwähnte Betriebsleiter; über sein besonderes und umfangreiches Arbeitsgebiet wird, soweit es nicht bereits geschehen ist, der nächste Abschnitt, die Verwaltung des Verpflegungsbetriebes, eingehend berichten. Jetzt möchte ich, davon getrennt, die Frage um *Einsatz und Auswahl der Mitarbeiter* näher behandeln.

I. Gelernte Arbeitskräfte.

In einem Verpflegungsbetrieb müßte es eine Selbstverständlichkeit sein, daß vorwiegend *gelernte Arbeitskräfte* eingesetzt werden, die in der größeren Anzahl eine geschlossene Lehrzeit hinter sich haben oder in einer kleineren Zahl wenigstens lernen, d. h. ausgebildet werden wollen. Für den Betriebsleiter ist es manchmal sehr schwer, diese Forderung beim Betriebsführer durchzusetzen; gibt es doch manchen Verpflegungsbetrieb, der scheinbar mit einer großen Anzahl von Hilfs- und Aushilfsarbeitern ebensogut durchkommt. Daß es fast immer solche Betriebe sind, die den Erfolg höher schätzen als die Leistung, und die aus Mangel an Konkurrenz und Kontrolle diese Rangordnung der Werte so vornehmen können, wird übersehen. Je mehr aber die Verpflegung großer Kreise von dem Haushalt in den Betrieb abwandert, desto untragbarer ist die Unterschätzung der Verpflegungsleistung, wenn nicht alle privaten und staatlichen Bemühungen, den Gesundheitszustand unseres Volkes nach jeder Seite hin zu heben, illusorisch sein sollen. (Dasselbe gilt erst recht für den Familienhaushalt, der ebenfalls die bestens vorgebildete Hausfrau oder Köchin usw. haben muß.)

Es versteht sich von selbst, daß ausgebildete Kräfte mehr Kosten verursachen als an- oder ungelernte Hilfskräfte und die *Kostenfrage*, wenn auch nicht Hauptsache, so doch nicht belanglos ist. Für den Betriebsleiter, der die Einstellung der Arbeitskräfte vorzuschlagen und zu begründen hat, ist es daher gut, wenn er die tatsächlichen Kosten einer ganzen Arbeitskraft richtig einzusetzen weiß. Ein Beispiel soll sie kurz aufzeigen; im Einzelfalle müssen die einzelnen Kostenstellen den besonderen Verhältnissen entsprechend genauer ermittelt werden.

Kosten einer Gewerbegehilfin, Alter 22 Jahre, pro Monat:

Barlohn	RM 25.—
Wert der Beköstigung	„ 30.—
Soziallasten des Betriebes	„ 4.90
Kosten für das Zimmer und die Abnutzung der Möbel, Betten, Wäsche Schürzen usw.	„ 9.50
Mehrkosten für Reinigungsmittel und Licht	„ 2.—
Kosten für Mehrarbeit (tägliche Reinigung des Zimmers, Besorgung der Leibwäsche usw.	„ 10.—
Geschenke (auf den Monat umgerechnet)	„ 1.50
zusammen	RM 82.90

(Die angesetzten Beträge werden in der Praxis wohl immer überschritten werden.) Bei diesen hohen Kosten einer ganzen Arbeitskraft muß es für den Betriebsleiter eine Selbstverständlichkeit sein, diese „teuren“ Kräfte nur in der Zahl anzufordern, wie sie unbedingt nötig sind, und sie, was wichtiger ist, nur für die Arbeiten einzusetzen, für die sie ausgebildet sind und so teuer bezahlt werden.

II. Arbeitsorganisationsplan.

Viele Betriebe sparten Personalkosten bei besseren Leistungen, wenn ein kundiger Leiter nach einem gut erprobten *Arbeitsorganisationsplan* jede Arbeitsleistung nur so teuer bezahlte, wie sie es wert ist, statt in Unkenntnis und Planlosigkeit manche teuren Arbeitskräfte mit mechanischen Tätigkeiten in dauernder Geschäftigkeit zu halten. Vor dem Gegenteil muß ebenso gewarnt werden: es ist betriebswirtschaftlich falsch, für die sog. *Nebenarbeiten*, wie Gemüseputzen, Spülen, Aufwaschen solche Arbeitskräfte einzustellen, die durch Alter und Gebrechlichkeit keine andere Arbeit und auch diese nur schlecht leisten können. Es ist ein Irrtum, daß es Nebenarbeit gibt, die, schlecht geleistet, nicht imstande wäre, die Gesamtleistung zu mindern, und es ist höchstens wieder ein Beispiel, daß der Betrieb den Gelderfolg höher schätzt als die Beköstigungsleistung. (Ich lehne die Beschäftigung solcher Kräfte nicht in jedem Falle grundsätzlich ab; aber gemäß ihrer behinderten Leistungsfähigkeit können sie nur zusätzliche Arbeit neben einer verantwortlichen Vollkraft ausüben.)

Die Arbeitsorganisation hat eine zweite wirtschaftliche Seite. Die tägliche Arbeitsplanung erfolgt auf Grund eines Speiseplanes. Bei der Aufstellung eines Speiseplanes sollte versucht werden, den durch ihn bedingten Arbeitsablauf rationell zu gestalten.

Arbeitspsychologische Untersuchungen haben ergeben, daß der Mensch bei jeder Arbeit eine gewisse *Anlaufzeit* braucht, in der Körper und Geist sich auf die neue Tätigkeit einspielen, dann mehrere Stunden seine Leistung auf derselben Höhe halten kann und nach Erreichung des Ermüdungspunktes trotz aller Energie oder Willensmobilisierung in seinen Leistungen ständig sinkt. In einem Fabrikbetrieb z. B. mit der Möglichkeit, die Arbeit in viele gleichbleibende Teilarbeiten aufzulösen, ist die Berücksichtigung solcher Untersuchungsergebnisse nicht allzu schwer. Schwieriger liegt die Sache in einem Verpflegungsbetrieb, der nun einmal einen wechselnden Speiseplan und damit eine wechselnde Arbeitsaufgabe hat. Und doch weiß jeder, daß z. B. die Tatsache, die Reste ganz und bestmöglichst zu verwenden, den Küchenleiter zwingt, seinen Speiseplan auf längere Sicht zu machen. Wenn er bei der Aufstellung des Ernährungsplanes gleichzeitig sein Augenmerk auf die zu erledigenden Arbeitsvorgänge richtet, so dürfte es nicht unmöglich sein, die gleichen Arbeitsvorgänge für einen ganzen Tag im Arbeitsplan zusammenzulegen, daß das Moment der nur einmaligen „Anlaufzeit" ausgenutzt werden könnte.

Bei der Frage um die Beschaffung der Maschinen ist bereits erwähnt worden, daß eine Maschine nur rentabel ist, wenn sie vielseitig verwendungsfähig ist; nur darf diese Vielseitigkeit nicht dazu führen, in planlosem öfteren Auf- und Abmontieren mehr Zeit mit der „Nebenarbeit" zu vergeuden, als die maschinelle Erledigung einsparen kann. Eine Durchsicht des ganzen Tagesablaufes wird auch hier die Möglichkeit ergeben, mehrere Arbeiten hintereinander zu erledigen.

Es nutzt darum ein Arbeitsplan nicht viel, wenn ihn nur die Betriebsleitung kennt und nach ihm Teildirektiven gegeben werden. Wer wirklich Arbeitsunkosten sparen will, muß seine Mitarbeiter teilnehmen lassen an den voraufgehenden Überlegungen, muß jedem Bezirk seines Betriebes den Arbeitsablauf des ganzen Tages in seiner Beziehung zu den anderen Betriebsstellen aufzeigen und so die darin Arbeitenden zwingen, nun selbständig nach dem wohlerwogenen Plan schnell und doch gründlich zur festgesetzten Zeit die erwartete Arbeitsleistung zu liefern. Wenn also der Verpflegungsbetriebsleiter seine Aufgabe recht erfüllt, nämlich tatsächlich „leitet", so kontrolliert er — vorausgesetzt, daß er einen gut durchdachten Plan aufgestellt hat — nicht, daß gearbeitet wird, sondern *wie* der Ablauf der Arbeit in allen Betriebsteilen vor sich geht, um durch ständige Verbesserungen auf Grund der Erfahrung dahin zu kommen, daß jeder Mitarbeiter freudig und verantwortungsbewußt ein ihm angemessenes Maß an Arbeit in der ihm zugeteilten Zeit bestmöglichst geleistet hat. Nur so erreicht der Verpflegungsbetrieb in einem ruhigen und doch angespannten Arbeitsrhythmus die beste Leistung bei vertretbaren Arbeitsunkosten. Jeder Betrieb, der seine Mitarbeiter „hetzen" muß, täuscht sich sehr, wenn er glaubt, er arbeite billiger. Entweder ist das Arbeitsmaß für den einzelnen zu groß, dann wird diese Überforderung mit schlechten Leistungen wettgemacht; meist ist absolute Planlosigkeit schuld an dieser scheinbar großen Geschäftigkeit, die zu Unlust bei den Mitarbeitern, häufigem Wechsel des Personals, dadurch bedingten größeren Arbeitsunkosten und geringerer Leistung zwangsläufig führen muß.

III. Pausen.

Die bereits erwähnten arbeitspsychologischen Untersuchungen haben u. a. noch eine Feststellung gezeitigt, die in den Verpflegungsbetrieben manchmal besser beachtet werden müßte. Wenn das Leistungs- oder Arbeitsmaximum erreicht ist und die Leistungskurve fällt, ist der Zeitpunkt da, wo *Pausen* eingelegt werden müssen; die Pausen können um so häufiger und kürzer sein, je mechanischer eine Arbeit ist — kurz aus dem Grunde, daß der Arbeitsantrieb aus dem vorausgehenden Arbeitsrhythmus nicht schwindet —; sie müssen bei einer wechselnden, mit geringer oder größerer geistiger Anstrengung verbundenen Tätigkeit wenigstens einmal in der Hälfte des Tages von einer gewissen Länge oder Dauer sein und, was das wichtigste ist, vor allem als Pause, d. h. Entspannung verbracht werden. Bei einem 10—12-Stunden-Tag, wie er in den Verpflegungsbetrieben üblich und nach der Lage der Dinge notwendig ist, muß jeder der Beschäftigten eine wenigstens 2stündige Mittagspause haben neben 1—2 kleinen Pausen für die kleinen Mahlzeiten. Für den Verpflegungsbetriebsleiter ist es nicht allzu schwierig, den Arbeitsplan so zu gestalten, daß jede Gruppe von Beschäftigten zu ihrem Recht kommt und doch für die notwendigsten dringenden Arbeiten die Küche immer besetzt ist. Weit schwieriger ist für ihn die Kontrolle, was in diesen 2 Stunden getan wird, eine Kontrolle, die auf den ersten Blick wie eine Einschränkung der persönlichen Freiheit der einzelnen aussieht, im Interesse der Erhaltung der Gesundheit und Leistungsfähigkeit der Mitarbeiter wie der ganzen Einsatzmöglichkeit durch den Betrieb dringend geboten ist und von verständigen Mitarbeitern richtig gewürdigt wird. Natürlich nutzen die belehrenden Worte nichts, wenn nicht die Einrichtungen getroffen werden, die Pausen in der rechten Form verbringen zu können. Da der größte Teil der Mitarbeiter im Haus wohnt, wird man ihm nicht verwehren können, sein Zimmer aufzusuchen, um in anders gearteter Arbeit das für den persönlichen Bedarf notwendige zu erledigen; aber fordern sollte man als erstes, daß der Weg dorthin über die Brauseräume führt, damit die Ermüdung des Morgens ausgetrieben wird und der Körper sowohl für die Ruhezeit

wie für den noch folgenden Arbeitshalbtag aufs neue gerüstet ist; und als
zweites, daß mindestens der Pause größerer Teil der Erholung *für den
Betrieb* dienen *muß*. Die Pause ist ein Stück des *Arbeitstages*, nicht eine
davon gelöste Freizeit, von der jeder glaubt, daß er sie mit allen möglichen persönlichen Besorgungen oder Betätigungen durchhetzen könnte.
Ein Teil dieser 2 Stunden muß mit absolutem Ausruhen, d. h. mit Liegen
zugebracht werden, das bei jeder nur in etwa günstigen Witterung im
Freien erfolgen sollte; Liegen ist die einzige wirkliche „Entspannung"
aus einer Tätigkeit, die vorwiegend auf Laufen und Stehen angewiesen
ist. Wer geneigt ist anzunehmen, daß das übertriebene Forderungen
seien, der muß alle Bemühungen des Amtes „Kraft durch Freude" und
„Schönheit der Arbeit" ebenfalls für übertrieben halten; es lohnte sich
zwar, sich die Mühe zu machen, einmal festzustellen, was sowohl die
Betriebsführer wie die Gefolgschaft zu der neuen Pausengestaltung
sagen, die in vielen Betrieben heute zum Tageslauf ebenso gehört wie
die Arbeit. Daß viele für die Verpflegungsbetriebe nicht dasselbe gelten
lassen wollen, liegt wohl nur daran, daß sie den Verpflegungsbetrieb
immer noch als Haushalt — wenn auch Großhaushalt — sehen, von dem
es stimmt, daß er auch ohne größere Pausen die Hausfrau gesund und
leistungsfähig hält; ist er aber ein „Betrieb", so sind seine nach Zahl und
Art wohl überlegten Gefolgschaftsmitglieder in einem unerbittlichen
Turnus von 5 und 5 (oder 6) Arbeitsstunden eingespannt und unterliegen
denselben Ermüdungsgesetzen wie alle in Betrieben Arbeitenden. Ist
das, vom Menschen aus gesehen, zu bedauern? Im Gegenteil: aus dem
manchmal recht unerquicklichen Großhaushaltdurcheinander würde
überall eine organische Betriebsordnung, bei der keiner sich bei seinem
Aufgabenkreis drücken könnte, aber jeder mit einem gerechten Maß
Arbeit und Erholung möglichst lange leistungsfähig und -freudig bliebe.

IV. Kleidung der Arbeitenden.

Von nicht unwesentlicher Bedeutung bei dem gleichmäßigen Einsatz
des Betriebsmittels Arbeit ist die *Kleidung* der Arbeitenden. Von jeder
Arbeitskleidung verlangt man, daß sie zweckentsprechend ist und versteht dann fast immer eine Kleidung, die einfach, leicht zu reinigen und
anschließend ist, daß die Unfallgefahren auf ein Minimum herabgedrückt
werden. Das paßt natürlich auch auf die Kleidung der Mitarbeiter eines
Verpflegungsbetriebes, ist aber weder erschöpfend noch ausreichend.
Von den besonderen Erfordernissen der Oberkleidung möchte ich, soweit
Kleider, Kittel usw. in Frage kommen, nichts Näheres sagen, da sie
allgemein hinreichend bekannt sind; für diese Dinge sorgen fast alle
Betriebe, da man sie sieht. Es ist gut, daß es so ist; aber ebenso wichtig
ist die Unterkleidung, eine Frage, die weit schwerer zu lösen ist, da man
weitgehend auf die Einsicht der Mitarbeitenden angewiesen ist.

Zwei **Berufskrankheiten** sind im Verpflegungsbetrieb zu Hause: Erkältungserscheinungen und Fußkrankheiten. Die vielen *Erkältungen* erklären sich einmal aus dem nicht zu vermeidenden Durchzug und dann aus dem häufigen Wechsel zwischen starker Erwärmung — bis zum Schwitzen — und Abkühlung. Dagegen kann an erster Stelle Abhärtung helfen, ein Grund mehr, die Brausen anzulegen und oft zu benutzen. Weit wichtiger ist die poröse Unterkleidung die luftdurchlässig und wasserabsorbierend ist. Es ist falsch zu glauben, je leichter, dünner man in einer Küche angezogen sei, desto weniger erhitze man sich und könne so den Erkältungen besser begegnen. Der starken Erwärmung kann man in der Küche nicht entgehen, und sehr schlimm wirkt es sich aus, wenn eine plötzliche Abkühlung, die man ebensowenig vermeiden kann, die möglichst ungeschützte — weil leicht bekleidete — erwärmte Haut trifft. (Ich möchte hier an die Vorschrift der Gesundheitspolizei erinnern, daß in Backstuben aus demselben Grunde immer ein loser leichter Kittel getragen werden muß.) Und wenn die Erkältungen sehr oft nur zwischen Halsschmerzen und Schnupfen abwechseln, sie hindern die davon Betroffenen sehr und schädigen die Betriebsleistung. In nicht wenig Fällen entwickeln sich ernste Lungen- und Nierenerkrankungen (aus diesem Grunde muß der Betriebsleiter den ewig nassen Böden mit aller Energie und Schärfe zu Leibe rücken), und die Erkrankten bedeuten oft einen frühzeitigen Ausfall auf dem Arbeitsmarkt.

Das trifft leider in größerem Maße auf die Fußkranken zu. Fast jede Berufsarbeit strapaziert den Menschen einseitig, und es entwickeln sich im Laufe von Jahren die typischen Berufsleiden. Im Verpflegungsbetrieb geht die Hauptabnutzung zu Lasten der Beine, vornehmlich der Füße, und die bekannten *Fuß- und Beinleiden* stellen sich leider recht frühzeitig ein. Begünstigt werden sie nicht nur durch die Tatsache, daß die Gefolgschaftsmitglieder manchmal für längere Zeit am Tage keine Möglichkeit haben, zwischen Stehen und Gehen oder Stehen und Sitzen abzuwechseln — erst recht nicht, wenn die Betriebsleiter in Unkenntnis der Zusammenhänge die in Kapitel 33 angegebenen Erleichterungen als unnütze oder gar betriebsschädigende „Bequemlichkeiten" ansehen wollten — sondern weit mehr durch die nicht abzuändernde Notwendigkeit, alle Räume mit Steinfußböden auszustatten. Also muß ein anderer Weg beschritten werden, um soviel Schaden zu vermeiden, wie möglich ist. Viel, vielleicht alles hängt von der Frage des rechten Schuhwerkes ab, das ein Arbeitsschuh sein muß und kein leichter Straßen- oder erst recht abgelegter Tanzschuh sein kann. Mit Belehrungen erreichen wir — solange die Füße noch intakt sind — herzlich wenig; wenn der Schuh mit hohem Absatz Mode ist, redet man an taube Ohren; über die Tyrannin Mode siegt so schnell kein noch so vernünftiges Wort. Es muß schon der Betriebsleiter soviel Zwang einsetzen, als ihm möglich ist, um in den Betriebsstätten das Tragen fester Schuhe mit niedrigen Absätzen und genügend starken Gelenkstützen zur Regel zu machen. Selbstverständlich muß Sitte sein, daß alle im Verpflegungsbetrieb Beschäftigten — also auch die Betriebsleiterin — im Dienst diese Schuhe tragen, daß das Beispiel nicht verdirbt, was die Worte belehren wollen. Wenn der Betrieb in irgendeiner Form die Beschaffung guten Schuhwerks durch geldliche Sonderzuweisungen unterstützen könnte, wäre wahrscheinlich die Frage gelöst. Die wenigen Betriebsunkosten würden durch die besseren Leistungen bestimmt wettgemacht, ganz abgesehen davon, daß so die Verpflegungsbetriebe sehr viel dazu beitragen könnten, die für die Allgemeinheit notwendigen Arbeitskräfte für viele Jahre länger dem vollwertigen Einsatz in der Wirtschaft zu erhalten.

B. Fragen der Betriebsverwaltung.

Die Ausführung der Verwaltungsarbeiten eines Betriebes obliegt einem Büro mit den in Büroarbeiten geschulten Gefolgschaftsmitgliedern, die dem Betriebsführer den Fort- und Rückgang des Betriebes in Zahlen ausgedrückt aufzeigen. Für dieses Büro ist das einzig Maßgebende der Erfolg, der in Geld als Gewinn oder Verlust ausgewiesen werden kann. Die Unterlagen zu seinen Berechnungen bezieht das Büro zum Teil von den Betriebsleitern der einzelnen Abteilungen innerhalb des Betriebes, die ihrerseits wenigstens so weit in kaufmännischen Dingen geschult sein müssen, daß sie den Erfolg ihrer Abteilung auf schnelle und einfache Art ausweisen können.

Für den Betriebsleiter des Verpflegungsbetriebsteiles ist die Verwaltungsarbeit insofern eine besonders schwierige Aufgabe, als für ihn die Aufweisung des Erfolges nicht das erste ist; wichtiger ist für ihn, daß seine Abteilung die höchste Leistung erzielt, oder anders ausgedrückt: nicht das allein ist wichtig, daß die verabreichte Kost den Geldertrag eingebracht hat, der auf Grund der Berechnung hereinkommen sollte, sondern ebenso wichtig ist die Frage, ob für dieses Geld aus den aufgewendeten Nährmitteln und Arbeit und sonstigen Betriebsunkosten die bestmöglichste Kost verabreicht worden ist. So sollen, um ein Beispiel zu nennen, die Insassen eines Erholungsheimes an erster Stelle gut verpflegt werden, was Betrieb wie Insassen gleichermaßen wünschen, womit nicht gesagt sein soll, daß jede Seite nicht ebenso auf einen ihr „angemessenen" Preis reflektiert. Es muß also der Betriebsleiter eines Verpflegungsbetriebes immer nebeneinander und doch scharf getrennt Leistung und Erfolg aller Betriebsteile im Auge haben, wenn sowohl die Abnehmer der Kost wie der Betrieb in beiden Teilen befriedigt werden sollen. Es ist eine ebenso interessante wie nutzbringende Arbeit, betriebswirtschaftliche Untersuchungen über die Leistungsmöglichkeiten und -steigerungen eines Verpflegungsbetriebes anzustellen, und es wäre sehr zu begrüßen, wenn von berufener Seite bald eine zusammenfassende eingehende Darstellung der Leistungsermittlung erscheinen würde. Prof. ALADÁR VON SOÓS, Budapest, hat in seinem Werk „Der Verpflegungsbetrieb" einen Weg aufgezeigt, der gegangen werden könnte, und Magistratsobermedizinalrat Dr. TRACHTE, Berlin, hat unlängst konkrete Vorschläge für Leistungssteigerung in dem Verpflegungsbetrieb größerer Krankenanstalten veröffentlicht. Wer diese schwierige und umfangreiche Frage der Leistungsermittlung in etwa kennt, wird wissen, daß im Rahmen dieses kleinen Buches von der Leistungsermittlung nur das erwähnt werden kann, was sich bei der Erfolgserrechnung gelegentlich ergibt; das bereits in dem Kapitel Betriebslehre Gesagte dient gleicherweise der Leistungs- wie der Erfolgssteigerung.

Die Erfolgserrechnung hat, wie oben schon gesagt wurde, den Zweck, die Rentabilität des Verpflegungsbetriebes festzustellen. Vom Büro des Gesamtbetriebes aus gesehen ist diese Feststellung nicht schwer: wenn alle Einnahmen allen Ausgaben und Rücklagen u. ä. die Waage halten, so dürfte sie als erwiesen angesehen werden. Ganz anders sieht die Rentabilitätsfeststellung im Verpflegungsbetrieb aus, wenn beantwortet werden soll, ob denn diese Ausgaben tatsächlich in der angegebenen Höhe vorhanden sein müssen, ob nicht bei weniger Ausgaben und gleicher Leistung niedrigere Preise eingesetzt werden könnten oder ob bei denselben Ausgaben und Preisen nicht bessere Leistungen erzielt werden könnten. Diese Fragen können nur beantwortet werden, wenn der Verpflegungsbetriebsleiter über jede Gruppe der Geschäftsvorfälle seines Betriebsteiles auf Grund seiner Aufzeichnungen genaue Auskunft geben kann.

36. Die Kontrolle der Arbeitsräume und ihrer Einrichtungen.

Er beginnt seine Arbeit mit der Kontrolle der Arbeitsräume und ihrer Einrichtungen. Zu diesem Zwecke stellt er

a) ein genaues **Verzeichnis** der festen und beweglichen Einrichtungsgegenstände in seinem Betriebsteil als *Stückinventar* der einzelnen Räume auf, falls es nicht vorhanden ist, oder vergleicht die vorhandenen Verzeichnisse mit dem Bestand, den er antrifft, und berichtigt sie. Die erste Aufstellung dieser Verzeichnisse macht große Mühe, sie macht sich im Laufe der Zeit durch eine dadurch ermöglichte mühelose Kontrolle bezahlt und erspart viel Ärger und Auseinandersetzungen.

Die Stückinventare, nach Muster I eingerichtet, dienen dem Zweck, die Gegenstände in den einzelnen Räumen schnell feststellen zu können. Die Stückzahl wird jeden Monat, in den meisten Räumen jede Woche kontrolliert und bei erfolgten Abgängen an Geschirr, Werkzeug u. ä. durch Ergänzung aus dem Vorrat auf der gleichen Höhe gehalten. So ist die vorhandene Anzahl nach kurzer Zeit im Gedächtnis der einzelnen Beschäftigten eingeprägt; die Zählkontrolle beim Einräumen der schnell ver-

Muster 1. Stückinventar: Warme Küche.

Nr.	Text	1940				1941			
		Bestand	Zugang	Abgang	Bemerkung	Bestand	Zugang	Abgang	Bemerkung
I.	Herde u. ä.								
	Elektro. .	2	—	—	—	2			
	Gas . . .	1	—	—	—	1			
	Kippkessel	4	—	—	—	4			
II.	Möbel								
	Schränke .	3	—	—	—	3			
	Tische . .	5	—	1	z. kalten Küche	4			
	Stühle . .	2	—	—	—	2			
	Schemel .	4	2	—	Neuansch.	6			

schleißbaren Gegenstände, wie Geschirr, Werkzeuge u. ä. zwingt vor allem die Küchenmädchen, etwas sorgfältig mit diesen Dingen umzugehen und die Suche nach verschwundenen und verlegten Teilen nicht so schnell aufzugeben. (Um die Arbeit nicht zu komplizieren, werden die Reinigungsmittel wie Abwaschtücher, Bürsten, Aufnehmer usw. nicht aufgeführt; sie werden wohl grundsätzlich in einer gleichbleibenden Anzahl in bestimmten Zeitabschnitten ausgegeben und müssen in jedem Betriebsteil diese aus der Erfahrung festgestellte Lebensdauer haben.)

Neben diesen Stückinventaren muß die Betriebsleitung noch ein *Kontrollbuch ihres diesbezüglichen Vorrates* führen. Sie wird in größeren Abständen die Gegenstände, die öfter im Jahr ersetzt werden müssen, in einer bestimmten Anzahl bestellen und als Zugang in ihrem Kontrollbuch führen.

Am besten nimmt sie für diese Kontrolle der Erneuerung nach Muster II ein Heft, bei dem sie auf der Innenseite des ersten und letzten

Muster II. Kontrolle der Erneuerung von Geschirr, Werkzeugen u. ä.

Datum	Text	Gesamtbetrag		Davon entfallen auf					
				Küche		Speiseräume		andere Räume	
10. 1. 40	Rechnung Fa. Müller, Porzellan und Glas	110	40	38	60	69	10	2	70
15. 2.	Rechnung Fa. Schulze, Küchengeschirr	83	10	61	40	—	—	21	70

Blattes den Kopf des Musters 2mal einrichtet, die übrigen Blätter in der Kopfbreite oben abschneidet, so daß sie das Heft, einmal eingerichtet, jahrelang für diese Buchung brauchen kann.

Die im Heft nach Muster II geführte *Geld*kontrolle muß ergänzt werden durch eine *Stück*kontrolle des tatsächlichen Verbrauchs. Für den der Erneuerung dienenden Vorrat an Geschirr usw. hat der Betrieb einen besonderen Schrank, der ein Sicherheitsschloß trägt und unter der Verwaltung einer vertrauenswürdigen Mitarbeiterin steht. Es wäre gut, wenn dieser Schrank nicht irgendein überflüssig gewordener Schrank aus dem Betrieb wäre, sondern ein als Geschirrschrank angefertigtes Möbelstück, bei dem das Haupterfordernis ist, daß es eine große Breite und geringe Tiefe hat. Die Bretter müssen auf Zahnleisten liegen, daß sie nach dem jeweiligen Bedürfnis gestellt werden können und kein unnützer Luftraum den Schrank füllt. Alle Geschirr- und Werkzeugarten haben ihren bestimmten Platz; bei Anlieferung der bestellten Erneuerung ist die Ware sehr schnell nach Qualität und Zahl kontrolliert und an den bestimmten Stellen eingeordnet. An den Schranktüren sind dünne Abreißblöcke, die nach dem Muster IIa eingerichtet sind.

Muster IIa.
Schrankkontrolle.

Teller, groß	
Januar. Ia.	
10	4
60	7
	5
	9
70	25
45	

Die linke Seite führt Bestand und Zugang, die rechte Seite den wöchentlichen Abgang. Am Monatsende wird der neue Bestand festgestellt und auf das nächste Blatt vorgetragen. Jedes Blatt trägt neben dem Monat die Nummer, unter der der Gegenstand im Kontrollheft des Gesamtstückverbrauchs geführt wird (s. Muster IIb).

Muster IIb. Kontrolle des Gesamtstückverbrauchs.

Nr.	Text	31. 1.	28. 2.	31. 3.	30. 4.	31. 5.	30. 6.	31. 7.	31. 8.	30. 9.	31. 10.	30. 11.	31. 12.	Insgesamt
I. a	Teller, groß	25	12	15										
b	„ klein . . .	30												
II. a	Tassen, Ober- . . .	18												
b	„ Unter- . .	22												
III. a	Porz.-Schüsseln, groß													
b	„ mitt.													
c	„ klein													
IV. a	Porz.-Platten, groß .													
b	„ mitt.													
c	„ klein													

Am Monatsende werden die Endsummen der Abgangsspalten aller Kontrollzettel aus dem Schrank in das Kontrollheft des Gesamtstückverbrauchs übertragen.

Die Gegenstände werden nach ihrem Durchschnittspreis in Gruppen zusammengefaßt, nicht nach ihrer besonderen Art oder Ausstattung; nur vor der Neubestellung muß die Schrankverwalterin angeben, welche besondere Sorte Teller oder Schüsseln zu bestellen ist, und es spielt dabei gar keine Rolle, ob noch 7 oder 11 der betreffenden Sorte im Schrank sind; ausschlaggebend ist, daß man auf einen Blick sieht, daß die und die Sorten ergänzt werden müssen.

15*

Für den Verpflegungsbetriebsleiter ist dieses Kontrollheft II b sehr aufschlußreich; es wird ja nicht geführt, um zu zeigen, daß Geschirr verbraucht worden ist — das weiß er auch ohne Niederschrift —, sondern um ihm eine Unterlage zu sein bei der Nachforschung, wo die Gründe eines großen oder besonders gearteten Verbrauchs sind. Ein großer Tellerverbrauch kann zu Lasten unsorgfältiger Spülmädchen gehen, ebensogut Schuld nachlässiger Haus-(Servier-)mädchen sein und nicht zuletzt ein einmaliger unglücklicher Vorfall oder ein unzweckmäßiger Einkauf. Wer die Schuld trägt, wird sich bei der Nachschau herausstellen, und es ist schon viel erreicht, wenn alle Mitarbeiter merken, daß der Betriebsleiter nicht gewillt ist, diese Betriebsunkosten als ein unabwendbares und darum mit „Gleichmut" zu ertragendes „Schicksal" anzusehen.

Am Ende des Jahres ergibt die Wertsumme aus dem Anfangsbestand des Vorrats (die aus der Abrechnung des Vorjahres genommen wird: Anfangsbestand des neuen = Endbestand des alten Jahres), vermehrt um den Gesamtpreis der Zugänge (aus der Kontrolle nach Muster II), vermindert um den Wert des noch vorhandenen Vorrats den tatsächlichen Verbrauch des Verpflegungsbetriebes an diesen kurzlebigen Einrichtungsgegenständen.

b) **Wäschebestand.** Eine ähnlich eingerichtete Kontrolle muß der Betriebsleiter bezüglich des *Wäsche*bestandes seines Betriebes führen bzw. durch eine Mitarbeiterin führen lassen. Der Wäscheschrank muß 2 Teile haben (falls nicht 2 Schränke bereitgestellt werden können): eine Seite mit den Wäscheteilen, die in Gebrauch genommen werden — dieser Teil entspricht den *in* den Betriebsstätten befindlichen Einrichtungsgegenständen — eine 2. Seite mit den neuen Wäschestücken, bestimmt zur Ergänzung der Abgänge auf der Gebrauchsseite. Über diese eigentliche Vorratsseite kann die Kontrolle nach den Mustern II, II a und II b eingerichtet werden; wahrscheinlich werden die meisten Betriebe größere Zeitabschnitte — statt Monats- Quartalskontrolle — einsetzen. Die Gebrauchsseite hat an den Schranktüren zunächst eine Angabe, wieviel von jeder Sorte als Anfangsbestand vorhanden waren; diese Zahl wird durch den Verschleiß verringert und darum in bestimmten Zeitabschnitten aus dem Vorratsteil ergänzt. Als zweites hat die Verwalterin der Wäsche eine Bedarfsliste, nach der zu ganz bestimmten Zeiten neue Wäsche ausgegeben wird; diese Bedarfsliste entsteht auf Grund längerer Kontrolle, bei der festgestellt wird, was jeder einzelne Arbeitsplatz, der Wäsche benötigt, bei sparsamstem Einsatz verbrauchen darf. Wenn nach dieser Liste Wäsche ausgegeben und eingezogen wird (eine evtl. notwendig werdende Mehrausgabe wird besonders notiert), kann es nicht vorkommen, daß Wäschestücke im Betrieb verschwinden, ohne daß es gemerkt und durch schärfere Überwachung unterbunden wird. Wo der

Betrieb über eine eigene Wäscherei verfügt, wird die Schmutzwäsche meist sofort nach Abnahme dorthin abgeliefert. Ist dies nicht der Fall, so muß im Kellergeschoß von den Vorratsräumen ein kleiner Raum abgetrennt werden, der die Trockenanlage für die Schmutzwäsche ist und Wäschekisten zu ihrer Aufnahme hat. Bei der Abgabe in die eigene oder fremde Wäscherei wird ein Lieferschein in Durchschrift ausgeschrieben, der vom Abnehmer der Schmutzwäsche nach erfolgter Stückkontrolle in der Kopie gegengezeichnet wird. Die zurückkommende Frischwäsche wird nach der Kopie kontrolliert, schadhafte Teile gehen zur Ausbesserung, die übrigen Wäscheteile werden in den Schrank einsortiert und liegen jeweils obenauf; es wird also bei einem Stoß Handtücher immer von unten ausgegegeben, daß die später gewaschenen Tücher so lang wie möglich „ruhen" können. Die Frischwäsche nach unten einzuschieben, um von oben ausgeben zu können, ist insofern nachteilig, als die Frischwäsche, gepreßt durch den ganzen Stoß, sich nicht so gut erholt. (Es ist also unwirtschaftlich, so wenig Wäsche in Gebrauch zu nehmen, daß das einzelne Wäschestück entweder in der Wäsche oder im Gebrauch ist.)

37. Die Bestellung und Verwaltung der kurzlebigen Betriebsmittel.

Zu den kurzlebigen Betriebsmitteln, die einer besonderen Verwaltungsarbeit unterzogen werden müssen, gehören die Nährmaterialien und die Reinigungsmittel. Im nachfolgenden wird die Bestellung und Verwaltung der Lebensmittel behandelt; alle Vorschläge können in sinngemäßer Abänderung auf die Verbuchung der Reinigungsmittel übertragen werden; ein jedesmaliger Hinweis erübrigt sich also.

I. Bestellung von Lebensmitteln.

Vor jeder *Bestellung von Lebensmitteln* fordert die Küchenleitung Proben und Preisangebote ein, nach deren sorgfältiger Prüfung durch sie und die Lagerverwaltung sie die Aufträge herausgibt. Zur Auftragerteilung nimmt sie ein Durchschreibebestellbuch, so daß eine Kopie in ihrer Hand bleibt, auf der sie sich die vereinbarten Preise notiert. Mit der Lieferung schickt der Kaufmann einen Lieferschein, der zu Händen der Lagerverwalterin geht, die sofort bei Empfang sowohl die Qualität wie die Menge der angelieferten Lebensmittel kontrolliert. Mit der Richtigkeitsbescheinigung versehen, geht der Lieferschein nun in das Geschäftszimmer der Betriebsleitung, die die Lieferscheine sammelt und solange verwahrt, bis die entsprechende Rechnung eingegangen und mit ihren Aufzeichnungen verglichen ist; sie hat die Übereinstimmung von Rechnung und Lieferung zu bescheinigen, ehe die Rechnung der Hauptverwaltung zur Erledigung weitergegeben wird. Der Betriebsleiter notiert die einzelnen Rechnungen in einem Heft ähnlich der Kontrolle nach Muster II, jedoch ohne Unterteilung des Gesamtbetrages.

II. Verbrauchskontrolle.

Die *Kontrolle des Verbrauchs* der Lebensmittel erfolgt teils praktisch in den Lager- und Vorratsräumen, teils rechnerisch im Geschäftszimmer der Betriebsleitung. Eine Kontrolle in den Lagerräumen ist nur dann möglich, wenn die Räume in etwa den in Kap. 33 angegebenen Anforderungen entsprechen; denn Voraussetzung ist, daß alle Nährmaterialien nach Größe und Art übersichtlich geordnet werden können. Es hat sich in vielen Betrieben als praktisch erwiesen, an die Lattengestelle zu jeder Art Lebensmittel Abreißblöcke anzubringen, die nach dem Muster II a eingerichtet werden können. Nur sollte das Blatt zweckmäßig noch eine Datumspalte erhalten, da die Entnahme fast bei allen Nährmaterialien täglich erfolgt und die Kontrolle so genauer wird. Für die Lagerverwaltung ist es ein leichtes, bei der Neuanlieferung schnell mit Bleistift den Eingang einzutragen und bei der täglichen Ausgabe den Ausgang. Es bleibt jedem Betrieb überlassen, wie oft er eine Art von Lebensmitteln unterteilen will, um eine möglichst genaue Verbrauchsermittlung im einzelnen machen zu können. Nur das erste Aufteilen der Nährmaterialien und das Einrichten der Abreißblöcke erfordert längere Arbeit; einmal eingerichtet, ist es für die eingearbeitete Lagerverwalterin belanglos, ob sie 20 oder 40 Abreißblöcke einträgt. Am Ende des Monats ermittelt die Lagerverwalterin den neuen Bestand, den sie für den nächsten Monat vorträgt und gibt die Monatsblätter zum Geschäftszimmer des Betriebsleiters. Außerdem macht die Lagerverwalterin Stichproben, um den tatsächlichen Bestand mit dem errechneten zu vergleichen und gegebenenfalls Differenzen zu beseitigen.

Die Betriebsleitung hat zur weiteren buchmäßigen Ermittlung des Gesamtverbrauchs zweckmäßig eine *Lebensmittelkartei;* wenn der Betrieb sehr viele Unterteilungen im Lagerraum vorgenommen hat, kann nur eine Kartei in Frage kommen, da das Nachschlagen in einem — immerhin umfangreichen — Buch Zeitvergeudung und unnötiger Kräfteverbrauch ist.

Der Betriebsleiter trägt von der Rechnung den Zugang eines Monats nebst den Preisen ein; kommt dann am Ende des Monats der Blockzettel aus dem Lager, so hat er gleichzeitig eine Kontrolle, ob die Zugänge im Lager mit den seinen übereinstimmen, und braucht dann nur die Abgänge

Karteikarte.

Konserven: Nr. 21 Erbsen (mittel) 1-kg-Büchsen.

1940	Bestand			Zugang					Abgang					Bestand		
	Stck.	Durchschnittspreis		Stck.	Einzelpreis		Gesamtpreis		Stck.	Durchschnittspreis		Gesamtpreis		Stck.	Durchschnittspreis	
Januar.	73	0	90	20	0	95	19	—	23	0	90	20	70	·70	0	92
Februar	70	0	92	—					18	0	92	16	56	52	0	92

zu addieren, den Preis auszurechnen, und den Bestand festzustellen. Am Ende des Jahres läßt sich der Gesamtverbrauch nach Menge und Preis schnell ermitteln; er wird mit dem Endbetrag aller Rechnungen etwas differieren, da die Karteikarte mit Durchschnittspreisen arbeiten muß.

Eine besondere Verbuchung erfahren die *im eigenen Betrieb hergestellten* Konserven, Teigwaren, Wurstwaren u. ä. Die Grundstoffe zu diesen „Halbfertigfabrikaten" liefert die Lagerhaltung, und sie sind bei ihr und in den Karteikarten vermerkt. Es geht aber nicht an, daß sie in derselben Kartei noch einmal auf einer 2. Karte, z. B. unter Konserven, aufgeführt werden, da auf diese Weise der buchmäßige Verbrauch dem tatsächlichen nicht entspräche. Sie können aber auch nicht der Kontrolle entzogen werden; es bleibt nur der eine Weg, für alle Dinge, die der Betrieb quasi als Eigenlieferant herstellt und an die Lagerhaltung zurückgibt, eine besondere Kartei anzulegen, die lediglich den Verbrauch als solchen festhält und kontrolliert; bei der Ermittlung des geldlichen Gesamtaufwands für Nährmaterialien bleibt diese Kartei unberücksichtigt.

III. Die Verbuchung des Abfalls.

Die Verbuchung des Abfalls, d. h. die Feststellung der Ergiebigkeit der Roh-Nährmaterialien wird in vielen Verpflegungsbetrieben vernachlässigt oder völlig übersehen. Es wurde an anderer Stelle erwähnt, daß die Beschaffung von Nährmaterialien auf Grund von Materialproben erfolgt. Ob die ausgewählten Lebensmittel die Erwartungen, die beim Kauf in sie gesetzt werden, erfüllen, kann bei all den Nahrungsgütern, die durch eine bestimmte Vorbereitung laufen müssen, nur festgestellt werden, wenn das Reingewicht der vorbereiteten mit dem Rohgewicht der angelieferten Nährmittel verglichen wird. Die Kontrolle der Leistungsfähigkeit der Küche ist nur dann richtig, wenn die Küche ihre Rohstoffe „netto", d. h. gebrauchsfertig verbucht. Wenn durch Feststellung eines sehr großen Schwundes eine erhebliche Verteuerung der Gesamtverpflegung herauskommt, so kann sie nicht zu Lasten der Küche gehen, sondern ist eine Fehlleistung der Lagerhaltung. Und der verantwortungsvolle Betriebsleiter kann solche Mißgriffe nur vermeiden, wenn der Vorbereitungsraum durch genaue Kontrolle und Verbuchung des Verlustes die Fehlerquellen erst einmal feststellt und der geldliche Verlust in der Folgezeit durch sorgfältigen und qualitativ besseren Einkauf ausgeglichen wird, statt wie es oft geschieht, die Küche, d. h. die Zubereitungsstätte, einsparen zu lassen, was der schlechte Einkauf verschuldet hat. Zu dieser Kontrolle können wiederum Abreißblöcke mit 3 Spalten benutzt werden: Datum, Rohgewicht, Reingewicht. Wenn zum Rohgewicht noch der Preis notiert wird — z. B. auf dem Abreißblock Salat: 30/07 — kann Tag für Tag gerechnet oder überschlagen werden, welcher Kauf wirtschaftlich vertretbar war trotz scheinbar hohem Preis, und welcher Kauf eine Fehlentscheidung war trotz „Schleuderpreisen". (Es ist stillschweigend vorausgesetzt, daß bei allen Gewichtsangaben der ganze Betrieb nur mehr mit Kilogramm arbeitet.)

38. Die Kalkulation der Verpflegung.
I. Die Verpflegungsleistung.

Die Verpflegung erfolgt nach dem schon öfter erwähnten **Speiseplan**, der in Form einer festen Menükarte oder einer zur Wahl gestellten Speisekarte aufgestellt wird. Für jeden, der in die Aufgaben einer Küchenleitung hineinwachsen will, ist es ratsam, sich eine Sammlung gut erprobter und genau berechneter Rezepte für den Großbetrieb anzulegen. (Daß diese Rezepte mit „Netto"mengen aufgestellt werden müssen, versteht sich nach dem unter Kapitel 37 Gesagten von selbst.) Diese Sammlung ist für ihn eine Art *Stammkochbuch*, ein erstes Rüstzeug, mit dem er die selbständige Tätigkeit als Küchenleiter mit einer gewissen Sicherheit beginnen kann. Es soll nicht unterschätzt werden, daß es eine mühevolle Arbeit ist, gute Rezepte für den Großbetrieb zu sammeln; es gibt eine Menge von Kochbüchern für den Familienhaushalt für bescheidene und verwöhnte Ansprüche; sie durch Vervielfachen der Mengenangabe auf die Beköstigung größerer Gruppen von Konsumenten einfach umzustellen, würde nicht nur ein geldlicher Mißerfolg werden, sondern in vielen Fällen geschmacklich zu großen Überraschungen führen. Der beste Weg wird für den angehenden Küchenleiter, der eine Reihe von Jahren praktischer Tätigkeit in einem Verpflegungsbetrieb ableisten muß, der sein, diese Zeit nicht nur mit manueller Tätigkeit zu verbringen, sondern die Augen auf die verwaltungsmäßigen Dinge ebenfalls zu richten, sich täglich kurze Notizen zu machen und wöchentlich genaue Aufzeichnungen zusammenzustellen. Damit eine laufende Revision leicht gehandhabt werden kann, ist diese Sammlung am besten als Ringbuch mit auswechselbaren Blättern anzulegen. Der Anfänger darf die Mühe nicht scheuen, dasselbe Gericht auf verschiedene Konsumentenkreise — verschieden nach Zahl und nach Ansprüchen — durchzurechnen und immer wieder zu verbessern. (Wenn einmal die von Prof. Soós geforderte verpflegungstechnische Fachschule Wirklichkeit ist, wird in einer gründlichen theoretischen Unterweisung das in der Praxis gesammelte Wissen ergänzt und in allgemeingültiger Form für alle in Verpflegungsbetrieben verantwortlich mit der Leitung betrauten Kräfte festgelegt werden, wie es die Frauenfachschulen II und die Ausbildungsstätten der Diätküchenassistentinnen schon heute für ihren besonderen Aufgabenkreis mit Erfolg tun.)

Auf Grund des Stammkochbuches ist es dem Küchenleiter nicht mehr allzu schwer, Speisepläne für einzelne Tage oder größere Zeitabschnitte zusammenzustellen, wenn er einige grundsätzliche Fragen im Auge behält.

Die wichtigste Forderung, die ein Speiseplan erfüllen muß, ist die Tatsache, daß er der *Anspruchsberechtigung der zu Verpflegenden* genügen muß. Und zwar darf dies Genügen nicht darin liegen, daß ernährungsphysiologisch die verabreichte Kost vollwertig ist, sie muß — und das ist für die Bekömmlichkeit der Kost das wichtigere — den berechtigten Geschmackswünschen der Konsumenten weitgehend entgegenkommen, sowohl in der Auswahl der einzelnen Gerichte, wie in der Zusammenstellung der Tagesverpflegung. Mancher Verpflegungsbetrieb stellt theoretisch vorzügliche Speisepläne auf; das Ergebnis, die tischfertige Kost, entspricht in keiner Weise den Erwartungen, die man in die angekündigte Speisenfolge setzen konnte, weil bei der Betriebsverpflegung leider sehr oft übersehen wird, daß der Konsument an erster Stelle mit „Appetit" essen muß, was besagen will, daß die beste Zusammenstellung einer nährwertreichen Verpflegung nicht darüber hinwegtäuschen darf, daß die Bekömmlichkeit der Ernährung nicht nur von einer chemischen Formel, sondern am meisten von der Werthöhe der Zubereitung abhängt.

Es ist an anderer Stelle schon gesagt, wie eng der Arbeitsorganisationsplan vom Speiseplan abhängig ist, ebenso eng wird der Speiseplan durch den ihm zugehörigen Arbeitsablauf bestimmt. Es ist in höchstem Maße ungeschickt, Speisefolgen zusammenzustellen, deren einzelne Teile dieselbe Vorbereitungs- und Zubereitungsdauer haben, daß zu den Hauptarbeitszeiten nicht Hände genug zur Erledigung vorhanden sind; leider hilft sich manche Küche dadurch, daß sie einige Gerichte lange vor ihrer Abgabezeit fertiggestellt hat und durch Warmhalten oder Wiederaufwärmen die einmal erreichte Wertgrenze vermindert, mindestens in Frage stellt. Es ist an erster Stelle Sache des Speiseplanes, die Gerichte so auszuwählen, daß von einem bestimmten Zeitpunkt ab die Vorbereitungs- wie die Zubereitungsarbeiten in geordnetem Ablauf neben- und hintereinander erledigt werden können, alle Einrichtungen der warmen und der kalten Küche gleichmäßig belastet sind und jedes Teilgericht erst zur Zeit des Anrichtens, der letzten Geschmackskomplettierung, seine höchste Aromaanreicherung erfährt.

Wenn die Betriebsleitung ihrem Verpflegungsplan gut durchgerechnete Rezepte zugrunde legt, so ist die Zusammenstellung der *mutmaßlichen Materialkosten* für die Verpflegung eines kürzeren Zeitraumes und die sofortige Kontrolle auf Grund der geleisteten Verpflegung weder so schwierig noch so zeitraubend, daß sie nicht geleistet werden könnte. Sie muß sich immer über einen größeren Zeitraum erstrecken. Die Zusammenstellung der Materialkosten nur einer Tagesverpflegung muß ein falsches Bild ergeben, da die Reste die Verpflegung des nächsten Tages beträchtlich verbilligen können und einen scheinbar teuren Tagesaufwand zu einem billigen machen.

So kann also nur die Zusammenstellung aller Lebensmittelkosten eines

Zeitraumes — evtl. von 2—3 Tagen —, in dem sie vermutlich verbraucht sein werden, eine Grundlage bilden, mit der die in diesem Zeitraum geleistete Verpflegung verglichen werden kann. In bestimmten Zeitabschnitten und erst recht während eines ganzen Jahresablaufes werden die gleichen Speisepläne in ihren Hauptgerichten wiederkehren. Nur der Betriebsleiter kann Erfolg und Leistung von Jahr zu Jahr steigern, der auf letztjährige Aufzeichnungen kleiner Zeitabschnitte zurückgreifen kann. Die besten Rezepte sind, das darf nicht übersehen werden, nur Vorschläge, daß bestimmte Mengen in bestimmter Zusammensetzung gewisse Speisennormen ergeben können. Ob diese Vorschläge aber für den bestimmten Betrieb, in dem der Anfänger arbeitet, passen, kann nur die laufende gewissenhafte Niederschrift des Lebensmittelaufwandes kleinerer Verpflegungszeiträume und ihre Korrektur durch viele Jahre ergeben. Auf diesem Wege sollte die Praxis einmal versuchen, ob die *Trankeimerabfälle* — für jeden Betrieb und für die Gemeinschaft große Verluste — nicht auf ein quasi belangloses Minimum vermindert werden können. Sie zu vermeiden, ist an erster Stelle Sache des Verteilens und Anrichtens; jedoch kann die Küche durch ausgewogenes Maß das Verteilen und Anrichten in bestimmte Bahnen zwingen.

Diese laufende Kontrolle hat nichts mit der Errechnung des tatsächlichen Verbrauchs nach Menge und Preis zu tun, wie ja auch die in den Rezepten des Stammkochbuches notierten Preise nur Durchschnittspreise sind und den Geldaufwand eines nach ihnen berechneten Verpflegungszeitraumes nicht genau decken. Und doch kann auf die Vorkalkulation nicht verzichtet werden, soll am Ende eines größeren Zeitraumes die Möglichkeit gegeben sein, nicht nur festzustellen, daß in einer bestimmten Höhe verpflegt worden ist, sondern die einzelnen Verpflegungsabschnitte gegeneinander auszugleichen, daß die Gesamtverpflegung auf einer gleichmäßigen Höhe gehalten werden kann.

In größeren Zeitabschnitten, die in den einzelnen Verpflegungsbetrieben verschieden gewählt werden können, innerhalb desselben Betriebes aber die gleiche Dauer haben müssen, stellt der Betriebsleiter den *tatsächlichen Verbrauch* der Nahrungsmittel an Hand der Lebensmittelkartei fest. Diese Zusammenstellung ergibt zunächst einmal eine Summe, die in Geld den Gesamtaufwand an Lebensmitteln einer bestimmten Zeit ausdrückt. Außerdem liefert sie mengenmäßig die Unterlagen zu einer Verbrauchsstatistik, wie sie jeder Verpflegungsbetrieb laufend führen sollte.

Diese Statistik muß, wenn sie zu praktischen Folgerungen führen soll, ergänzt werden durch die *Zusammenstellung der geleisteten Verpflegungseinheiten*. In einem Betrieb, der mit einer gleichbleibenden oder nur wenig wechselnden Anzahl von Verpflegten rechnen kann, die dieselbe Tages- oder Teilverpflegung erhalten, ist die Errechnung nicht schwer: man vervielfacht die Anzahl der Personen (bei der alle im Betrieb Beschäftigten und vom Betrieb Mitbeköstigten mitgezählt worden sind) mit der Zahl der Tages- oder Halbtagsverpflegungen und erhält so eine Zahl, die quantitativ das Maß der Verpflegungsleistung darstellt. Weit schwieriger ist die Aufrechnung bei einem Verpflegungsbetrieb, der nach verschiedenen Klassen mit wechselnder Personenzahl verpflegen muß. Der Betriebsleiter muß in diesem Falle einen zuverlässigen Mitarbeiter mit der Kontrolle des Verteilens (Portionierens) beauftragen, der, wenn nicht für alles, so doch teilweise die schriftlichen Bestellungen des Bedienungspersonals als Gegenkontrolle erhält. Von der gut organisierten Abgabekontrolle des Hotelbetriebes sollten auch gemeinnützige Verpflegungsbetriebe das übernehmen, was ihnen eine genaue Feststellung der Verpflegungsleistung erleichtert oder ermöglicht. Daß ein solcher Betrieb täglich die Zahl der abgegebenen gleichartigen Speisennormen schriftlich fixieren muß, versteht sich von selbst; bei der Zusammenstellung der Verpflegungsleistung für den bestimmten Zeitraum darf die Verpflegungsleistung für die Mitarbeiter nicht vergessen werden.

II. Der Geldaufwand.

Der Verpflegungsbetriebsleiter kann mit den bis jetzt in diesem Kapitel erörterten Arbeiten aufzeigen, welche Verpflegungsleistung einer bestimmten Menge von Rohstoffen entspricht. Das ist nur eine Seite seiner Geschäftsführung; es muß nunmehr die Nachweisung erfolgen, welcher *Geldaufwand* dieser Verpflegungsleistung gegenübersteht. Dieser Geldaufwand setzt sich zunächst zusammen aus der Summe, die durch die Lebensmittelkartei oder die Addition der Rechnungsbeträge für die Rohstoffe ermittelt wird. Sie vergrößert sich durch die Unkosten für die Betriebsstoffe — Wasser — Gas — Strom —, durch die Lohnkosten des Leiters und seiner Mitarbeiter und durch die Kosten, die Reinigung und Verschleiß der Betriebsstätten erfordern.

Wenn ein Verpflegungsbetrieb den *Kostenaufwand seines Betriebsteiles* korrekt aufweisen will, so muß er für die *Betriebstoffe* besondere Registrierapparate haben. Es ist dann durch einfaches Ablesen der genaue Verbrauch dieser Betriebsstoffe festzustellen und dieser an Hand der Tarife schnell in Geld umzurechnen. (Dasselbe gilt von dem gesonderten Kohlenvorrat, falls Kohlenfeuerung in Frage käme.) Es bleibt für den Betriebsleiter noch immer die innerbetrieblich notwendige Aufgabe, den Verbrauch in den einzelnen Räumen zu kontrollieren, um, falls notwendig, am richtigen Platz Einschränkungen vornehmen zu können. Wenn der Verbrauch an Wasser, Gas und Strom durch 1 oder 2 Jahre genau errechnet und notiert ist, so läßt sich leicht der Prozentsatz bestimmen, den diese Betriebsunkosten im Verhältnis zur Summe des Lebensmittelaufwandes derselben Zeitspanne ausmachen. Diese Prozentzahl ist notwendig, wenn eine ganz bestimmte Verpflegung gesondert berechnet werden soll und hilft dem Betriebsleiter, bei veränderter Verpflegungsweise die Kosten schnell zu taxieren.

Wie der Betriebsleiter diese Unkosten einsetzen soll, wenn er den Meßapparaten des ganzen Betriebes angeschlossen ist, ist schwer zu sagen. Entweder übernimmt er die Prozentzahl eines ähnlich gelagerten Verpflegungsbetriebes, oder er versucht, den Gas- und Stromverbrauch im einzelnen zu errechnen (jede Herdplatte, Gasflamme, Lampe u. ä. hat einen bestimmten Stundenverbrauch) und den Wasserverbrauch abzuschätzen. Daß diese Methode sehr mühsam ist und ungenaue Ergebnisse zeitigt, weiß jeder; der Betriebsleiter muß sie zum mindesten an der Prozentzahl eines ähnlichen Betriebes kontrollieren.

In gleicher Weise werden die *weiteren Betriebsunkosten* in Beziehung zum Rohmaterialaufwand gesetzt. Über die Lohnkosten, die Kosten für Reinigung, Wäsche, Ersatz der kurzlebigen Einrichtungsgegenstände, Bürobedarf u. ä. liegen Aufzeichnungen vor, nach denen sich die Ermittlung des Prozentsatzes ohne viel Mühe vollziehen läßt.

Für den Gesamtbetrieb stellt die vom Verpflegungsbetriebsleiter errechnete Summe aus Lebensmittelaufwand und Regiekosten nur einen Teil der tatsächlichen Verpflegungskosten dar. Sie erhöhen sich — um nur einiges zu nennen — um die Kosten der Instandhaltung der Betriebsstätte, ihrer größeren Reparaturen und Erneuerungen und dem nicht unbeträchtlichen Aufwand, den die Speiseräume je nach Art des Verpflegungsbetriebes verursachen. Wie weit der Leiter des Verpflegungsbetriebes die Ausgaben für die Betriebsstätte beeinflussen kann, wird in den meisten Fällen von seiner Fähigkeit abhängen, mit den verbesserten Einrichtungen bessere Leistungen bei gleichem oder gar vermindertem Regieaufwand zu erzielen. Der Zuschnitt der Speiseräume kann vor allem die Betriebsunkosten nach der Seite wesentlich beeinflussen, daß die Tätigkeit des Verteilens und Anrichtens in einen besonderen Raum mit den entsprechenden Vorrichtungen und einem in dieser Technik geschulten Mitarbeiterstab gelegt werden muß.

Schrifttum.

ALADÁR VON SOÓS, HUBERT Ritter: Der Verpflegungsbetrieb. Leipzig: Johann Ambrosius Barth 1936.

TRACHTE, Dr. Magistratsobermedizinalrat: Über die Notwendigkeit, Begründung und Rechtfertigung einer grundlegenden Änderung der Verpflegung in Klinik und Krankenhaus und ihre Durchführung. Leipzig: Georg Thieme 1939.

Hauswirtschaftliche Jahrbücher, herausgegeben von der Reichsfrauenführung, Reichsstelle für hausw. Forschungs- und Versuchsarbeit. Stuttgart: Franckhsche Verlagshandlung.

Zeitschrift für Volksernährung. Berlin: Deutsche Verlagsgesellschaft m. b. H.

Die Hanse, das Wirtschaftsmagazin der deutschen Großhaushalte. Bamberg: I. M. Reindl.

Die Küche, Zeitschrift für Kochkunst und Tafelwesen. Berlin: Verlag DAF.

Sachverzeichnis.